U0186116

"博学而笃志，切问而近思。"
（《论语》）

博晓古今，可立一家之说；
学贯中西，或成经国之才。

主编简介

殷乾亮，江西财经大学工程管理专业专任教师、副教授、硕士生导师，主要研究方向为绿色建筑和可持续建设与管理。近5年在国内外期刊发表相关论文10余篇，出版个人学术专著1部，参编教材2部，主持省部级课题3项。曾被评为江西省"优秀班主任"和"优秀辅导员"。

李明，江西财经大学工程管理专业教师、教授、博士生导师。主要研究方向为绿色建筑和可持续建设管理。主持和参与完成省教改课题4项，获江西财经大学优秀教学成果二等奖1项，发表相关教学研究论文5篇，编辑出版教材4部，主持国家社科基金项目1项，完成省部级课题10余项，发表核心及以上论文30余篇。

周早弘，江西财经大学工程管理专业教师、教授，硕士生导师。主要研究方向为可持续建设管理和资源环境管理。主持省部级及以上课题7项，发表核心及以上论文20余篇，出版专著2本，主编教材1本。

复旦博学·21世纪工程管理系列

JIANZHU FANGHUO
YU TAOSHENG

建筑防火
与逃生

主　编／殷乾亮　李　明　周早弘
主　审／杨建林

复旦大学出版社

内容提要

　　本书以建筑防火的相关技术为主线，以标准、规范为依据，以建筑火灾基础理论为指导，介绍了燃烧与火灾基本知识、建筑的分类与耐火等级、建筑消防设施、建筑物火灾特点与预防、初期火灾的处置、建筑火灾安全疏散与逃生等内容。本书既可以作为高等院校土木工程、建筑装饰工程、工程管理等专业的教学用书，也可以作为建筑类企业项目管理人员、设计人员、施工管理人员自学或参加岗位培训的参考书。

FOREWORD | 前　言 |

　　随着经济社会的发展、科学技术的进步,建筑规模越来越大,建筑布局和功能日益复杂,高层建筑、大型商场和娱乐场所越来越多,建筑材料日趋多样化,一旦发生火灾,扑救十分困难,很容易蔓延发展为重大火灾危害,造成重大生命财产损失。火场逃生是一个关系到生命的话题。

　　据资料统计,我国每年发生火灾约 20 万起,死亡 2 000 多人,伤 4 000 人左右,火灾每年造成的直接经济损失约 10 亿元,尤其是几十人、几百人死亡的特大恶性火灾时有发生。在火灾现场,仍然有 80% 以上的人因为不会逃生、不懂消防常识而丧生。80% 的死者死于毒烟,毒烟猛于火,30 秒就能致人死亡。严峻的事实表明,火灾是当今世界上多发性危害中发生频率较高的一种灾害。

　　在研究建筑火灾的发生、发展及扩大蔓延规律的基础上,采取相应的防控技术措施,阻止火势蔓延,普及逃生技巧,把火灾控制在最小范围内,最大限度地减少人员伤亡和火灾损失,是当前设计、施工单位,监督部门,各相关场所,教学科研等相关单位亟待解决和研究的新课题。

　　为了更好地普及消防安全知识、提高各相关单位及公众抗御火灾的能力、减少火灾危害、避免群死群伤火灾事故的发生,编者在查阅大量国内外文献资料的基础上,编写了本教材。本教材共分为七章,第一章至第三章由殷乾亮副教授编写,第四章至第五章由李明教授编写,第六章至第七章由周早弘教授编写。

　　在编写的过程中,编者参阅了国内外学者、同行的有关著作和文献,在此一并表示由衷的感谢。

　　由于编者水平有限,书中的疏漏和不尽如人意之处,恳请读者批评指正。

　　本书既可作为高等院校土木工程、建筑装饰工程、工程管理等专业的教学用书,也可以作为建筑类企业项目管理人员、设计人员、施工管理人员自学或参加岗位培训的参考书。

CONTENTS | **目 录** |

第一章　燃烧与火灾 ································· 1
　第一节　燃烧 ····································· 1
　第二节　建筑火灾 ································· 12

第二章　建筑分类与耐火等级 ············· 27
　第一节　建筑分类 ································· 27
　第二节　建筑材料的燃烧性能及分级 ······ 30
　第三节　建筑构件的耐火性能 ··············· 31

第三章　建筑消防设施 ······················ 41
　第一节　消防设施的作用及分类 ············· 41
　第二节　建筑消防设施维护管理要求 ······· 48

第四章　一般建筑火灾的特点与预防 ···· 50
　第一节　高层建筑火灾的预防 ··············· 50
　第二节　地下建筑火灾的预防 ··············· 55
　第三节　居住建筑火灾的预防 ··············· 59

第五章　公共建筑火灾特点与预防 ······· 80
　第一节　宾馆饭店火灾的预防 ··············· 80
　第二节　大型商场火灾的预防 ··············· 93
　第三节　集贸市场火灾的预防 ··············· 103

第四节　公共娱乐场所火灾的预防 ·· 109

第五节　医院建筑火灾的预防 ··· 119

第六节　学校火灾的预防 ·· 131

第七节　大型体育场馆火灾的预防 ·· 145

第六章　初期火灾的处置 ·· 151

第一节　初期火灾及其处置的概念 ·· 151

第二节　火灾报警 ·· 152

第三节　初期火灾扑救 ·· 154

第四节　火灾现场的保护 ·· 161

第七章　建筑火灾安全疏散与逃生 ·· 164

第一节　人在火灾中的心理与行为特征 ······································ 164

第二节　安全疏散设施与消防安全标志 ······································ 166

第三节　火场疏散与逃生自救方法 ·· 177

参考文献 ··· 215

第一章 燃烧与火灾

　　燃烧是一种自然现象,它常见于自然界之中,如果不能很好地对其加以控制,则极易酿成灾害,给人们的生命和财产带来巨大损失。为有效地控制和扑救火灾,需要全面地了解和掌握燃烧的基本原理和规律,通过破坏燃烧的基本条件、采取有效的预防措施,达到预防火灾的发生和扑灭火灾的目的。

　　火灾是失去控制的燃烧现象,是常发性灾害中发生频率较高的灾害之一。人们对火灾危害的认识由来已久,如何运用消防技术措施防止火灾发生、迅速扑灭已发生的火灾,一直是人类研究的一个重要课题。

第一节 燃　　烧

　　燃烧一般是指可燃物与氧化剂相互作用而发生的放热反应,通常伴有火焰、发光和(或)发烟现象。简而言之,燃烧是一个极其复杂的物理化学过程。在燃烧过程中,燃烧区的温度相对较高,其中白炽的固体粒子和某些不稳定(或受激发)的中间物质分子内电子发生能级跃迁,从而发出各种波长的光。发光的气相燃烧区就是火焰,它是燃烧过程中最明显的标志。由于燃烧不充分等原因,燃烧产物中会产生一些小颗粒,这些小颗粒就形成了烟。根据燃烧过程中是否产生火焰或明火,可将燃烧分为有焰燃烧和无焰燃烧。通常我们看到的明火都是有焰燃烧;有些固体(如焦炭、木炭等)发生表面燃烧时,有发光发热的现象,但却没有火焰产生,这种燃烧方式则是无焰燃烧。

　　燃烧基础知识主要包括燃烧条件、燃烧类型、燃烧过程以及燃烧产物等相关内容,这是关于火灾机理与燃烧过程等最基础、最本质的知识。

一、燃烧条件

(一)必要条件

　　燃烧的发生和发展必须具备三个必要条件,即可燃物、助燃物和引火源。当燃烧发生时,这三个条件必须同时具备,只要有一个条件不具备,那么燃烧就不会发生。除此以

1

外,大部分燃烧的发生和发展还需要链式反应自由基。

1. 可燃物

一般情况下,凡是能在氧气或其他氧化剂中发生燃烧反应的物质都称为可燃物,否则称为不燃物。可燃物既可以是单质,如碳、硫、磷、氢、钠、铁等,也可以是化合物或混合物,如乙醇、甲烷、木材、煤炭、棉花、纸、汽油等。

自然界中的可燃物种类繁多,按物理状态可分为固体、液体、气体三大类可燃物。同一种物质,其不同状态的燃烧性能是不同的。

凡是遇明火、热源能在空气(氧化剂)中燃烧的固体物质,都称为固体可燃物,如棉、麻、木材、稻草等天然纤维,稻谷、大豆、苞米等谷物及其制品,涤纶、维纶、锦纶、腈纶等合成纤维及其制品,聚乙烯、聚丙烯、聚苯乙烯等合成树脂及其制品,天然橡胶、合成橡胶及其制品等。

凡是在空气中能发生燃烧的液体,都称为液体可燃物。可燃液体大多数是有机化合物,分子中都含有碳、氢原子,有些还含有氧原子。其中有不少是石油化工产品,有的产品本身燃烧时分解的产物都具有一定的毒性。

凡是在空气中能发生燃烧的气体,都称为气体可燃物。气体可燃物在空气中发生燃烧,需要其与空气的混合比在一定浓度范围内,还需要达到一定的温度。

可燃物按其组成可分为无机可燃物和有机可燃物两大类。从数量上讲,绝大部分可燃物为有机物,少部分为无机物。

无机可燃物主要包括部分金属单质(如钠、钾、镁、钙、铝等)和部分非金属单质(如碳、磷、硫等)以及一氧化碳、氢气和非金属氢化物等。不论是金属还是非金属,它们完全燃烧时都变成相应的氧化物,而且这些氧化物均为不燃物。

有机氧化物种类繁多,有的含有碳(C)、氢(H)、氧(O)元素,有的还含有少量氮(N)、磷(P)、硫(S)等。它们在可燃物中都不是以游离状态存在,而是彼此化合为有机化合物。

碳是有机可燃物的主要成分,它基本上决定了可燃物发热量的大小。氢是有机可燃物中含量仅次于碳的成分。有的有机可燃物中还含有少量硫、磷,它们也能燃烧并放出热量,其燃烧产物(SO_2、P_2O_3 等)会污染环境,对人有害。可燃有机物中的氧、氮不能燃烧,它们的存在会使可燃物中的可燃元素含量(碳、氢等)相对减少。

2. 助燃物

凡是与可燃物结合能导致和支持燃烧的物质,都称为助燃物,如广泛存在于空气中的氧气。普通意义上,可燃物的燃烧均指在空气中进行的燃烧。在一定条件下,各种不同的可燃物发生燃烧,均有本身固定的最低氧含量要求,氧含量过低,即使其他必要条件已经具备,燃烧仍不会发生。

除氧气外,其他常见的氧化剂有卤族元素:氟(F)、氯(Cl)、溴(Br)、碘(I)。此外还有一些化合物,如硝酸盐、氯酸盐、重铬酸盐、高锰酸盐及过氧化物等,它们的分子中含氧较多,当受到光、热或摩擦、撞击等作用时,都能发生分解放出氧气,使可燃物氧化燃烧,因此,它们也属于氧化剂。

3. 引火源

引火源是指具有一定能量,能够引起可燃物质燃烧的能源,又称点火源、着火源或火源。在一定条件下,各种不同的可燃物只有达到一定能量才能引起燃烧。常见的引火源有以下五种。

(1)明火。明火是指生产、生活中的炉火、烛火、焊接火、吸烟火,撞击、摩擦打火,机动车辆排气管火星、飞火等。

(2)电弧、电火花。电弧、电火花是指电气设备、电气线路、电气开关及漏电打火,电话、手机等通信工具火花,静电火花(物体静电放电、人体衣物静电打火、人体积聚静电对物体放电打火)等。

(3)雷击。雷击瞬间高压放电能引燃可燃物。

(4)高温。高温是指高温加热、烘烤、积热不散、机械设备故障发热、摩擦发热、聚焦发热等。

(5)自燃引火源。自燃引火源是指在既无明火又无外来热源的情况下,物质本身自行发热、燃烧起火。由于热量不能及时失散引起物质内部温度升高导致燃烧,这种情况可被视为"内部点火源"。这类引火源造成的燃烧现象通常被称为自燃。例如,白磷、烷基铝在空气中会自行起火,钾、钠等金属遇水着火,易燃、可燃物质与氧化剂、过氧化物接触起火等。

引火源这一燃烧条件的实质是提供一个初始能量,在这能量的激发下,使可燃物与氧化剂发生剧烈的氧化反应,引起燃烧。所以,这一燃烧的必要条件也可表达为"初始能量"。

4. 链式反应自由基

自由基是一种活性较强的化学基团,能与其他自由基和分子发生反应,从而使燃烧按链式反应的形式扩展。自由基也称游离基。

研究表明,大部分燃烧的发生和发展除了具备可燃物、助燃物、引火源这三个必要条件以外,在燃烧过程中还存在未受抑制的自由基作为中间体。大多数燃烧反应不是直接进行的,而是通过自由基团和原子这些中间产物瞬间进行的循环链式反应。自由基的链式反应是这些燃烧反应的实质,而光和热是燃烧过程中的物理现象。因此,自然界中大部分燃烧的发生和发展需要四个必要条件,即可燃物、助燃物、引火源和链式反应自由基。

(二)充分条件

可燃物、助燃物和引火源是构成燃烧的三个要素,缺一不可。但即使具备了燃烧的三个必要条件,也并不意味着燃烧必然发生。仅有"质"的方面的条件(必要条件)还不够,还要有"量"的方面的条件,即充分条件。在某些情况下,如可燃物的数量不够、助燃物不足,或引火源的能量不够大,燃烧也不能发生。因此,对燃烧条件应做进一步明确的叙述。

1. 有足够数量的可燃物

在一定条件下,可燃物若没有足够的数量,就不会发生燃烧。例如,在同样的温度(20℃)下,用明火瞬间接触汽油和煤油时,汽油会立刻燃烧起来,而煤油则不会。这是因为汽油的蒸气量已经达到了燃烧所需浓度(数量),而煤油蒸气量没有达到燃烧所需浓度,虽然有足够的空气(氧气)和引火源的作用,也不会发生燃烧。

2. 有足够数量的助燃物

要使可燃物质燃烧,或使可燃物质不间断地燃烧,必须供给足够数量的空气(氧气),否则燃烧不能持续进行。实验证明,氧气在空气中的浓度降低到 14%～18% 时,一般的可燃物质就不能燃烧。

3. 引火源要达到一定的能量

要使可燃物发生燃烧,引火源必须具有足以将可燃物加热到能发生燃烧的温度(燃点或自燃点)的能量。对不同的可燃物来说,这个温度是不同的,所需的最低点火能也不同。例如,一根火柴可点燃一张纸而不能点燃一块木头;又如,电、气焊火花可以将达到一定浓度的可燃气与空气的混合气体引燃爆炸,但却不能将木块、煤块引燃。

总之,要使可燃物发生燃烧,不仅要同时具备三个基本条件,而且每一条件都必须具有一定的"量",并彼此相互作用,否则就不能发生燃烧。因此,防火与灭火措施的基本原理就是根据物质的特性和生产条件,阻止燃烧三要素同时存在、互相结合、互相作用。

二、燃烧类型

燃烧按其发生瞬间的特点不同,可分为闪燃、着火、自燃、爆炸四种类型。掌握燃烧类型的有关常识,对于了解物质燃烧机理、火灾危险性的评定等,有着重要的意义。

(一)闪燃

1. 闪燃的含义

所谓闪燃,是指可燃液体挥发的蒸气与空气混合达到一定浓度遇明火发生一闪即逝的燃烧现象,或者将可燃固体加热到一定温度后遇明火发生一闪即灭的燃烧现象。

在一定温度条件下,液态可燃物表面会产生可燃蒸气,这些可燃蒸气与空气混合形成一定浓度的可燃气体,当其浓度不足以维持持续燃烧时,遇火源会产生一闪即灭的火苗或火光,形成一种瞬间燃烧现象。可燃液体之所以会发生一闪即灭的闪燃现象,是因为液体在闪燃温度下蒸发速度较慢,所蒸发出来的蒸气仅能维持短时间的燃烧,而来不及提供足够的蒸气补充维持稳定的燃烧,故而闪燃一下就熄灭了。

火灾中的闪燃现象一般发生在一个密封火场。因现场积聚大量易燃气体,在密封燃烧状态下,当温度持续上升至超过 500℃ 时,火场会在一至两秒间因场内所有可燃物体被高温点燃自动燃烧而全场起火,变成一片火海,可造成严重伤亡。

液体可燃物如乙醇、丙酮、汽油等表面会因蒸发产生可燃蒸气,有些固体可燃物如萘也会因升华或分解产生可燃气体或蒸气,这些可燃气体或蒸气与空气混合而形成可燃性混合气体,遇明火时即会发生闪燃。

闪燃是一种瞬间燃烧现象,往往是着火的先兆。从消防角度来说,闪燃就是危险的警告。

2. 闪点的含义

在规定的试验条件下,可燃性固体或液体表面挥发的蒸气与空气形成混合物,遇引火源能够产生闪燃的液体最低温度,被称为闪点,单位为摄氏度(℃)。通常认为,液体的闪点就是可能引起火灾的最低温度,是衡量液体火灾危险性的重要参数。在消防工作中,通常把闪点作为评价可燃液体火灾危险性大小的主要依据。闪点越低,可燃液体的火灾危险性就越大,反之,则火灾危险性越小。

石油产品中,闪点在45℃以下的为易燃品,如汽油、煤油;闪点在45℃以上的为可燃品,如柴油、润滑油。一般要求可燃性液体的闪点比使用温度高20~30℃,以保证使用安全和减少挥发损失。木材的闪点在260℃左右,从这一温度起木材热分解加快,释放出的分解产物增多。

闪点与可燃性液体的饱和蒸气压有关,饱和蒸气压越高,闪点越低。闪点的高低,也与可燃性液体的密度、液面的气压,以及可燃性液体中是否混入轻质组分和轻质组分的含量多少有关。例如,液面上压力越高,则闪点越高。在一定条件下,当液体的温度高于其闪点时,液体随时有可能被引火源引燃或发生自燃;若液体的温度低于闪点,则液体是不会发生闪燃的,更不会着火。从防火的角度考虑,希望油品的闪点、燃点高些,二者的差值大些;而从燃烧的角度考虑,则希望油品的闪点、燃点低些,二者的差值也尽量小些。

(二) 着火

1. 着火的含义

着火是指可燃物在空气中,受外界引火源直接作用,开始起火并发生燃烧,在引火源离开后仍能持续燃烧的现象。着火就是燃烧的开始,并且以出现火焰为特征。着火是日常生活中常见的燃烧现象。

2. 燃点的含义

在规定的试验条件下,可燃物开始起火并持续燃烧的最低温度,被称为着燃点或着火点,单位为摄氏度(℃)。

物质的燃点越低,越容易着火,火灾危险性也就越大。因此,根据可燃物燃点的高低,可以衡量其火灾危险程度。在物质燃烧时,将温度降至其燃点以下是控制火灾的措施之一。

一切可燃液体的燃点都高于闪点。一般的规律是,易燃液体的燃点比其闪点高出1~5℃,而且易燃液体的闪点越低,这一差别越小。例如,汽油、丙酮等闪点低于0℃的液体,这一差值仅为1℃,而闪点在100℃以上的可燃液体,这一差值则可超过30℃。燃点对于可燃固体和闪点较高的可燃液体具有实际意义。把可燃物质的温度控制在其燃点以下,就可以防止火灾的发生;用水冷却灭火,原理就是将着火物质的温度降低到燃点以下。因此,一般用闪点评定易燃液体的火灾危险性大小,用燃点衡量固体的火灾危险性大小。

（三）自燃

自燃是指可燃物质在没有外部火花、火焰等引火源的作用下,因受热或自身发热并蓄热而产生的自然燃烧的现象。可燃物质产生自燃的最低温度被称为该物质的自燃点。在这一温度,可燃物质与空气接触,不需要明火源的作用,就会自动发生燃烧。

可燃物质的自燃点并不是固定不变的,它主要取决于氧化时所能放出的热量和内外导出的热量。不同的可燃物有不同的自燃点,同一种可燃物在不同的条件下,自燃点也会发生相应的变化。可燃物的自燃点越低,发生火灾的危险性就越大。根据热源的不同,物质自燃可分为物质受热自燃和物质本身自燃两种。

物质受热自燃是指可燃物质在空气中,连续均匀地加热到一定的温度,在没有外部火花、火焰等火源的情况下,发生自动燃烧的现象。日常生产生活中引起可燃物受热自燃的因素主要有接触灼热物体、直接用火加热、摩擦生热、化学反应产热、高压压缩升温、热辐射作用等。

物质本身自燃是指有些可燃物质在空气中,在远低于自燃点的温度下自然发热,并且这种热量经长时间的积蓄使物质达到自燃点的现象。物质本身自燃发热的原因有物质的氧化生热、分解生热、吸附生热、聚合生热和发酵生热。

物质受热自燃和本身自燃两种现象的本质是一样,只是热量来源不同,前者是外部加热的作用,而后者是物质本身的热效应。

液体、气体可燃物,其自燃点受压力、氧浓度、催化、容器的材质,以及表面积与体积比等因素的影响。固体可燃物的自燃点,则受受热熔融、挥发物的数量、固体的颗粒度、受热时间等因素的影响。

（四）爆炸

爆炸是物质在瞬间突然发生物理或化学变化,同时释放出大量气体和能量（光能、热能和机械能）并伴有巨大声音的现象。爆炸的主要特征是物质的状态或成分瞬间发生变化,能量突然释放,温度和压力骤然升高,产生强烈的冲击波并发出巨大的响声。

根据爆炸物质在爆炸过程中的变化,可将爆炸分为物理爆炸、化学爆炸。物理爆炸是指由于液体变成蒸气或者气体迅速膨胀,压力急速增加并超过容器的承受压力而发生的爆炸现象,如蒸汽锅炉、液化气钢瓶等的爆炸。物理爆炸是机械能或电能的释放和转化过程,参与爆炸的物质只是发生物理状态或压力的变化,其性质和化学成分不发生改变。化学爆炸是指因物质本身发生化学反应,产生大量气体和热量而发生的爆炸现象。化学爆炸时,参与爆炸的物质在瞬间发生分解或化合反应,生成新的物质。在消防工作中经常遇到的爆炸类型是可燃性气体、蒸气、粉尘与空气或其他氧化介质形成爆炸性混合物而发生的化学反应。

三、燃烧过程

自然界里的一切物质,在一定温度和压力下,都是以固体、液体、气体三种状态存在的,这三种状态的物质燃烧过程是不同的。可燃性固体和液体发生燃烧,需要经过分解和蒸发,生成气体,然后由这些气体成分与氧化剂作用发生燃烧。气体物质无须经过蒸发,可以直接燃烧。可燃物质受热后,因其聚集状态的不同而发生不同的变化。由于可燃物质的性质、状态不同,燃烧的特点也不一样。

(一)气体燃烧

可燃气体的燃烧无须像固体、液体那样经过熔化、蒸发等相变过程,所以气体燃烧时所需要的热量仅用于氧化或分解气体,或者将气体加热到燃点,因此,气体容易燃烧且燃烧速度快。根据气体与氧气混合燃烧的控制因素状况的不同,其燃烧方式可分为扩散燃烧和预混燃烧。

1. 扩散燃烧

扩散燃烧是指可燃性气体从喷口处喷出,与空气中的氧气互相扩散,边混合边燃烧的现象。在扩散燃烧中,可燃气体与空气或氧气的混合是靠气体的扩散作用来实现的,燃烧速度的快慢由物理扩散速度决定,气体扩散多少,就燃烧多少,燃烧比较稳定,火焰温度相对较低,扩散火焰不运动,可燃气体与氧化剂气体的混合在可燃气体喷口进行。对稳定的扩散燃烧,只要控制得好就不会造成火灾,一旦发生火灾也较易扑救。

2. 预混燃烧

预混燃烧是指可燃气体、蒸气或粉尘预先同空气(或氧气)混合,并形成一定浓度,遇引火源点燃所引起的燃烧现象。预混燃烧的火焰传播速度快,温度高,燃烧不扩散。预混气体从管口喷出发生动力燃烧,若流速大于燃烧速度,则在管中形成稳定的燃烧火焰,燃烧充分,燃烧速度快;若可燃混合气体在管口流速小于燃烧速度,则会发生"回火"。影响气体燃烧速度的因素主要包括气体的组成、可燃气体的浓度、可燃混合气体的初始温度、管道直径、管道材质等。许多火灾、爆炸事故是由预混燃烧引起的,如制气系统检修前不进行置换就烧焊、燃气系统开车前不进行吹扫就点火等。扩散燃烧是可燃气体的通常燃烧状态,预混燃烧往往是爆炸式燃烧。

(二)液体燃烧

液体是一种流动性物质,没有一定形状,燃烧时挥发性强。不少液体在常温下,表面上就漂浮着一定浓度的蒸气,遇到着火源即可燃烧。

液体燃烧是指可燃液体在助燃物介质中发热发光的一种氧化过程。可燃液体只有在闪点温度以上(含闪点温度)才会被点燃。在闪点温度时只发生闪燃现象,不能发生持续燃烧现象。只有液体温度达到其燃点时,被点燃的液体才会发生持续燃烧的现象。

1. 蒸发燃烧

可燃液体的种类繁多,各自的化学成分不同,燃烧的过程也就不同。汽油、酒精等易燃液体的化学成分比较简单,沸点较低,在一般情况下就能挥发,受热时,并不是本身进行燃烧,而是蒸发生成与液体成分相同的气体,与氧化剂作用而发生燃烧。蒸发是物理过程,燃烧是化学反应。燃烧速度主要取决于液体的蒸发速度,而蒸发速度又取决于液体接受的热量。

2. 沸溢与喷溅燃烧

含有水分的重质油品(如重油、原油)发生火灾时,油品中的水分因被加热汽化变成水蒸气,并形成气泡,蒸汽泡被油薄膜包围形成大量油泡沫,体积剧烈膨胀,超出贮罐所能容纳时,油品就会像"跑锅"一样溢出罐外,这种现象被称为沸溢。当大量水迅速汽化为水蒸气时,体积急剧膨胀,其蒸气压也迅速增大,当水蒸气以很大的压力急剧冲出液面时,把着火的油品带到上空,形成巨大火柱,这种现象被称为喷溅。

沸溢和喷溅在油品火灾中危害极大,沸溢可使原油溅出几十米,大油罐储油多时,其溢出的面积可达几千平方米,从而使火灾大面积扩散。喷溅时,原油的火焰突然腾空,火柱可高达 70~80 m,火柱顺风向喷射距离可达 120 m。火焰下卷时,向四周扩散,容易蔓延至邻近油罐,扩大灾情,并且可能使灭火人员突然处于火焰包围中,造成人员伤亡。

沸溢与喷溅发生的时间不同,一般是先沸溢后喷溅。沸溢与喷溅发生的水分来源不同,发生沸溢的是油品中的乳化水、自由水,而发生喷溅的则多是水垫层的水。

(三)固体燃烧

固体可燃物在自然界中广泛存在,由于其分子结构的复杂性以及物理性质的不同,其燃烧方式也不同。

1. 表面燃烧

表面燃烧是指蒸气压非常小或者难以热分解的可燃固体,不能发生蒸发燃烧或分解燃烧,当氧气包围物质的表层时,呈炽热状态发生无焰燃烧的现象。其过程属于非均相燃烧,特点是表面发红而无火焰,如木炭、焦炭以及铁、铜等燃烧就属于表面燃烧。

2. 蒸发燃烧

蒸发燃烧是指熔点较低的可燃固体受热后熔融,然后像易燃、可燃液体一样蒸发成蒸气而燃烧,即可燃固体在受到火源加热时,受热先熔融蒸发,蒸发出来的蒸气再与氧气发生燃烧反应的现象。如硫、磷、钾、钠、蜡烛、松香、沥青等燃烧一般为蒸发燃烧。樟脑、萘等易升华物质,其燃烧现象也可被看作蒸发燃烧。

3. 分解燃烧

分解燃烧是指分子结构复杂的固体可燃物,在受到火源加热时,先发生热分解反应,分解出的可燃挥发成分再与氧发生燃烧反应的现象,如天然高分子材料中的木材、纸张、棉、麻、毛以及合成高分子纤维等发生的燃烧。

4. 熏烟燃烧(阴燃)

熏烟燃烧又称阴燃,是指物质无可见光的缓慢燃烧,通常伴有烟和温度升高的迹象。

　　某些固体可燃物在空气不流通、加热温度较低或含水分较高时就会发生阴燃。这种燃烧看不见火苗，可持续数天，不易发现。易发生阴燃的物质包括成捆堆放的纸张、棉、麻以及大堆垛的煤、草、湿木材等。

　　阴燃和有焰燃烧在一定条件下能相互转化。例如，在密闭或通风不良的场所发生火灾，由于燃烧消耗了氧气，氧气浓度降低，燃烧速度减慢，分解出的气体量减少，即可由有焰燃烧转为阴燃。阴燃在一定条件下，如果改变通风条件、增加供氧量或可燃物中的水分蒸发到一定程度，也可能转变为有焰燃烧。火场上的复燃现象和固体阴燃引起的火灾等都是阴燃在一定条件下转化为有焰分解燃烧的例子。

四、燃烧产物

　　燃烧产物的数量、构成等取决于可燃物的组成和燃烧条件。如有机化合物，它们主要由碳、氢、氧、氮、硫等元素组成，根据燃烧的程度，燃烧生成的产物可能有一氧化碳、二氧化碳、丙烯醛、氯化氢、二氧化硫等。

（一）燃烧产物的概念

　　燃烧产物是指因燃烧或热解作用而产生的全部物质。也就是说，可燃物燃烧时生成的气体、固体和蒸气等物质均可被称为燃烧产物。燃烧产物的数量、组成等随物质的化学组成及温度、空气的供给情况等的变化而不同。

　　可燃物质在燃烧过程中，如果生成的产物不能再燃烧，为完全燃烧，其产物为完全燃烧产物。完全燃烧产物是指可燃物中的 C 被氧化生成 CO_2（气）、H 被氧化生成 H_2O（液）、S 被氧化生成 SO_2（气）等。

　　可燃物质在燃烧过程中，如果生成的产物还能继续燃烧，则为不完全燃烧，其产物为不完全燃烧产物。CO、NH_3、醇类、醛类、醚类等是不完全燃烧产物。

　　燃烧产物中的烟主要是燃烧或热解作用所产生的悬浮于大气中能被人们看到的直径一般在 $10^{-7} \sim 10^{-4}$ cm 的极小的炭黑粒子，大直径的粒子容易从烟中落下来，被称为烟尘或炭黑。

（二）不同物质的燃烧产物

　　燃烧产物的数量及成分，随物质的化学组成以及温度、空气（氧）的供给情况等的变化而有所不同。

　　1. 单质燃烧产物

　　一般单质在空气中完全燃烧，其燃烧产物为该单质元素的氧化物。如碳、硫的燃烧分别生成二氧化碳、二氧化硫，这些产物不能再燃烧，属于完全燃烧产物。

　　2. 化合物燃烧产物

　　一些化合物在燃烧时既会发生完全化学反应，生成完全燃烧产物，还会发生不完全化学反应，生成不完全燃烧产物。例如，碳在空气不足的条件下燃烧，其燃烧产物为一氧化碳,由于其与氧气还可继续燃烧生成二氧化碳,所以一氧化碳为不完全燃烧产物。不完全燃烧产物是由于温度太低或空气不足而产生的。

3. 建筑塑料的燃烧产物

(1) 建筑塑料的含义。建筑塑料是对用于建筑工程的塑料制品的统称。塑料在一定的温度和压力下具有较大的塑形,容易制成所需的各种形状和尺寸的制品,而成型以后,塑料在常温下能保持既得的形状和必需的强度。因此,塑料制品已被广泛应用于工业、农业、建筑业和生活日用品中。

(2) 建筑塑料的类型。塑料主要由合成树脂、填料和添加剂构成。合成树脂是塑料的主要成分,一般占 30%～60%,在塑料中起胶结作用。填料约占 20%～50%,加入填料可增加塑料强度、硬度和耐热性。根据树脂与制品的不同性质,加入不同的添加剂,如稳定剂、增塑剂、增强剂、着色剂等,可改善塑料的性能。

在特定的温度范围内,可以加热软化、遇冷硬化,能反复进行加工的塑料,统称为热塑性塑料,如聚氯乙烯、聚乙烯、聚丙烯、聚苯乙烯等。受热或某种条件固化后不能再软化者,统称为热固性塑料,如酚醛塑料、氨基塑料等。

大多数塑料质轻,化学性稳定,耐冲击性好,不会锈蚀;大部分塑料耐热性差,热膨胀率大,易燃烧;多数塑料耐低温性差,低温下变脆,容易老化。

(3) 建筑塑料的燃烧过程。少部分塑料是难燃材料,大部分是可燃材料。塑料的燃烧过程是一个极其复杂的热氧化反应,引起燃烧的基本要素为热、氧气或可燃性气体。塑料在火灾中具有燃烧速度快、燃烧温度高、释放出有毒气体等特点。一般认为,塑料的燃烧可分为三个阶段。

第一个阶段为加热熔融过程。来自外部的热源或引火源的热量导致塑料发生相态变化(即从固态转化为液态)和化学变化。也就是说,塑料受热后发生软化,机械强度逐渐降低,承受能力下降。

第二个阶段为热降解过程。这一过程为吸热反应,温度逐渐升高后,塑料吸收的热量可以克服分子内原子之间键能,塑料开始发生降解反应。这种反应的实质是在空气中氧气存在下的一种自由基链式反应。热降解反应的产物大多数是可燃的、有毒的,同时还会产生微炭粒烟尘而冒黑烟。

第三个阶段为着火过程。当第二阶段热降解反应生成的可燃物的浓度达到着火极限后,可燃物与大气中的氧气相遇即着火燃烧。若进一步提高温度,热降解反应速度加快,则会发生连续燃烧。

总体来说,大多数塑料燃烧具有燃烧速度快、发热量大、火焰温度高、易产生大量有毒烟气的特点,并且会在燃烧(或分解)过程中产生 CO、NO_x(氮氧化物)、HCl、HF、SO_2 及 $COCl_2$(光气)等有害气体,危害性较大。

4. 木材的燃烧产物

木材由碳、氢、氧、氮四种基本元素组成,此外还有少量和微量的矿质元素。其细胞壁的组成分为主要成分(占 90%)和次要成分(占 10%)两类。主要成分有纤维素、半纤维素和木质素;次要成分有树脂、单宁、香精油、色素、无机物等。木材虽然具有强度高、重量轻、纹理美观等特点,但在火灾高温下具有易燃烧和易发烟等不足之处。

木材的燃烧过程可以分为三个阶段。第一个阶段为干燥阶段。温度在100～150℃时,可燃物热分解的速度缓慢,主要是水分受热蒸发逸散,而木材的化学组成没有明显变化。第二个阶段为碳化阶段。加热温度在200～270℃时,木材热分解的速度加快,半纤维素受热分解生成CO、CO_2和少量乙酸等物质;当温度上升到270～500℃时,半纤维素、木质素热分解反应剧烈,反应以放热为主,热分解生成的气体中CO和CO_2的量逐渐减少,而碳氢化合物如甲烷、乙烷及含氧碳氢化合物等可燃气体的含量逐渐增加,此时如遇外来引火源则极有可能被点燃,产生光和热的气相燃烧。第三个阶段为燃烧阶段。温度在450～600℃时,木材表面与氧气反应形成固相燃烧,CO和CO_2的量有所增加。在实际火灾中,木材燃烧的火焰温度可高达800～1 200℃。

5. 煤的燃烧产物

煤主要由碳、氢、氧、氮和硫等元素组成。煤的燃烧过程一般分为煤着火、挥发分和焦炭的燃烧、炉渣炉灰中残余焦炭燃烬三个阶段。

煤燃烧时一般是先受热、干燥、蒸发水分,随着燃烧温度增高,煤中有机质开始热分解,燃烧产物主要是从煤大分子上断裂下来的侧链和官能团所形成的挥发分。温度在200～300℃时,析出的气态产物主要为CO、CO_2等;当温度在300℃以上时,主要析出H_2、H_2O、CH_4和各种烃类化合物,以及含硫、含氮化合物等。热解剩余产物是稠环芳香核缩聚的焦炭(固定炭),这一过程中,煤要吸收热量。

当温度达到煤的燃点时,开始着火,然后可燃挥发分和焦炭开始燃烧,通常,煤的挥发分越高,燃烧速度就越快。焦炭在整个燃烧过程中,碳的质量分数是主要的,而且随着煤的种类不同而不同,碳的燃烧时间占全部燃烧时间的90%。碳的燃烧过程主要是碳和氧气的化学反应过程。生成CO和CO_2两种气体的多少,主要取决于温度。

煤热分解产生挥发分的组分及其含量主要取决于煤的碳化程度和温度。碳化程度加深,则挥发分析出量减少,但其中可燃组分含量却增多;加热温度越高,挥发分逸出量就越多。

6. 金属的燃烧产物

金属的燃烧能力主要取决于金属本身的性质。根据金属熔点、沸点的高低,可将金属分为两大类:熔点、沸点比较低的易熔融和蒸发的金属为挥发金属,如锂、钠、钾和镁,它们的沸点一般低于其氧化物的熔点,它们的燃烧属熔融蒸发式燃烧;熔点、沸点比较高的不易熔融和蒸发的金属为不挥发金属,如铝、钛、锆等,其氧化物的熔点低于金属的沸点,在燃烧时,熔融金属表面上形成一层氧化物,它们的燃烧属于气固两相表面燃烧。

生活当中,大多数金属在块状时是不会燃烧的,但薄片状金属就能燃烧了,粉尘状的金属更极易燃烧,其燃烧热大,燃烧温度高,性质非常活泼,还会与二氧化碳、卤素及其化合物、氮气、水等发生反应,在一定条件下还会发生爆炸。此外,金属燃烧时,其强度将降低很多,火灾的危害性将加大。

(三)燃烧产物的危害性

统计表明,火灾中,大约80%的死亡者是由于吸入火灾中燃烧产生的有毒烟气而致死的。火灾产生的烟气中含有大量的有毒成分,如 CO、HCN、SO_2、NO_2 等。这些气体均对人体有不同程度的危害。

其突出的危害性表现在两个方面。一方面是缺氧、窒息。二氧化碳是许多可燃物燃烧的主要产物,在空气中二氧化碳含量过高会刺激呼吸系统,引起呼吸加快,从而产生窒息作用。另一方面是毒性的作用。一氧化碳是一种毒性很强的气体,火灾中一氧化碳引起的中毒死亡占很大比例,这是由于一氧化碳能从血液的氧血红素里取代氧气而与血红蛋白结合生成羰基化合物,使血液失去输氧功能。

（四）烟气

1. 烟气的含义

烟气是指由燃烧或热解作用所产生的悬浮在大气中可见的固体或液体微粒总和。

2. 烟气的产生

当建、构筑物发生火灾时,建筑材料及装修材料、室内可燃物等在燃烧时所产生的生成物主要是烟气。

在燃烧时,不论固态物质、液态物质还是气态物质,都要消耗空气中大量的氧气,并产生大量炽热的烟气。

3. 烟气的危害性。

火灾产生的烟气是一种混合物,其中含有大量一氧化碳、二氧化碳、氯化氢等各种有毒性气体和固体碳颗粒。其危害性主要表现在烟气具有毒害性、减光性和恐怖性。

烟气中含有大量有毒的气体（CO、CO_2）,当空气中的 CO_2 含量为 7%～10% 时,数分钟就会使人失去知觉,以致死亡。若空气中 CO 的含量达到 1%,1～2 min 就可致人中毒死亡。反过来说,当空气中含氧量降低到 15% 时,人的肌肉活动能力下降;当含氧量在 10%～14% 时,人会四肢无力,辨不清方向;当含氧量降到 6%～10% 时,人会晕倒;当含氧量低于 6% 时,人会在短时间内死亡。

烟气中的悬浮微粒也是有害的,悬浮微粒中粒径较小的飘尘由于气体扩散作用,会进入人体肺部,黏附并聚集在肺泡壁上,可随血液送至全身,引起呼吸道疾病。

此外,烟粒子对可见光是不透明的,即对可见光有完全的遮蔽作用。烟粒子弥漫时,可见光因受到遮蔽而大大减弱,能见度大大降低,再加上火灾发生时,浓烟滚滚,容易使人产生恐怖感,失去理智,惊慌失措,从而给火场人员疏散造成困难。

第二节　建　筑　火　灾

随着城市化进程不断加快,随着城市化水平逐步提高,城市的规模和数量都在快速增长,城市中各种高层建筑、大型聚集场所、地下建筑等不断涌现。由于各种建筑、聚集场所人员密度大、使用频率高、涉及危险因素复杂,火灾事故不断发生。在各种灾害中,火灾是最经常、最普遍地威胁公众安全和社会发展的主要灾害之一。其中,建筑火灾对人们的危害最严重、最直接,在各个国家、各个时期一直是火灾防治的主要方面。

一、火灾的概述

国家标准《消防词汇 第 1 部分:通用术语》中将火定义为以释放热量并伴有烟或火焰或两者兼有为特征的燃烧现象,将火灾定义为在时间或空间上失去控制的燃烧所造成的灾害。也就是说,火灾属于燃烧,而造成灾害,则是火灾区别于其他燃烧的特点。然而,并非所有的燃烧都会造成火灾灾害,同时,火灾灾害程度的增长也不一定随燃烧受控或终止而停止,所以,火灾的概念也可描述为凡失去控制并对财物和人身造成损害的燃烧现象。一般情况下,火灾灾害的产生伴随着燃烧现象,而随着燃烧失控状态的终止,火灾灾害也逐渐停止增长,从而得到控制。当然,在某些情况下,也存在燃烧已被控制,但灾害却仍然继续增长的可能性。对于建筑物而言,建筑火灾是指因建筑起火而造成的灾害。

二、火灾的分类

根据不同的需要,火灾可以按不同的方式进行分类。

(一)按照燃烧对象的性质分类

按照《火灾分类》(GB/T 4968—2008)国家标准的规定,火灾分为 A、B、C、D、E、F 六类。

A 类火灾:固体物质火灾。这种物质通常具有有机物性质,一般在燃烧时能产生灼热的余烬。例如,木材、棉、毛、麻、纸张等火灾。

B 类火灾:液体或可熔化固体物质火灾。例如,汽油、煤油、原油、甲醇、乙醇、沥青、石蜡等火灾。

C 类火灾:气体火灾。例如,煤气、天然气、甲烷、乙烷、氧气、乙炔等火灾。

D 类火灾:金属火灾。例如,钾、钠、镁、钛、镐、锂等火灾。

E 类火灾:带电火灾。物体带电燃烧的火灾。例如,变压器等设备的电气火灾等。

F 类火灾:烹饪器具内的烹饪物(如动物油脂或植物油脂)火灾。

(二)按照火灾事故所造成的灾害损失程度分类

依据国务院 2007 年 4 月 9 日颁布的《生产安全事故报告和调查处理条例》(国务院令 493 号)中规定的生产安全事故等级标准,消防部门将火灾相应地分为特别重大火灾、重大火灾、较大火灾和一般火灾四个等级。

(1)特别重大火灾是指造成 30 人以上死亡,或者 100 人以上重伤,或者 1 亿元以上直接财产损失的火灾。

（2）重大火灾是指造成 10 人以上 30 人以下死亡，或者 50 人以上 100 人以下重伤，或者 5 000 万元以上 1 亿元以下直接财产损失的火灾。

（3）较大火灾是指造成 3 人以上 10 人以下死亡，或者 10 人以上 50 人以下重伤，或者 1 000 万元以上 5 000 万元以下直接财产损失的火灾。

（4）一般火灾是指造成 3 人以下死亡，或者 10 人以下重伤，或者 1 000 万元以下直接财产损失的火灾。

其中，"以上"包括本数，"以下"不包括本数。

三、火灾的危害

随着社会经济的发展和人民物质生活水平的提高，高层建筑、地下建筑、公共娱乐活动场所、大型商场和仓库的数量越来越多，家用电器、煤气、天然气等在广大城市和农村逐步普及，用火、用电、用气量增加，火灾隐患和火灾发生的概率大大升高，稍有不慎，就会引发火灾而导致大量的人员伤亡和财产损失。

建筑物发生火灾时产生大量的烟雾，烟雾中的有毒有害气体是火灾伤亡的最主要原因。在火灾中，材料分解产生大量的热量，使得建筑物温度升高，破坏建筑结构，引起建筑物楼层坍塌，使建筑物遭到灾难性的破坏。建筑火灾的危害主要来自火灾产生的热量和高温，燃烧产生的有毒气体、烟尘，以及火灾发生后，人们因恐惧、惊吓而采取的错误的行动。火灾过程中，燃烧产生的热量包括对流热和辐射热两部分，产生的烟气中包括完全燃烧产物和不完全燃烧产物。

（一）危害生命安全，造成财产损失

建筑物火灾不仅使人陷于困境，还涂炭生灵，直接或间接地残害人类生命，给人造成难以消除的身心痛苦。早在 1201 年，临安（杭州）发生了一起大火，大火烧了 3 天，3 万多家受灾，殒命人数统计有 59 人，10 余万人无家可归。2016 年 8 月 14 日凌晨 4 时 51 分左右，东莞大朗镇巷头社区富康北路 4 巷 12 号一出租屋发生火灾。指挥中心立即调派共 18 辆消防车、90 名指战员到场处置，大朗消防队于 4 时 58 分到达火灾现场，现场浓烟较大，5 时 25 分明火已被扑灭。经查实，该出租屋内共居住 14 人，全部被现场抢救出来，并立即就近送往医院救治。9 人经抢救无效死亡，2 人重伤，直接经济损失 8 650 090.27 元（直接财产损失 982 560 元，善后费用 7 667 530.27 元）。火灾过火面积约 150 m²，火灾烧损部分建筑结构、生产设备、半成品、成品及物品。2018 年 8 月 25 日，黑龙江省哈尔滨市松北区北龙汤泉休闲酒店有限公司发生大火，致 20 人死亡，23 人受伤，调查组认定，过火面积约 400 m²，直接经济损失 2 504.8 万元。起火原因是北龙汤泉酒店二期温泉区二层平台靠近西墙北侧顶棚悬挂的风机盘管机组电气线路短路，形成高温电弧，引燃周围塑料绿植装饰材料并蔓延成灾。

建筑物火灾对人类生命财产的威胁主要来自四个方面：一是许多建筑物采用可燃性材料，容易引起火灾；二是发生火灾后，建筑物燃烧时产生高温高热，并释放出一氧化碳

等有毒烟气,对人类产生致命的伤害,致使人体休克、死亡;三是在高温高热的环境下,建筑物的承重构件经燃烧失去了承重能力,导致建筑整体或部分构件倒塌,造成人员伤亡;四是扑救建筑火灾需要消耗物资,灾后重建也会发生费用,这些也是巨大的间接经济损失。

(二)破坏生态文明成果

近年来,发生在世界各国的多起山林大火造成了重大损失,除多人死伤、近百万人被疏散外,还有大批房屋建筑被夷为平地,大面积森林被毁,经济、社会和生态损失巨大。森林火灾是我国的主要自然灾害之一,具有危险性高、破坏性大、突发性强等特点,严重危及人民生命财产和森林资源安全,甚至会引发生态灾难,破坏生态环境。森林火灾的发生给国家和人民生命财产带来巨大损失,扰乱所在地区经济社会发展和人民生产、生活秩序,影响社会稳定,并且还会对自然生态系统产生最为猛烈和直接的破坏,所以在一定程度上,森林火灾会对生态文明的建设产生最为直接的影响。

生态文明不但包括具备完好功能和形态的自然生态环境,并且还包括对历史文化的保护与传承。一些历史保护建筑、文化遗址一旦发生火灾,大量文物、典籍、古建筑等将面临烧毁的威胁,使得人类文明成果遭受无法挽回的损失。

咸丰十年(1860年),英法联军攻占北京后占据圆明园。英国军队首领额尔金在英国首相帕麦斯顿的支持下,下令烧毁圆明园。大火三日不灭,圆明园及附近的清漪园、静明园、静宜园、畅春园及海淀镇均被烧成一片废墟,近300名太监、宫女、工匠葬身火海。

火烧圆明园无疑是历史上最为野蛮恶劣的文明毁灭行为,或许只有亚历山大大帝图书馆的焚毁及哥特部落践踏罗马可以与之相提并论。2019年4月16日,北京时间0点,法国著名建筑巴黎圣母院突发大火,火势熊熊。文物的损毁、消失不仅带走了文物本身,更带走了文物所承载的千年文明。

(三)影响社会稳定

火灾不仅会给国家财产和公民人身、财产带来巨大损失,还会影响正常的社会秩序、生产秩序、工作秩序、教学科研秩序以及公民的生活秩序。当重要的公共建筑、重要的单位发生火灾时,会在很大的范围内引起关注,并造成一定程度的负面效应,影响社会稳定。2009年2月9日,在建的中央电视台电视文化中心发生特大火灾,相关主流媒体都在第一时间进行了报道,火灾事故的认定及责任追究也受到了广泛的关注,引起了很大的社会反响。另外,从许多发生的火灾事故来看,当火灾发生在首都、省会城市、人员密集场所、经济发达区域、名胜古迹所在地等地方时,将会产生不良的社会影响。

四、常见的火灾发生原因

火灾和任何灾害事故一样,具有突发性、随机性和偶然性。虽然火灾发生的原因极其复杂,但实际上都是由各种不安全因素在一定条件下引发的必然结果。分析起火原因、了解火灾发生的特点,是为了更有针对性地运用技术措施有效控火,防止和减少火灾危害。

(一)生活用火不慎引发火灾

生活用火不慎主要是指城乡居民家庭生活用火不慎。一是厨房用火不慎,包括因使用不当,导致煤气、液化石油气与空气混合遇明火发生爆炸燃烧,以及家庭炒菜炼油时,油锅过热起火。二是生活、照明用火不慎。城乡居民夏季用灭蚊器或蚊香,常由于蚊香等摆放不当或电蚊香长期处于工作状态,而导致火灾;停电时,有些农民用蜡烛照明时粗心大意,点燃的蜡烛过于靠近可燃物或恢复供电后忘记吹灭蜡烛,导致火灾。2012年,全国因生活用火不慎引发的火灾占火灾总数的17.9%。2015年,全国因生活用火不慎引发的火灾占火灾总数的17.6%。2016年,全国因生活用火不慎引发的火灾占火灾总数的21.1%。2017年,全国因生活用火不慎引发的火灾占火灾总数的20.3%。2018年,因生活用火不慎造成的火灾占火灾总数的约18%,在引起火灾的原因中居于第二位。

(二)吸烟引发的火灾

吸烟不仅危害健康,还极易引起火灾。烟蒂和点燃烟后未熄灭的火柴温度可达到800℃,能引起许多可燃物质燃烧,在起火原因中,占有相当大的比重。例如:躺在床上或沙发上吸烟或把点燃的香烟随手放在可燃物(如书桌、箱子)上,人离开时烟火未熄,结果引起火灾;在维修汽车和清洗机件时或在严禁用火的地方吸烟,引起火灾和爆炸事故;不分场合,随手把烟头或火柴梗丢落在可燃物上,引起火灾。2012年,全国因吸烟引发的火灾占火灾总数的6.2%。2015年,全国因吸烟引发的火灾占火灾总数的5.6%。2016年,全国因吸烟引发的火灾占火灾总数的7.7%。2017年,全国因吸烟引发的火灾占火灾总数的6.9%。2018年,因烟头引起的火灾占火灾总数的约6%。

(三)玩火引发的火灾

冬季,居民家中的用火、用电、用气量增加,火灾发生概率随之增加。尤其是未成年人因好奇贪玩,在家中或公共场所玩火,结果引发火灾、造成经济损失的火灾事故屡见不鲜。2010年12月,广西柳州发生了一起烧毁房屋28间,39户147人受灾的火灾事件,火灾是由儿童玩打火机引起的。2011年8月10日下午,北京丰台区一居民小区中,一名5岁的男孩独自在家玩耍时点燃了纸盒,致家中失火。2014年6月,安徽亳州发生了5岁男孩和4岁女孩在家中玩火把被子点着,83岁老人被烧伤致死的事件。2017年4月,永昌县城关镇小学三年级的学生张某放学后在城关镇某小区西侧墙边用打火机烧蜘蛛玩,引起火灾事故,造成5号楼3单元多家住户外墙及部分室内财物被烧坏。2015年,据北京市消防局统计,北京地区每年因儿童玩火引发的火灾平均在442起,占火灾总数的6.7%,全国因玩火引发的火灾占火灾总数的3.3%。2016年,全国因玩火引发的火灾占火灾总数的3.5%。2017年,全国因玩火引发的火灾占火灾总数的3.2%。2018年,因未成年儿童玩火和燃放烟花爆竹引起的火灾占火灾总数的约4%。

（四）电气事故引发的火灾

电气火灾作为一种灾害，在经济日益繁荣的形势下，给国家财产和人民的生命安全造成的损失也与日俱增。研究电气火灾特点和发生规律，建立必要的法规制度，采取有效的预防措施，对于抑制电气火灾是很重要的。电气火灾一般是指由于电气线路、用电设备、器具以及供配电设备出现故障性释放的热能（如高温、电弧、电火花）以及非故障性释放的能量（如电热器具的炽热表面），在具备燃烧条件下引燃本体或其他可燃物而造成的火灾，也包括由雷电和静电引起的火灾。电气火灾已经成为火灾的"第一杀手"，严重威胁着人民的生命和财产安全。

2017 年 2 月 25 日，南昌市红谷滩新区唱天下量贩式休闲会所发生一起重大火灾事故，造成 10 人死亡、13 人受伤。2017 年 7 月 21 日上午 8 时 32 分，位于杭州市西湖区古墩路与灯彩街交界路口南侧的桐庐野鱼馆因液化石油气泄漏发生爆燃事故，共造成 3 人死亡、44 人受伤，直接经济损失 700 余万元。2017 年 11 月 18 日 18 时许，北京市大兴区西红门镇新建村发生火灾，火灾共造成 19 人死亡、8 人受伤。

2011—2016 年，我国共发生电气火灾 52.4 万起，造成 3 261 人死亡、2 063 人受伤，直接经济损失超过 92 亿元。2017 年，我国因电气引发的火灾共有 7.4 万起，造成 370 人死亡、226 人受伤，直接财产损失 11.2 亿元。2018 年，用电不慎造成的火灾占火灾总数的约 30%，在引起火灾的原因中居于首位。所以，要特别注意用电安全，避免电气设备超负荷使用。

（五）生产作业引发的火灾

生产作业不慎引发的火灾主要是指违反生产安全制度而引起的火灾。近年来，在生产作业和建筑拆除、维修工程中，因违规操作引发的火灾事故频频发生。例如，2015 年 2 月 25 日，江西省南昌市红谷滩新区一家星级酒店二楼在拆除原有装修时发生火灾，造成 10 人死亡、13 人受伤。火灾原因系无证人员用气割枪切割楼梯金属扶手时因高温熔融物引燃废弃沙发。2016 年 4 月 22 日，江苏省靖江市新港园区江苏德桥仓储有限公司化工产品仓储点发生爆炸起火，该起事故的直接原因是该公司组织承包商在交换泵房进行管道焊接作业时，严重违反动火作业安全管理要求，未清理作业现场地沟内的油品，未进行可燃气体分析，电焊明火引燃现场地沟内的油品，火势迅速蔓延，导致火灾事故发生。2015 年，全国因生产作业不慎引发的火灾占火灾总数的 2.9%。2016 年，全国因生产作业不慎引发的火灾占火灾总数的 3.3%。2017 年，全国因生产作业不慎引发的火灾占火灾总数的 3.6%。2018 年，全国因生产作业违规而引起的火灾占火灾总数的约 3%。

（六）放火引起的火灾

放火主要是指为达到一定的目的，在明知自己的行为会引发火灾的情况下，希望或放任火灾发生，而烧毁公私财物的违法行为。这类火灾为当事人故意为之，通常经过一定的策划准备，因而往往缺乏初期救助，火灾发展迅速，后果严重。2018 年 4 月 24 日，广东省清远市英德市茶园路一KTV因人为放火而引发火灾,共造成18人死亡、5人受伤。2019年2月16日,云南省弥渡县吉祥村委会水茂坪村白龙潭发生人为放火引发森林火灾的事件,火灾过火面积达568.6亩(约0.379 km²)。2015年,全国因放火引发的火灾占火灾总数的1.7%。2016年,全国因放火引发的火灾占总数的1.4%。2018年,人为纵火引起的火灾占火灾总数的约2%。人为纵火引起火灾并构成公共安全危害的构成放火罪,将受到法律的制裁。

五、建筑火灾蔓延机理与途径

通常情况下,火灾都有一个由小到大、由发展到熄灭的过程,其发生、发展直至熄灭的过程在不同的环境下会呈现不同的特点。建筑火灾蔓延机理主要分为建筑火灾蔓延的传热基础、烟气蔓延及火灾发展三个部分。

(一)建筑火灾蔓延的传热基础

热量从系统的一部分传到另一部分或由一个系统传到另一个系统的现象叫传热。热量传递(即传热)有三种基本方式:热传导、热对流和热辐射。建筑火灾中,燃烧物质所放出的热能通常是通过上述三种方式传播,并影响火势蔓延和扩大的。热传播的形式与起火点、建筑材料、物质的燃烧性能和可燃物的数量等因素有关。

1. 热传导

热传导是三种传热模式之一。热量从物体温度较高的一部分沿着物体传到温度较低的部分的方式叫作热传导。它是固体中传热的主要方式,在不流动的液体或气体层中层层传递,在流动情况下往往与热对流同时发生。

热传导是介质内无宏观运动时的传热现象,其在固体、液体和气体中均可发生,但严格而言,只有在固体中才是纯粹的热传导。流体即使处于静止状态,其中也会由于温度梯度所造成的密度差而产生自然对流,因此,在流体中,热对流与热传导同时发生。

物体或系统内的温度差是热传导的必要条件。或者说,只要介质内或者介质之间存在温度差,就一定会发生传热。热传导速率由物体内温度场的分布情况决定。

热传导实质上是由物质中大量的分子热运动互相撞击,而使能量从物体的高温部分传至低温部分,或由高温物体传给低温物体的过程。在固体中,热传导的微观过程如下:在温度高的部分,晶体中结点上的微粒振动动能较大。在低温部分,微粒振动动能较小。因微粒的振动互相作用,所以在晶体内部热能由动能大的部分向动能小的部分传导。固体中热的传导,就是能量的迁移。

在液体中,热传导过程表现如下:液体分子在温度高的区域热运动比较强,由于液体分子之间存在着相互作用,热运动的能量将逐渐向周围层层传递,引起热传导现象。由于热传导系数小,传导得较慢,它与固体相似。气体则不同,气体分子之间的间距比较大,气体依靠分子的无规则热运动以及分子间的碰撞,在气体内部发生能量迁移,从而形成宏观上的热量传递。

在火灾高温的作用下,热导率大的物质会很快地将热能传导出去,在这种情况下,就可能引起没有直接受到火焰作用的可燃物质发生燃烧,使火势蔓延扩大。

2. 热对流

热对流是指热量通过流动介质,由空间的一处传播到另一处的现象。热对流是热传播的重要方式,是影响初期火灾发展的最主要因素。影响热传导的主要因素有温差、导热系数、导热物体的厚度和截面积等。温差和导热系数越大、厚度越小,传导的热量越多。在工程上,流体流经固体表面时的热量传递过程,被称为对流传热。

火场中通风孔洞面积愈大,热对流的速度愈快;通风孔洞所处位置愈高,热对流速度愈快。

3. 热辐射

物体因自身的温度而具有向外发射能量的本领,这种热传递的方式被称为热辐射。热辐射是因热的原因而发出辐射能的现象,辐射热能的强弱取决于燃烧物质的热值和火焰温度。物质热值越大,火焰温度越高,热辐射也越强。热辐射与热传导和热对流不同的是,在传递能量时不需要互相接触就可以把热量从一个系统传给另一系统,所以它是一种非接触传递能量的方式。辐射热作用于附近的物体上,是否会引起可燃物质着火,还要看火灾热源的温度、距离和角度。

一切温度高于绝对零度的物体都能产生热辐射,温度愈高,辐射出的总能量就愈大,短波成分也愈多。热辐射的光谱是连续谱,波长覆盖范围理论上可从 0 直至无穷大,一般的热辐射主要靠波长较长的可见光和红外线传播。由于电磁波的传播不需要任何介质,所以热辐射是在真空中唯一的传热方式。最典型的例子是太阳向地球表面传递热量的过程。

（二）建筑火灾的烟气蔓延

烟气是指发生火灾时,物质在燃烧和热分解作用下生成的产物与剩余空气的混合物。当建筑物发生火灾时,在燃烧过程中有大量的烟气产生,烟气流动的方向通常就是火势蔓延的趋势。一般来说,500℃以上热烟所到之处,遇到的可燃物都有可能被引燃起火。

1. 烟气的扩散方向

在不同的燃烧状态,烟气的流动方向不同,主要表现在水平和垂直两个方向。由于火灾产生的烟气温度高,其密度比周围空气密度小,在热压作用下向上流动,当烟气在上浮过程中遇到水平楼板或顶棚后,就转化为水平方向流动,呈层流状态的水平扩散。这一阶段,烟气扩散速度为 0.3～0.8 m/s;当烟气进入管道井、楼梯间时,烟气在"烟囱效应"的作用下,迅速向上传播,形成烟气的垂直扩散。烟气在垂直方向的扩散速度与水平方向是不同的。在火灾初期,烟气上升速度为 1～2 m/s;在热压作用下,烟气迅速上升,最盛时速度为 3～5 m/s;轰燃时,速度达到 9 m/s。烟气在垂直方向的扩散速度远大于其在水平方向的扩散速度。

2. 烟气的流动过程

(1) 起火间内部的烟气流动。由于起火间燃烧温度相当高,所以产生的烟气温度也高。在浮力的作用下,烟气上升。上升烟气与周围的冷空气混合,并在火焰上方燃烧,形成烟柱。在起火间的烟气还未扩散至相邻空间时,烟气扩散由垂直方向转向水平方向扩散。房间里上升的烟柱遇到水平楼板或顶棚后向四周散开,并在浮力的作用下迅速向整个房间扩散。

(2) 起火间外围的烟气流动。高温烟气在整个起火间内扩散后,当烟气浓度和温度达到一定值时,高温烟气开始通过房间开口向外扩散。如果烟气向外扩散受到限制,则起火间内部压力会快速增大引起爆炸,烟气会快速突破约束,向外扩散。

(3) 开口处的烟气流动。随着烟气温度和数量的增加,其流动的速度也会加快,当烟气流向开口处时,烟气沿着开口处边缘上升,形成烟柱,并蔓延到竖井内。

(4) 竖井内的烟气流动。当烟气蔓延到竖井时,在无风、风力微弱或无障碍物的情况下,烟柱不会改变方向,烟气在浮力的作用下保持原来的运动趋势,向竖井空间喷射或沿竖井表面向上继续蔓延。

当建筑发生火灾时,烟气可按不同的方向在其内流动扩散,最主要的扩散方向是从起火房间至走廊、楼梯间、上部各楼层,再到室外;根据建筑空间的几何布置不同,也可能从起火房间到室外,或从起火房间通过门窗洞口蔓延到相邻上层房间后再到室外。

总之,烟气的流动方向一般是由压力高处流向压力低处,竖直方向的流动速度大于水平方向的速度,流动速度在燃烧的不同阶段是不同的。

3. 烟气流动驱动作用

烟气流动的驱动作用主要包括烟囱效应、火风压、风的作用等。

(1) 烟囱效应。当建筑物(楼梯井、电梯井、垃圾井等)内外的温度不同时,室内外空气的密度随之不同。室内温度高,因而内部空气密度比外部空气密度小,便产生了使气体向上运动的浮力,导致气体自然向上运动。在竖井中,由内外温差引起的压力差叫作热压差。热压产生的通风效应被称为烟囱效应。当外界温度比建筑物内部的气体温度高时,则在建筑物的各种竖井通道中产生向下的空气流动,这也是烟囱效应,可称之为逆向烟囱效应。在火灾过程中,烟囱效应是造成烟气向上蔓延的主要因素。高层建筑的楼梯间、电梯间以及管道井等,是高层建筑发生火灾时烟气扩散流动和蔓延扩大的主要途径。烟囱效应可以影响全楼,多数情况下,火灾时室内温度大于室外温度,属于正向烟囱效应,起火层越低,受影响的层数也就越多。

(2) 火风压。火风压是指建筑物内发生火灾时,由于温度上升,气体膨胀,产生热压差,从而对楼板和四壁形成的压力。火风压的方向一般来说都是向上或向外的,火势越大,温度越高,火风压值就越大。当火风压大于进风口的压力时,火灾烟气将通过外墙门窗洞口,向室外蔓延;当火风压等于或小于进风口的压力时,火灾烟气将在建筑物内部蔓延燃烧,火灾烟气进入楼梯间、管道井、电梯井等竖向通道中后,会强化烟囱效应。

(3) 风力的作用。在许多情况下,外部风可在建筑物的周围产生压力分布,而这种压力分布对建筑物内部烟气的流动会产生一定的影响。外部风对烟气流动的影响是复杂的,因为风的速度和方向、建筑物的高度和几何形状等因素都会影响建筑物外部的压力分布。一般来说,空气流动形成的风遇到建筑物时,就会在建筑物表面产生力的作用。当外部风朝着建筑物吹过来,会在建筑物的迎风侧产生较高的风压,它可增强建筑物内部烟气向下风方向的流动。风力在建筑物表面的分布很不均匀,在转角区或建筑物内收的局部区域会产生较大的风力,风力的压力差的大小与风速相关。

4. 烟气蔓延的途径

火灾时,建筑物内部烟气主要呈水平流动和垂直流动。由于建筑物内设有各种竖向管道或洞口,有的还贯穿部分楼层或整个建筑,当建筑物发生火灾时,会产生烟囱效应,造成高温烟气向其他楼层蔓延。此外,烟气蔓延的途径还有其他四个方面。

(1) 内墙门洞口蔓延。在建筑内部发生火灾,随着燃烧的进行,火灾可能蔓延到整个建筑物或建筑物局部区域,其原因是起火房间的门未能把火势挡住,而让火势通过内墙的门洞口实现了火灾的水平蔓延。随着火势越来越大,从起火房间向门洞口喷涌的火焰、高温烟气的扩散,还可以实现高温烟气的垂直蔓延,使火焰蔓延到其他房间或区域。此外,发生火灾时,一些防火设施未能正常启动,同样会造成蔓延。

(2) 穿越楼板墙壁的管线和缝隙蔓延。楼板墙壁的管线和缝隙往往是建筑物的薄弱之处,在火灾高温高压的作用下,管线和缝隙之处既容易把高温烟气传播出去,造成蔓延,又容易通过燃烧把热量传到周边区域,引起其他可燃物的燃烧,为火灾蔓延提供了方便。

(3) 外墙窗蔓延。建筑物外墙窗口的形状、大小对火势蔓延有很大影响。当起火房间的火灾发展到全面燃烧阶段时,大量的高温火焰、烟气在压力差作用下,使火焰蹿出窗口向上层蔓延。此外,热辐射作用也可通过外墙窗,对相邻建筑物或上一层房间内的可燃物构成火灾危害。

(4) 闷顶内蔓延。由于闷顶内没有设置防火分隔墙,内部空间相对较大,当高温烟气通过通风口等进入闷顶时,很容易造成火灾蔓延,并向相邻房间或区域蔓延。

(三) 建筑火灾的发展阶段

当建筑物发生火灾后,火灾初期是发生在室内的某个房间或某个部位,随着燃烧的进行,火灾由此蔓延到相邻的房间或区域,及至整个楼层,最后蔓延到整个建筑物。其发展过程大致可分为初期阶段、发展阶段、充分阶段和衰减阶段。

1. 初期阶段

初期阶段是火灾从无到有开始发生的阶段,是火灾在起火部位的燃烧。由于燃烧面积小,烟气流动速度缓慢,火焰辐射出的热量少,局部温度较高,室内各点的温度不平衡,虽然周围的物品开始受热,但温度上升不快。这一阶段,可燃物的热解过程至关重要,主要特征是冒烟,阴燃,燃烧缓慢、不稳定,有可能形成火灾,也有可能自行熄灭。这一阶段也是灭火最有利的时机,若能及时发现,可用较少的人力和简易的灭火器材将火扑灭。

2. 发展阶段

发展阶段是燃烧初期阶段的继续。起火点周围的可燃物品受热后,温度急剧上升,发生热分解反应,释放出可燃气体,燃烧火焰由局部向周围蔓延,火势由小到大发展,燃烧面积扩大,燃烧速度加快,烟气流动速度也加快,火焰辐射出的热量剧增。轰燃通常就发生在这一阶段。此阶段,需要投入较多的力量才可将火扑灭。轰燃的发生标志着建筑物内部火灾进入全面发展阶段。

3. 充分阶段

轰燃发生后,建筑物内部火灾燃烧就进入全面充分燃烧的阶段,燃烧面积扩大到整个内部空间,大量的热辐射使室内空间温度上升,并出现持续高温,周围的可燃物品都起火燃烧。此时,燃烧强度最大,热辐射最强,温度为 800～1 000℃。不燃材料的机械强度受到破坏,以致发生变形或倒塌。这个阶段不仅需要大量的人力和器材扑救火灾,而且还需要用相当大的力量保护起火建筑周围的其他建筑物,以防火势进一步蔓延。

4. 衰减阶段

衰减阶段是指随着可燃物质燃烧、分解,其数量不断减少,加上助燃剂的大量消耗,火灾燃烧速度减慢,燃烧强度减弱,温度逐渐下降。火势被控制后,可燃物几乎全部燃尽,数量减少,火熄灭。此阶段是火灾由最盛期开始消减至熄灭的阶段,熄灭的原因可以是燃料不足、灭火系统的作用等。在灭火过程中,由于温度在短时间内仍然较高,致使未完全析出挥发物再度挥发析出,一旦条件合适,又会引发燃烧。因此,在这一阶段,要防止死灰复燃的情况发生。

六、火灾防控原理与灭火方法

任何可燃物产生燃烧或持续燃烧都必须满足燃烧的必要条件和充分条件,灭火的目的就是要破坏燃烧条件,使燃烧反应终止。无论缺少哪一个条件,燃烧都不能发生,即使燃烧正在进行,当缺少某个条件时,燃烧也必然会中止。一切防火措施都是为了防止燃烧的条件同时存在,防止燃烧条件互相结合、互相作用。人们掌握了燃烧条件,进而就可以掌握防火的基本原理和灭火的基本方法,有效地进行防火和灭火。

(一) 火灾防控的基本原理

火灾防控的基本原理是研究如何防止燃烧条件的产生、如何削弱燃烧条件的发展,以及如何阻止火势蔓延。根据物质燃烧的原理和灭火的实践经验,防火的基本原理有控制可燃物、控制和消除引火源,以及阻止火势扩散蔓延三个方面。

1. 控制可燃物

控制可燃物是指根据不同情况采取相应的措施,破坏燃烧爆炸的基础和助燃条件,防止和阻止燃烧的进行。

在实际生产工作和生活当中,可采取限制可燃物质储运量的方法。可燃物是燃烧过程的物质基础,在选材时,可以用不燃或难燃材料代替可燃材料。可以采取局部通风或全部通风的方法,降低可燃气体或蒸气、粉尘在空气中的浓度;可以用阻燃材料对可燃性物质进行阻燃处理,以提高防火性能,来达到防控火灾的目的。

2. 控制和消除引火源

引火源是指能够使可燃物发生燃烧或爆炸的能源。这种能源常常来自热能、电能、机械能、化学能和光能等产生的能量。消除引火源就是在实际生产、生活中避免上述能量产生火源,防止可燃性物质遇明火或温度升高而起火。没有引火源的作用,就不会发生着火或爆炸。在实际防火工作中,控制和消除引火源是防止火灾的关键。

在实际生产、生活中,引火源可分为明火焰、高温物体、电火花、撞击与摩擦、绝热压缩、光照聚焦、化学反应放热等类型。

(1)明火焰。大多数明火的温度在 700℃以上,而绝大多数可燃性物质的自燃点低于 700℃,只要有明火与可燃性物质接触,就有可能发生燃烧,引发火灾。

(2)高温物体。常见的高温物体有铁皮烟囱表面、电炉子、汽车排气管、砂轮磨铁器产生的火星、烟头、烟囱火星等。

(3)电火花。电火花是一种电能转变为热能的常见引火源。电视机、电灯、电热毯等电气设备,由于短路、接触不良或过负荷和长时间通电等原因,会产生高温、电弧或电火花。因为电火花放电能量比可燃气体、可燃蒸气、可燃粉尘与空气混合物的最小点火能量要大,所以电火花有可能点燃这些可燃物,引发火灾。

(4)撞击与摩擦。在撞击与摩擦过程中,机械能转变为热能。两个表面粗糙的坚硬物体相互撞击或摩擦时,容易产生火花或火星,点燃易燃易爆的物质,引起火灾。

(5)绝热压缩。绝热压缩是指气体在急剧快速压缩时,气体温度会骤然升高。当温度超过可燃物自燃点时,就会发生点燃的现象。例如,高压气体管路上的阀门之间的空气受到高压气体的压缩,容易达到很高的温度。

(6)光照聚焦。日光照射引起露天堆放的硝化棉发热而造成的火灾已发生多起,因此,可燃物品仓库和堆场应注意日光聚焦,易燃易爆物品应严禁露天堆放,避免日光暴晒。

(7)化学反应放热。化学反应放热能够使参加反应的可燃物质和反应后的可燃产物升高温度,当温度超过可燃物的自燃点时,就会引起燃烧。对于能自燃的物质,在生产加工与储运过程中应避免发生化学反应的条件。对于易发热的物质应避免使用可燃包装材料,储运中应加强通风散热,以防化学反应放热引起火灾事故。

2006 年 4 月 10 日,四川凉山州木里县发生森林火灾,消防官兵采用人工增雨作业、砍掉树木形成隔离带、直接扑打等措施进行灭火。其中,"砍掉树木形成隔离带"包含的灭火原理就是控制和消除引火源。

3. 阻止火势扩散蔓延

一旦发生火灾,人们应该千方百计地把火灾限制在较小的范围内,如此,就要防止新的燃烧条件形成,从而防止火势蔓延扩大,减少火灾损失。安全装置的使用可达到此目的。例如:在可燃气体管路上安装阻火器、安全水封;在建筑物之间设置防火防烟分区,筑防火墙,留防火间距;机车、推土机的排烟和排气系统戴防火帽;在压力容器设备上安装防爆膜、安全阀;对危险性较大的设备和装置,采取分区隔离、露天布置和远距离操作的方法等。

（二）阻燃技术的应用

随着建筑行业的发展,装饰装修工程越来越多,装饰装修材料也得到迅速的发展。建筑装饰设计是现代文明进步的表现,是人们改造环境、创造美好居住环境的重要手段。装饰材料大多数由高分子材料组成,在美化工作、生活环境的同时,也给人们的生命财产安全带来了非常大的威胁,因为它有一个很大的缺点——易燃。装饰装修材料是构成建筑火灾威胁的重要因素之一。采用阻燃处理的方法对可燃性材料进行处理,使其成为难燃材料,这是降低火灾危险性的有效方法。阻燃是指物质具有防止、减慢、终止燃烧或明显推迟火焰蔓延的性能。能够使可燃性材料难以着火或者能够延缓燃烧或降低其燃烧速度、阻止火焰蔓延的物质,被称为阻燃剂。常用的阻燃方法有两种:一是在材料的表面喷涂阻燃剂;二是在产品的生产过程中加入阻燃剂,采用阻燃技术。阻燃剂之所以具有阻燃作用,是因为它在材料的燃烧过程中,能够改变其物理变化或化学反应的方式,从而抑制或降低其燃烧性能。

阻燃机理是指降低材料在火焰中的可燃性,减缓火焰蔓延速度,当火焰移去后能很快自熄。从燃烧过程看,要达到阻燃目的,必须去除构成燃烧的三要素。

1. 覆盖层作用

阻燃剂在高温作用下,生成难燃的保护层或蜂窝状、泡沫状物质,覆盖在可燃材料的表面,这样既可以隔绝氧气,阻止可燃性气体的扩散,又可以阻挡热传导和热辐射,减少热量传导,起到阻燃作用。如有机磷类阻燃剂受热时能产生碳化层,碳化层的形成既能阻止聚合物进一步热解,又能阻止其内部的热分解产物参与燃烧过程。

2. 气体稀释作用

阻燃剂吸热分解后释放出不燃性气体,如氮气、二氧化碳、氨等,这些气体将可燃物分解出来的可燃气体浓度稀释到燃烧下限以下。同时也对燃烧区内的氧浓度具有稀释的作用,阻止燃烧的继续进行,达到阻燃的效果。

3. 吸热作用

阻燃剂在高温作用下,吸收燃烧放出的部分热量,降低可燃物表面的温度,有效地抑制可燃性气体的生成,阻止燃烧的蔓延。

4. 熔滴作用

在阻燃剂的作用下,可燃物发生解聚,熔融温度降低,增加了熔点和着火点之间的温差,使可燃物在裂解之前软化、收缩、熔融,成为熔融状形态,消耗大部分热量,中断燃烧的进行,使火焰自熄。

5. 抑制作用

根据燃烧的链式反应理论,维持燃烧所需的是自由基。阻燃剂分解生成的某些生成物可捕捉到燃烧反应中的自由基,从而阻止火焰的传导,使燃烧区的火焰密度下降,最终使燃烧反应速度下降直至停止。

（三）灭火的基本方法

燃烧条件是可燃物、助燃物、引火源三大要素互相作用而形成的,燃烧原理的链式反应理论认为维持燃烧所需的自由基也是燃烧条件的要素之一。有效的灭火方法是指快速破坏或消除已经形成的燃烧条件,或者中止燃烧的链式反应,使火熄灭或阻止物质的继续燃烧的措施。根据消防燃烧理论和灭火的实践经验,灭火方法可归纳为隔离法、窒息法、冷却法和抑制法四种,这些方法的根本原理是破坏燃烧条件。

1. 冷却灭火

冷却灭火是指将灭火剂直接喷射到燃烧物上,将燃烧物的温度降到低于燃点,使燃烧停止,或者将灭火剂喷洒在火源附近的物体上,使其不受火焰辐射热的威胁,避免形成新的火点,将火灾迅速控制和消灭。可燃物温度一旦达到着火点,即会燃烧或持续燃烧。在一定条件下,将可燃物的温度降到着火点以下,燃烧即会停止。对于可燃固体,将其冷却到燃点以下,对于可燃液体,将其冷却到闪点以下,燃烧反应就可能会中止。用水扑灭一般固体物质引起的火灾,主要是通过冷却作用来实现的,水具有较大的比热容和很高的汽化热,冷却性能很好。在用水灭火的过程中,水大量地吸收热量,使燃烧物的温度迅速降低,使得火焰熄灭、火势得到控制、火灾终止。水喷雾灭火系统的水雾,其水滴直径细小,比表面积大,和空气接触范围大,极易吸收热气流的热量,也能很快地降低温度,效果更为明显。

在火灾造成的损失中,水渍造成的间接损失占有相当比例,所以在采用水冷却灭火时,应首先掌握"不见明火不射水"这个防止水渍损失的原则。水渍损失是指在灭火时因用水过量或水枪射流不当导致建筑物和生产、生活物资遭受不应有的损失。另外还要注意的是,对不能用水扑灭的火灾,切忌用水来灭火。

2. 隔离灭火

隔离灭火是指将正在燃烧的物质与未燃烧的物质隔开或疏散到安全地点,燃烧会因缺乏可燃物而停止。这是扑灭火灾比较常用的方法,适用于扑救各种火灾。隔离灭火法在实际应用过程中,可针对物体的燃烧条件进行有效的阻断。可采取的方法包括:关闭可燃气体、液体管道的阀门,以减少和阻止可燃物质进入燃烧区;将火源附近的可燃、易燃、易爆和助燃物品搬走;排除生产装置、容器内的可燃气体或液体;设法阻挡流散的液体;拆除与火源毗连的易燃建(构)筑物,形成阻止火势蔓延的空间地带;用高压密集射流封闭的方法扑救井喷火灾等。

例如,森林火灾具有火势大、难靠近、阻隔少、蔓延快、难扑灭等特点,扑灭森林火灾的基本原理是采取有效措施,消除或隔离森林火灾燃烧所需要的氧气、可燃物或火源,达到扑灭森林火灾目的,减少森林资源的损失。在煤矿开采的过程中,采空区内时常因遗留煤引发自燃现象,以致产生不必要的人员和财产的损失。为有效减少损失,可在已采区和供风区之间采用阻燃墙隔离带技术或水隔离法防灭火技术,使采空区处于无氧状态而窒息,达到保护的目的。

3. 窒息灭火

窒息灭火是指隔绝空气或稀释燃烧区的空气含氧量,使可燃物得不到足够的氧气而停止燃烧。它适用于扑救容易封闭的容器设备、房间、洞室和工艺装置或船舱内的火灾。

物质在燃烧过程中,氧气的含量(密度)是一个重要因素,在正常的大气压中,空气中氧气含量为 21％ 左右。研究实践表明,当氧气浓度低于 15％ 时,就会出现氧气不足,燃烧就不能维持,随后火灾即可被扑灭。窒息灭火法就是一种减少氧气含量的方法。因此,在实际消防工作中,可以通过降低空间的氧浓度,达到窒息灭火的要求,如灌注二氧化碳、氮气等不燃性气体稀释空气中的含氧量。水喷雾灭火器工作时,其喷出的水滴转化成水蒸气后,就稀释了空气中含氧量,当水蒸气浓度达到 35％ 时,燃烧就无法进行,这也是窒息灭火法的应用。

4. 化学抑制灭火

化学抑制灭火的灭火速度快,能有效减少人员伤亡和财产损失。在实际工作过程中,虽然化学抑制法能够发挥抑制火情的作用,但需要借助一些化学手段来完成。化学抑制灭火的常见灭火剂有干粉和七氟丙烷,其灭火机理是针对有焰燃烧中的燃烧链进行有效控制,从而实现灭火的目的。由于有焰燃烧是通过链式反应进行的,如果能有效地抑制自由基的产生或降低火焰中的自由基浓度,即可使燃烧中止。因此,需要针对可燃物中氢含量情况,采用干粉灭火剂或卤代烷灭火剂进行灭火,在最短时间内控制火情,实现灭火目的。可燃固体深位火灾是指可燃固体内部氧化而产生的深部位的无焰燃烧所引发的火灾,它需要较高浓度的灭火浓度和长时间的灭火剂浸渍时间才能被扑灭。所以,化学抑制法灭火对可燃固体深部位火灾的灭火效果不理想。实践表明,当化学抑制法灭火的灭火剂与水、泡沫等灭火剂联用时,灭火效果非常明显。

在火灾现场上究竟采用哪种灭火方法,应根据燃烧物质的性质、燃烧特点和火场的具体情况以及消防器材装备的性能进行选择。有些火场,往往需要同时使用几种灭火方法,如采用干粉灭火时,还要采用必要的冷却降温措施,以防复燃。

第二章　建筑分类与耐火等级

火灾是指在时间或空间上失去控制的燃烧。火灾可分为建筑火灾、矿山火灾、森林火灾、石油化工火灾等,其中建筑火灾发生的次数及造成的危害居于首位。据统计,建筑火灾占火灾总数的 75% 以上,经济财产损失占总损失的 85%,所造成的伤亡人数占总数的 90%。可见,建筑火灾是我们防控的重点。为避免、减少建筑火灾的发生,我们应研究和掌握建筑常识及相关建筑防火、灭火内容,做好建筑消防安全防控工作。

第一节　建　筑　分　类

建筑既表示建筑工程的建筑活动,又表示这种活动的成果——建筑物。建筑是建筑物和构筑物的总称。我们通常将供人们生活、学习、工作、居住,以及从事生产和各种文化、社会活动的房屋称为"建筑物",如住宅、学校、办公楼、体育馆等;而"构筑物"是指不具备、不包含或不提供生产、生活功能的建筑,如水塔、烟囱、堤坝、储油罐等。

建筑分类是确定消防安全要求的基础,主要根据建筑的使用功能、火灾危险性、疏散和扑救的难度进行分类,不同类别的建筑应采取不同的防火措施,达到既保障建筑的消防安全又能节约投资的目的。建筑耐火等级的选择和确定,是建筑防火技术措施中最基本的措施之一,与建筑使用性质、火灾危险性大小、建筑的设计层数等紧密联系,必须与建筑分类相适应。

建筑物可以有多种分类:按其使用性质,可分为民用建筑、工业建筑和农业建筑;按其结构形式,可分为木结构、砖木结构、钢结构、钢筋混凝土结构建筑等。

一、按建筑使用性质分类

建筑物按建筑使用性质,可分为民用建筑、工业建筑及农业建筑。

1. 民用建筑

民用建筑是指非生产性的居住建筑和公共建筑,由若干个大小不等的室内空间组合而成;其空间的形成,则又需要各种各样的实体来组合,这些实体被称为建筑构配件。住宅建筑是指供单身或家庭成员短期或长期居住使用的建筑。公共建筑是指供人们进行各种公共活动的建筑,包括教育、办公、科研、文化、商业、服务、体育、医疗、交通、纪念、园林、综合类建筑等。按照《建筑设计防火规范》(GB/T 50016—2014),民用建筑根据高度和层数又可分为单、多层民用建筑和高层民用建筑。高层民用建筑根据其建筑高度、使用功能和楼层的建筑面积可分为一类和二类。

一类高层民用住宅建筑是指建筑高度大于 54 m 的住宅建筑(包括设置商业服务网点的住宅建筑)。

二类高层民用住宅建筑是指建筑高度大于 27 m,但不大于 54 m 的住宅建筑(包括设置商业服务网点的住宅建筑)。

单、多层民用住宅建筑是指建筑高度不大于 27 m 的住宅建筑(包括设置商业服务网点的住宅建筑)。

一类高层民用公共建筑包括:① 建筑高度大于 50 m 的公共建筑;② 建筑高度 24 m 以上部分,任一楼层建筑面积大于 1 000 m² 的商店、展览、电信、邮政、财贸金融建筑和其他多种功能组合的建筑;③ 医疗建筑、重要公共建筑;④ 省级及以上的广播电视和防灾指挥调度建筑、网局级和省级电力调度;⑤ 藏书超过 100 万册的图书馆、书库。

二类高层民用公共建筑是指除住宅建筑和一类高层公共建筑外的其他高层民用建筑。

单、多层民用公共建筑包括:① 建筑高度大于 24 m 的单层公共建筑;② 建筑高度不大于 24 m 的其他公共建筑。

2. 工业建筑

工业建筑是指工业生产性建筑,即供人们从事各类生产活动的建筑物和构筑物,如主要生产厂房、辅助生产厂房等。工业建筑按照使用性质的不同,分为加工、生产类厂房和仓储类库房两大类,厂房和仓库又按其生产或储存物质的性质进行分类;按层数不同,分为单层厂房、多层厂房、混合层次厂房。

3. 农业建筑

农业建筑是指农副产业生产和加工的建筑,主要包括暖棚、牲畜饲养场、蚕房、烤烟房、粮仓等。

二、按建筑结构形式分类

建筑物按建筑结构形式和建造材料构成可分为木结构、砖木结构、砖与钢筋混凝土混合结构(砖混结构)、钢筋混凝土结构、钢结构、钢与钢筋混凝土混合结构(钢混结构)等。

1. 木结构建筑

木结构建筑是指用木材构成承重构件的建筑物。木材的主要特性是体积密度小、导热系数小、加工方便,有一定的强度和韧性,并使人有亲切感。缺点是易燃、易腐、易蛀和材质不匀等。木结构建筑已成为我国休闲地产、园林建筑的新宠。许多建筑、园林设计公司已经开始将木结构建筑作为体现自然、增加商品附加值的首选。

2. 砖木结构建筑

砖木结构是房屋的一种建筑结构,砖木结构建筑是指建筑物中竖向承重结构的墙、柱等采用砖或砌块砌筑,楼板、屋架等采用木结构的建筑。这种结构的建筑建造简单,材料容易准备,费用较低,通常用于农村的屋舍、庙宇等。

3. 砖混结构建筑

砖混结构建筑是指建筑物中竖向承重构件采用砖墙或砖柱,横向承重的梁、楼板、屋面板等构件采用钢筋混凝土结构的建筑。砖混结构造价便宜,就地取材,施工难度低,但自身抗震能力差,所以只能盖多层。

4. 钢筋混凝土结构建筑

钢筋混凝土结构是用钢筋和混凝土制成的一种结构,钢筋承受拉力,混凝土承受压力。钢筋混凝土结构建筑是指用钢筋混凝土做柱、梁、楼板及屋顶等建筑的主要承重构件,用砖或其他轻质材料做墙体等围护构件的建筑,如装配式大板、大模板、滑模等工业化方法建造的建筑,钢筋混凝土的高层、大跨、大空间结构的建筑。钢筋混凝土结构具有坚固、耐久,防火性能好,比钢结构节省钢材和成本低等优点。

5. 钢结构建筑

钢结构建筑是指主要承重构件全部采用钢材的建筑,如全部用钢柱、钢屋架建造的厂房。采用的钢材有型钢和钢板制成的钢梁、钢柱等,各构件或部件之间采用焊缝、螺栓连接。钢结构建筑的优点如下:强度高,自重轻,整体刚性好,变形能力强,建筑工期短,可进行专业化生产。

6. 钢混结构

钢混结构建筑是采用型钢和混凝土的混合结构建筑。屋顶采用钢结构,其他主要承重构件采用钢筋混凝土结构,如钢筋混凝土梁、柱和钢屋架组成的骨架结构厂房。这种结构综合了钢结构和钢筋混凝土结构的特点,房间的开间、进深相对较大,空间分割较自由。

三、按建筑高度分类

建筑物按建筑高度可分为单层、多层建筑和高层建筑两类。

1. 单层、多层建筑

单层、多层建筑是指 27 m 以下的住宅建筑、建筑高度不超过 24 m(或已超过 24 m,但为单层)的公共建筑和工业建筑。

2. 高层建筑

高层建筑是指建筑高度大于 27 m 的住宅建筑和其他建筑高度大于 24 m 的非单层建筑。我国称建筑高度超过 100 m 的高层建筑为超高层建筑。

建筑高度是界定建筑是否为高层的依据,建筑高度检查时,需要注意六个方面。

(1)建筑屋面为坡屋面时,建筑高度为建筑室外设计地面至檐口与屋脊的平均高度。

（2）建筑屋面为平屋面（包括有女儿墙的平屋面）时，建筑高度为建筑室外设计地面至屋面面层的高度。

（3）同一座建筑有多种形式的屋面时，建筑高度按上述方法分别计算后，取其中最大值。

（4）对于台阶式地坪，当位于不同高程地坪上的同一建筑之间有防火墙分隔，各自有符合规范规定的安全出口，且可沿建筑的两个长边设置贯通式或尽头式消防车道时，可分别确定各自的建筑高度。否则，建筑高度按其中建筑高度最大者确定。

（5）局部突出屋顶的瞭望塔、冷却塔、水箱间、微波天线间或设施、电梯机房、排风和排烟机房以及楼梯出口小间等辅助用房占屋面面积不大于 1/4 时，无须计入建筑高度。

（6）对于住宅建筑，设置在底部且室内高度不大于 2.2 m 的自行车库、储藏室、敞开空间，室内外高差或建筑的地下或半地下室的顶板面高出室外设计地面的高度不大于 1.5 m 的部分，不计入建筑高度。

建筑层数按建筑的自然层数确定。建筑层数检查时，需要注意两点。

（1）建筑的地下室、半地下室的顶板面高出室外设计地面的高度小于等于 1.5 m 者，建筑底部设置的高度不超过 2.2 m 的自行车库、储藏室、敞开空间，以及建筑屋顶上突出的局部设备用房、出屋面的楼梯间等，不计入建筑层数内。

（2）当住宅建筑或设置有其他功能空间的住宅建筑中有 1 层或若干层的层高超过 3 m 时，先对这些层按其高度总和除以 3 m 进行层数折算，余数不足 1.5 m 时，多出部分不计入建筑层数；余数大于等于 1.5 m 时，多出部分按 1 层计入建筑层数。

第二节 建筑材料的燃烧性能及分级

一、建筑材料燃烧性能概念

建筑材料的燃烧性能是指其燃烧或遇火时所发生的物理和化学变化。这项性能由建筑材料表面着火性、火焰传播性、发热、发烟、碳化、失重及毒性生成物的产生等特性来衡量。建筑材料的燃烧特性对建筑火灾的发生、发展、蔓延及危害后果具有决定性的作用，因此，对建筑材料燃烧性能进行正确评价，并制定建筑材料燃烧性能分级标准以规范材料的使用对预防建筑火灾具有重要意义。我国 1985 年就启动了建筑材料燃烧性能分级体系及相关试验方法的研究，并于 1987 年首次发布了强制性国家标准《建筑材料燃烧性能分级方法》（GB/T 8624—1988），随后在 1997 年、2006 年、2012 年进行过三次修订，新标准《建筑材料及制品燃烧性能分级》（GB/T 8624—2012）经国家标准化管理委员会于 2012 年 12 月 31 日批准发布，于 2013 年 10 月 1 日开始实施。新标准的发布提高了其在实际工程中的应用性，对加强建筑材料及制品的消防监督管理发挥着重要作用。

二、建筑材料及制品的燃烧性能分级

建筑材料及制品燃烧性能分级标准是建筑材料及装饰装修材料燃烧性能评价的依据,建筑材料及制品燃烧性能分级评价体系是建筑防火设计规范、建筑火灾安全工程设计和消防性能化评估的基础和依据。国外(欧盟)建立的建筑材料燃烧性能相关分级体系把建筑材料按照易燃程度从低到高分为 A1、A2、B、C、D、E、F 七个等级。我国建筑材料及制品的燃烧性能分级按国家标准《建筑材料及制品的燃烧性能分级》执行,该标准将我国建筑材料及制品燃烧性能的等级分为 A(不燃材料或制品)、B1(难燃材料或制品)、B2(可燃材料或制品)、B3(易燃材料或制品),并给出了此种分级与欧盟标准分级的对应关系。

《建筑材料及制品燃烧性能分级》将建筑材料分为三大类。

(1) 平板状建筑材料。平板状建筑材料及制品是指在建筑内部除地面外其他空间部位的板状装饰装修材料,如墙面装饰材料、吊顶材料等。它的燃烧性能的分级如下:满足 A1、A2 级即为 A 级,满足 B、C 级即为 B1 级,满足 D、E 级即为 B2 级。

(2) 铺地材料。地板是建筑空间内非常重要的一个部位,在对铺地材料进行燃烧性能评价时,应根据铺地材料本身在火灾中的作用,对不同的部位采用不同的试验方法。它的燃烧性能的分级如下:满足 A1、A2 级即为 A 级,满足 B、C 级即为 B1 级,满足 D、E 级即为 B2 级。

(3) 管状绝热材料。除平板状建筑材料及制品外,在建筑物内部还有许多管状材料。管状绝热材料的燃烧性能分级如下:满足 A1、A2 级即为 A 级,满足 B、C 级即为 B1 级,满足 D、E 级即为 B2 级。

第三节　建筑构件的耐火性能

组成结构体系的单元体被称为基本构件,建筑构件是指构成建筑物的各个要素。如果把建筑物看成一个产品,那建筑构件就是这个产品当中的零件。因此,建筑构件主要是指建筑内的墙、柱、梁、楼板、门、窗等。在房屋建筑结构中,竖向尺寸的高与宽均较大,而厚度相对较小的构件,称其为墙;截面尺寸较小,而高度相对较大的构件,称其为柱;平面尺寸较大而厚度较小的构件,称其为板;截面尺寸的高与宽均较小,而长度尺寸相对较大的构件,称其为梁。门是指建筑物的出入口或安装在出入口能开关的装置,是分割有限空间的一种构件,可以连接和阻断两个或多个空间。窗在建筑学上是指墙或屋顶上建造的洞口,用以使光线或空气进入室内。

一般来讲,建筑物耐火程度的高低,直接取决于所用构件在遇火或高温作用时的耐火性能。所以,在火灾中,耐火的建筑构件起着阻止火势蔓延扩大、延长支撑时间的作

31

用,它们的耐火性能直接决定着建筑物在火灾中失稳和倒塌的时间。

一、建筑构件的燃烧性能

　　建筑构件的燃烧性能反映建筑构件遇火或高温作用时的燃烧性能,是由组成建筑构件的材料的燃烧性能决定的。对于一些新型的建筑材料,需要通过专门的试验来确定其燃烧性能。我国根据《建筑材料及制品的燃烧性能分级》,把建筑构件按其燃烧性能分为三类,即不燃性构件、难燃性构件和可燃性构件。

　　1. 不燃性构件

　　用通过国家标准《建筑材料不燃性试验方法》(GB/T 5464—2010)试验合格的材料,即用不燃性材料制作的建筑构件被称为不燃性构件。这种构件在空气中受到火烧或高温作用时不起火、不微燃、不碳化,如混凝土、砖、石、砌块、钢材等。

　　2. 难燃性构件

　　用通过国家标准《建筑材料难燃性试验方法》(GB/T 8625—2016)试验合格的材料,即用难燃性材料制作的构件,或以可燃性材料作为基层,再以不燃性材料作为保护层(隔热层)制作的构件被称为难燃性构件。这类构件在空气中受到火烧或高温作用时难起火、难微燃、难碳化,当火源移走后,燃烧或微燃立即停止,如阻燃胶合板、沥青混凝土、阻燃木质防火门、水泥、阻燃刨花板等。

　　3. 可燃性构件

　　用通过国家标准《建筑材料可燃性试验方法》(GB/T 8626—2007)试验合格的材料制作的构件被称为可燃性构件。这类构件在空气中受到火烧或高温作用时,能立即起火或微燃,当火源移走后,也能继续燃烧或微燃,如木材、竹子、刨花板、中密度板、塑料等。

　　在建造建筑物时,应根据《建筑设计防火规范》的规定,结合建筑的使用性质、楼层的高低、使用年限的要求,建筑用材应尽可能多采用不燃性材料或难燃性材料,使得建筑物在发生火灾危害时不至于在短时间内垮塌,并能阻止、延缓火灾的蔓延,为火灾救援工作争取更多时间与机会。

二、建筑构件的耐火极限

　　(一)耐火极限的概念

　　建筑构件的耐火极限是指按时间温度标准曲线进行耐火试验,从受到火的作用起时,到失去支持能力、完整性被破坏或失去隔火作用时止所用的时间,单位为小时(h)。

　　对建筑构件进行耐火试验,测定其耐火极限是通过燃烧试验炉进行的,耐火试验采用明火加热,模拟火灾实际情景,检验建筑构件的承载能力、完整性及隔热性。在模拟火灾实际情景时,对于墙、门窗可采取一面受火的试验方式,对于横梁、底面等可采用三面受火的方式,而对于楼板、屋面板、吊顶可采取下面受火的方式。

　　检验建筑构件是否达到耐火极限的三个约束条件是承载能力、耐火完整性及耐火隔热性。

1. 承载能力

承载能力是指在标准耐火试验条件下,承重或非承重建筑构件在一定时间内抵抗垮塌的能力,具体是指其变形的大小和速率是否超过标准所规定的极限值。判定构件承载能力的参数是变形量和变形速率。如果超过标准规定的极限值,那么这类建筑构件将失去承载能力,在火灾事故中,建筑构件将出现坍塌的情况,扩大火灾的危害。

2. 耐火完整性

耐火完整性是指在标准耐火试验条件下,当建筑分隔构件某一面受火时,其在一定时间内防止火焰和热气穿透或在背火面出现火焰的能力。在试验的过程中,如发现棉垫被点燃、缝隙探棒可以穿过,或背火面出现火焰且持续时间超过 10 s 的情况,就可以诊断建筑构件丧失完整性。

3. 耐火隔热性

耐火隔热性是指在标准耐火试验条件下,当建筑分隔构件某一面受火时,其在一定时间内背火面温度不超过规定极限值的能力。在试验的过程中,如发现平均温度超过初始温度 140℃或任一位置的温度超过初始温度 220℃的情况,就可以诊断建筑构件丧失隔热性。

(二)耐火极限的判定

《构件用防火保护材料快速升温耐火试验方法》(GA/T 714—2007)规定,耐火极限判定条件依据构件种类的不同而不同。

(1)分隔构件(隔墙、吊顶、门窗):可从失去完整性或隔热性两个方面考虑。

(2)承重构件(梁、柱、屋架):可从失去承载能力方面考虑。

(3)承重分隔构件(承重墙、楼板):可从失去承载能力、完整性或隔热性三个方面考虑。

如果建筑构件已失去完整性,那么其隔热性必定不符合要求。如果建筑构件已失去承载能力,那么其完整性或隔热性必然不符合要求。

(三)影响耐火极限的因素

在火灾高温作用下,建筑构件的力学性能均有不同程度的降低,这直接关系到建筑物的安全。一般来说,影响构件承载能力、完整性和隔热性的因素,都会影响建筑构件耐火极限。

1. 材料本身的燃烧性能

材料本身的燃烧性能是构件耐火性能内在的主要影响因素,决定其用途和适用性。如果材料本身就是可燃烧的材料,那么一旦在热的作用下引发燃烧,其承载能力将不断下降,构件因受破坏而失去稳定性。如果构件本身强度高、厚度大,那么其耐火性好。构件热扩散率越大,在火灾高温下产生的热量越容易传到构件的背火面,继而引起火焰蔓延。

2. 建筑构件结构特性

结构类型不同,其耐火性能也不同。例如,钢结构虽然有良好的抗震性能,但却有耐火性能较差的致命缺点,如果火灾温度不足以破坏钢结构并能保持结构安全,钢结构可不必采取防火措施。相较于钢结构而言,钢筋混凝土结构具有较好的耐火性能,但当对建筑结构耐火性能要求较高、火灾荷载较大或人员密度较大时,也要提高其耐火能力,确保其耐火性能满足要求。钢混结构和钢管混结构承载能力高,耐火性能较好。因此,构件的结构特性决定了保护措施方案的选择。

3. 荷载比

荷载比是指构件结构所承载的荷载与其极限荷载的比值。随着火灾温度的升高,建筑构件的强度将逐渐降低,其承载能力也随之下降,当降到极限荷载时,建筑构件也就达到了火灾条件下的承载能力,继而达到了耐火极限状态。研究表明,荷载比越大,构件的耐火极限越小。

4. 火灾规模

火灾规模包括火灾温度和火灾持续时间。作为构件升温的驱动者,火灾规模对构件温度场有明显的影响。当火灾高温持续时间较长时,构件的升温也较高。温度越高,建筑构件性能破坏越严重,产生的危害也越大。

5. 材料的老化性能

建筑构件在使用过程中,由于受到外界因素(包括物理、化学及生物等各方面)的作用,其结构会受到破坏,原有的性能丧失。建筑材料往往要求在环境和条件差、影响因素复杂的情况下长期使用,因此,它的耐久性特别重要。材料老化时间长短直接影响材料的性能,材料老化快,其耐久性和使用寿命就会受到影响。建筑材料的耐久性是材料抵抗自身和自然环境双重因素长期破坏作用的能力。影响耐久性的因素不仅与材料的化学成分或组成成分有关,还与结构和构造性质、温度、湿度、酸、碱、盐、有害气体等有关。

6. 施工工艺的缺陷

在混凝土施工过程中,如果混凝土含水量较大,当发生火灾时,过多的水分在火灾高温作用下,极易发生爆裂,使相关建筑构件局部穿透,失去完整性。此外,当建筑构件接缝、穿管密封不严密或填缝材料不耐火时,建筑构件也容易在这些地方形成穿透、产生裂缝,破坏建筑物的完整性。

(四) 提高建筑构件耐火极限的方法

在进行耐火设计时,当某些建筑构件的耐火极限和燃烧性能达不到规范要求时,可采取适当的方法与手段来弥补设计上的不足。

(1) 适当增加构件的截面尺寸。建筑构件的截面尺寸越大,其耐火极限越长。此法对增强建筑构件的承载能力和延长燃烧时间十分有效。

(2) 适当增加建筑构件厚度或构件保护层厚度。适当增加建筑构件厚度或构件保护层厚度可以延缓和减少火灾高温作用下热量向建筑构件内部的传递,使得构件内部温升减慢,强度不会过快降低,从而达到提高构件的耐火极限的目的。

（3）对建筑构件表面进行耐火保护层处理。具体可用砂浆或灰胶泥做耐火保护层，或用矿物纤维做耐火保护层，也可用现浇混凝土做耐火保护层。

（4）对建筑构件表面进行阻燃处理。对建筑构件表面涂刷防火涂料进行阻燃处理，可以有效阻碍火焰的蔓延，提高构件的耐火极限。

（5）进行合理的耐火构造设计。合理的构造设计可以延长构件的耐火极限，提高结构的安全性和经济性。

三、建筑耐火等级

为了保证建筑物的安全，《建筑设计防火规范》规定，建筑构件的设计应符合主动性防火的要求，提高建筑构件被动防火能力，使建筑构件具有一定的耐火性，即使发生了火灾也不至于造成太大的损失，也可为消防扑救创造必要的条件。通常用耐火等级来表示建筑物所具有的耐火性，建筑物的耐火等级不是由单个构件的耐火性决定的，而是由组成建筑物的所有构件的耐火性决定的。

（一）建筑耐火等级的定义

建筑耐火等级是衡量建筑物耐火程度的分级标准。它是由组成建筑物的墙、柱、梁、楼板等主要构件的燃烧性能和耐火极限的最低极限值决定的。只要最低耐火极限值所对应的构件失去了承载能力、完整性或隔热性，建筑物就必然会受到火灾高温作用的进一步破坏。规定建筑物的耐火等级是《建筑设计防火规范》中最基本的措施之一。

（二）建筑耐火等级划分的作用

划分建筑物耐火等级可以根据建筑物的不同用途提出不同的耐火等级要求，做到既有利于安全，又节约基本建筑造价。建筑物的耐火等级越高，发生火灾时被烧坏、坍塌的可能性就越小。反之，耐火等级越低，发生火灾时，燃烧越快，造成严重损失的可能性就越大。因此，建筑物具有较高的耐火等级，可以起到四个方面的作用。

（1）减缓火灾传播。当建筑物发生火灾时，如果建筑物具有较高的耐火等级，能保证建筑在一定的时间内不受到破坏，延缓和阻止火势的蔓延。

（2）为安全疏散提供时间保障。保证人员安全疏散是建筑防火设计中一个重要的安全目标。安全疏散是指建筑物内发生火灾时，整个建筑系统能够为建筑中的所有人员提供足够的时间疏散到安全的地点，整个疏散过程中，疏散人员不应受到火灾的危害。安全疏散时间是指建筑人员撤离的疏散时间与安全裕度时间之和，它应小于建筑物火灾危险来临时间，即保障人员疏散到安全区域所允许的时间。建筑物的高度越高，疏散到地面的距离就越长，所需疏散时间也越长。如果高层建筑具有较高的耐火能力，那么火灾发生时就可以给人们的安全疏散赢得更多的宝贵时间。

（3）为消防人员扑救火灾创造有利条件。如果建筑主体结构具有足够的抵抗火烧的能力，不会在较短时间内局部或整体发生破坏或坍塌，就可以给消防扑救工作提供帮助，赢得时间,避免更大的伤亡事故的发生。

（4）为建筑物火灾后重新修复使用提供有利条件。通常情况下,如果建筑主体结构耐火能力好,抵抗火烧时间长,那么发生火灾时受破坏就少,灾后重建修复就快。

（三）建筑耐火等级划分的标准

根据我国建筑业发展现状及未来发展趋势,并参照其他国家的标准,《高层民用建筑设计防火规范》(GB/T 50045—2005)把高层民用建筑耐火等级分为一、二级;而《建筑设计防火规范》将普通建筑耐火等级分为四级,一级最高,四级最低。建筑的耐火等级是由建筑构件的燃烧性能和耐火极限决定的。一般说来,各级耐火等级建筑的结构如下:

一级耐火等级建筑是钢筋混凝土结构或砖墙与钢筋混凝土结构组成的混合结构,全部为不燃性材料;

二级耐火等级建筑是钢结构屋架、钢筋混凝土柱或砖墙组成的混合结构,除吊顶为难燃性材料外,其余的为不燃性材料;

三级耐火等级建筑物是木屋顶、钢筋混凝土楼板和砖墙组成的砖木结构,除吊顶、房间隔墙用难燃性材料外,其余的为不燃性材料;

四级耐火等级是木屋顶、难燃性材料作为墙壁的建筑。

建筑物耐火等级的划分以楼板的耐火极限作为基准。因为楼板是直接承受人和物品重量的建筑构件,从受力角度来看,楼板把自身承受荷载传递给梁,梁再把荷载传递给柱或墙,柱或墙再把荷载传递给基础,因此,楼板是最基本的承重构件,也是最薄弱的承重构件。

当确定楼板的耐火极限以后,再将其他建筑构件与楼板相比较来确定其耐火极限。在建筑结构中所占的地位比楼板重要者(如梁、柱、承重墙等),其耐火极限应当高于楼板;比楼板次要的建筑构件,其耐火极限可适当降低。

根据我国火灾的实际情况和建筑特点,一级耐火等级楼板的耐火极限定为 1.5 h,二级耐火等级楼板的耐火极限定为 1 h,三级耐火等级楼板的耐火极限定为 0.5 h,四级耐火等级楼板的耐火极限定为 0.25 h。

其他建筑构件的耐火极限以二级耐火等级建筑物的楼板作为基准。比楼板重要的建筑构件,其耐火极限要求可以高一些;比楼板次要的建筑构件,其耐火极限要求可以低一些。

（四）建筑耐火等级的选定

在建筑防火设计中,某一建筑物应采用哪一耐火等级,主要取决于建筑物的使用性质、重要程度、规模大小、层数高低和火灾危险性差异。虽然从防火的角度来看,建筑物的耐火程度应越高越好,但其造价也越高。因此,不可能对所有建筑物都采用高耐火等级设计,只能对火灾危险性较大,可能导致大量人员生命和财产损失的建筑物采用高耐火等级,反之则选用较低的耐火等级。所以,对不同的建筑物提出不同的耐火等级要求,可做到既有利于消防安全,又有利于节约基本建设投资。

1. 厂房和仓库的耐火等级

厂房、仓库主要指除炸药厂(库)、花炮厂(库)、炼油厂以外的厂房及仓库。厂房和仓库的耐火等级分一、二、三、四级,相应建筑构件的燃烧性能和耐火极限见表 2-1。

表 2-1 不同耐火等级厂房和仓库建筑构件的燃烧性能和耐火极限　　　(单位:h)

构 件 名 称		耐 火 等 级			
		一级	二级	三级	四级
墙	防火墙	不燃性 3.00	不燃性 3.00	不燃性 3.00	不燃性 3.00
	承重墙	不燃性 3.00	不燃性 2.50	不燃性 2.00	难燃性 0.50
	楼梯间、前室的墙,电梯井的墙	不燃性 2.00	不燃性 2.00	不燃性 1.50	难燃性 0.50
	疏散走道两侧的隔墙	不燃性 1.00	不燃性 1.00	不燃性 0.50	难燃性 0.25
	非承重外墙房间隔墙	不燃性 0.75	不燃性 0.50	难燃性 0.50	难燃性 0.25
柱		不燃性 3.00	不燃性 2.50	不燃性 2.00	难燃性 0.50
梁		不燃性 2.00	不燃性 1.50	不燃性 1.00	难燃性 0.50
楼板		不燃性 1.50	不燃性 1.00	不燃性 0.75	难燃性 0.50
屋顶承重构件		不燃性 1.50	不燃性 1.00	难燃性 0.50	可燃性
疏散楼梯		不燃性 1.50	不燃性 1.00	0.75 不燃性	可燃性
吊顶(包括吊顶搁栅)		不燃性 0.25	难燃性 0.25	难燃性 0.15	可燃性

资料来源:《建筑设计防火规范》(GB/T 50016—2014)。
注:二级耐火等级建筑采用不燃烧材料的吊顶,其耐火极限不限。

对于厂房、仓库的耐火等级的选取,应符合《建筑设计防火规范》中的规定:

(1)高层厂房,甲、乙类厂房的耐火等级不应低于二级,建筑面积不大于 300 m² 的独立甲、乙类单层厂房可采用三级耐火等级的建筑。

(2)单、多层丙类厂房和多层丁、戊类厂房的耐火等级不应低于三级。使用或产生丙类液体的厂房和有火花、赤热表面、明火的丁类厂房,其耐火等级均不应低于二级。当为建筑面积不大于 500 m² 的单层丙类厂房或建筑面积不大于 1 000 m² 的单层丁类厂房时,可采用三级耐火等级的建筑。

（3）使用或储存特殊贵重的机器、仪表、仪器等设备或物品的建筑,其耐火等级不应低于二级。

（4）锅炉房的耐火等级不应低于二级,当为燃煤锅炉房且锅炉的总蒸发量不大于4 t/h时,可采用三级耐火等级的建筑。

（5）油浸变压器室、高压配电装置室的耐火等级不应低于二级,其他防火设计应符合现行国家标准《火力发电厂与变电站设计防火规范》（GB/T 50229—2019）等标准的规定。

（6）高架仓库、高层仓库、甲类仓库、多层乙类仓库和储存可燃液体的多层丙类仓库,其耐火等级不应低于二级。单层乙类仓库,单层丙类仓库,储存可燃固体的多层丙类仓库和多层丁、戊类仓库,其耐火等级不应低于三级。

（7）粮食筒仓的耐火等级不应低于二级;二级耐火等级的粮食筒仓可采用钢板仓。粮食平房仓的耐火等级不应低于三级;二级耐火等级的散装粮食平房仓可采用无防火保护的金属承重构件。

（8）甲、乙类厂房和甲、乙、丙类仓库内的防火墙,其耐火极限不应低于4.00 h。

（9）一、二级耐火等级单层厂房（仓库）的柱,其耐火极限分别不应低于2.50 h和2.00 h。

（10）采用自动喷水灭火系统全保护的一级耐火等级单、多层厂房（仓库）的屋顶承重构件,其耐火极限不应低于1.00 h。

（11）除甲、乙类仓库和高层仓库外,一、二级耐火等级建筑的非承重外墙,当采用不燃性墙体时,其耐火极限不应低于0.25 h;当采用难燃性墙体时,不应低于0.50 h。4层及4层以下的一、二级耐火等级丁、戊类地上厂房（仓库）的非承重外墙,当采用不燃性墙体时,其耐火极限不限。

（12）二级耐火等级厂房（仓库）内的房间隔墙,当采用难燃性墙体时,其耐火极限应提高0.25 h。

（13）二级耐火等级多层厂房和多层仓库内采用预应力钢筋混凝土的楼板,其耐火极限不应低于0.75 h。

（14）一、二级耐火等级厂房（仓库）的上人平屋顶,其屋面板的耐火极限分别不应低于1.50 h和1.00 h。

（15）一、二级耐火等级厂房（仓库）的屋面板应采用不燃材料。屋面防水层宜采用不燃、难燃材料,当采用可燃防水材料且铺设在可燃、难燃保温材料上时,防水材料或可燃、难燃保温材料应采用不燃材料作为防护层。

（16）建筑中的非承重外墙、房间隔墙和屋面板,当确需采用金属夹芯板材时,其芯材应为不燃材料,且耐火极限应符合本规范有关规定。

（17）除本规范另有规定外,以木柱承重且墙体采用不燃材料的厂房（仓库）,其耐火等级可按四级确定。

（18）预制钢筋混凝土构件的节点外露部位,应采取防火保护措施,且节点的耐火极限不应低于相应构件的耐火极限。

2. 民用建筑的耐火等级

民用建筑的耐火等级也分为一、二、三、四级。除另有规定外,不同耐火等级建筑的相应构件的燃烧性能和耐火极限按照表 2-2 中的规定执行。

表 2-2　不同耐火等级建筑相应构件的燃烧性能和耐火极限　　　　（单位：h）

构件名称		耐火等级			
		一级	二级	三级	四级
墙	防火墙	不燃性 3.00	不燃性 3.00	不燃性 3.00	不燃性 3.00
	承重墙	不燃性 3.00	不燃性 2.50	不燃性 2.00	难燃性 0.50
	非承重外墙	不燃性 1.00	不燃性 1.00	不燃性 0.50	可燃性
	楼梯间和前室的墙,电梯井的墙,住宅建筑单元之间的墙和分户墙	不燃性 2.00	不燃性 2.00	不燃性 1.50	难燃性 0.50
	疏散走道两侧的隔墙	不燃性 1.00	不燃性 1.00	不燃性 0.50	难燃性 0.25
	房间隔墙	不燃性 0.75	不燃性 0.50	难燃性 0.50	难燃性 0.25
柱		不燃性 3.00	不燃性 2.50	不燃性 2.00	难燃性 0.50
梁		不燃性 2.00	不燃性 1.50	不燃性 1.00	难燃性 0.50
楼板		不燃性 1.50	不燃性 1.00	不燃性 0.75	难燃性 0.50
屋顶承重构件		不燃性 1.50	不燃性 1.00	难燃性 0.50	可燃性
疏散楼梯		不燃性 1.50	不燃性 1.00	0.75 不燃性	可燃性
吊顶(包括吊顶搁栅)		不燃性 0.25	难燃性 0.25	难燃性 0.15	可燃性

资料来源:《建筑设计防火规范》(GB/T 50016—2014)。
注: 1. 除另有规定外,以木柱承重且墙体采用不燃材料的建筑,其耐火等级应按四级确定。
　　2. 住宅建筑构件的耐火极限和燃烧性能可按现行国家标准《住宅建筑规范》(GB/T 50368—2005)的规定执行。

对于民用建筑的耐火等级的选取,应符合《建筑设计防火规范》中的规定。

（1）地下或半地下建筑（室）和一类高层建筑的耐火等级不应低于一级；单、多层重要公共建筑和二类高层建筑的耐火等级不应低于二级。

（2）建筑高度大于 100 m 的民用建筑,其楼板的耐火极限不应低于 2.00 h。一、二级耐火等级建筑的上人平屋顶,其屋面板的耐火极限分别不应低于 1.50 h 和 1.00 h。

(3) 一、二级耐火等级建筑的屋面板应采用不燃材料。屋面防水层宜采用不燃、难燃材料,当采用可燃防水材料且铺设在可燃、难燃保温材料上时,防水材料或可燃、难燃保温材料应采用不燃材料作为防护层。

(4) 二级耐火等级建筑内采用难燃性墙体的房间隔墙,其耐火极限不应低于 0.75 h;当房间的建筑面积不大于 100 m² 时,房间隔墙可采用耐火极限不低于 0.50 h 的难燃性墙体或耐火极限不低于 0.30 h 的不燃性墙体。二级耐火等级多层住宅建筑内采用预应力钢筋混凝土的楼板,其耐火极限不应低于 0.75 h。

(5) 建筑中的非承重外墙、房间隔墙和屋面板,当确需要采用金属夹芯板材时,其芯材应为不燃材料,且耐火极限应符合有关规定。

(6) 二级耐火等级建筑内采用不燃材料的吊顶,其耐火极限不限。三级耐火等级的医疗建筑、中小学校的教学建筑、老年人照料设施及托儿所、幼儿园的儿童用房和儿童游乐厅等儿童活动场所的吊顶,应采用不燃材料;当采用难燃材料时,其耐火极限不应低于 0.25 h。二、三级耐火等级建筑内门厅、走道的吊顶应采用不燃材料。

(7) 建筑内预制钢筋混凝土构件的节点外露部位,应采取防火保护措施,且节点的耐火极限不应低于相应构件的耐火极限。

民用建筑的耐火等级是为了便于根据建筑自身结构的防火性能来确定该建筑的其他防火要求。相反,根据这个分级及其对应建筑构件的耐火性能,也可以确定既有建筑的耐火等级。

第三章　建筑消防设施

随着我国城市化进程明显加快，城市人口、功能和规模不断扩大，发展方式、产业结构和区域布局发生了深刻变化，建筑功能日趋复杂，消防设施越来越广泛地应用到建筑当中，成为建筑物不可缺少的组成部分。

建筑消防设施是指依照国家、行业或者地方消防技术标准的要求，在建筑物、构筑物中设置的用于火灾报警、灭火、人员疏散、防火分隔、灭火救援行动等防范和扑救建筑火灾的设备设施的总称。熟悉各类建筑消防设施的系统组成及工作原理并能操作应用，是灭火救援成功处置建筑火灾的关键。

第一节　消防设施的作用及分类

随着高层建筑、地下建筑、人员密集场所、石油化工等场所的日益增多，建筑消防设施在建筑消防安全和灭火救援中的作用日趋重要。建筑消防设施的设计、安装以国家相关消防法律、法规和技术规范为依据。建筑消防安全包括防火、灭火、疏散、救援等多个方面，但在实际消防工作中，因建筑消防设施设计缺陷、管理维护不及时、操作使用不当等原因，建筑消防设施的作用发挥不明显，严重影响灭火救援工作的进行。因此，加强建筑消防设施原理功能与操作方法的宣传教育，将极大发挥建筑消防设施功能作用。

一、消防设施的作用

按照国家有关法律法规和国家工程建设消防技术标准设置的建筑消防设施，是预防火灾、及时扑救初期火灾的有效设施。不同建筑根据其使用性质、规模和火灾危险性的大小，需要有相应类别、功能的建筑消防设施作为保障。建筑消防设施的主要作用是及时发现和扑救火灾、限制火灾蔓延的范围，为有效地扑救火灾和人员疏散创造有利条件，从而减少由火灾造成的财产损失和人员伤亡。例如：利用消防控制室火情分析，全面、准确地了解火场信息，为火灾处理提供依据；利用防排烟设施有效排除火灾现场大量高温、有毒烟气，为灭火救援、人员疏散创造有利条件。总之，建筑消防设施是保证建筑物消防安全和人员疏散安全的重要设施,是现代建筑的重要组成部分。

二、消防设施的分类

建筑消防设施种类多、功能齐全,使用普遍,可分为固定消防设施和移动消防设施两个大类。固定消防设施包括灭火系统、火灾报警系统、防排烟系统及应急照明系统等;移动消防设施包括灭火器等。按其使用功能不同进行划分,常用的建筑消防设施可分为十三类。

(一)建筑防火分隔设施

建筑防火分隔设施是指能在一定时间内把火势控制在一定空间内,阻止其蔓延扩大的一系列分隔设施。常用的防火分隔设施有6种。

1. 防火墙

防火墙是由不燃材料制成,直接设置在建筑物基础上或钢筋混凝土框架上,具有耐火性的墙。

2. 防火门

防火门是指在一定的时间内能耐火、隔热的门。这种门通常用在防火分隔墙、楼梯间、管道井等部位,阻止火势蔓延和烟气扩散。日常检查中,应注意防火门的外观质量完好,安装牢固,与相邻楼板、墙体等建筑结构之间的孔隙采用不燃材料或防火封堵材料封堵密实;门上严禁私自加装锁具,严禁采用可燃材料装饰。防火门按其所用的材料可分为钢质防火门、木质防火门和复合材料防火门;按耐火极限可分为甲级防火门、乙级防火门、丙级防火门。

3. 防火窗

防火窗是指在一定时间内能耐火、隔热的窗。它通常装在防火墙或防火门上。

4. 防火卷帘

防火卷帘是指在一定时间内,连同框架能满足耐火稳定性和耐火完整性要求的卷帘。它通常用在设防火墙有困难的自动扶梯、中庭等开口部位,用以阻止火灾蔓延,达到防火、隔烟的作用,起到防火分隔的目的,但防火防烟性能差。

5. 防火阀和排烟防火阀

防火阀安装在通风、空调系统的送风、回风管道上,平时处于开启状态。火灾时,当管道内气体温度达到70℃时,防火阀关闭,在一定时间内能满足耐火要求,起隔烟阻火作用。排烟防火阀安装在排烟系统管道上,当管道内气体温度达到280℃时,自行关闭,起阻火隔烟作用。

6. 水幕系统

水幕系统是由水幕喷头、管道和控制阀等组成的阻火、冷却、隔火喷水系统,用于需要进行水幕保护或防火隔断的部位,设置在各防火区或设备之间,阻止火势蔓延扩大,阻隔火灾事故产生的辐射热,对泄漏的易燃、易爆、有害气体和液体起疏导和稀释作用。

（二）安全疏散设施

安全疏散设施是指在建筑发生火灾等紧急情况时，及时发出火灾等险情警报，通知、引导人们向安全区域撤离并提供可靠的疏散安全保障条件的硬件设备与途径。常用的安全疏散设施包括安全出口、疏散楼梯、疏散（避难）走道、消防电梯、屋顶直升机停机坪、消防应急照明和安全疏散指示标志等。

建筑物内发生火灾时，为了减少损失，需要把建筑物内的人员和物资尽快撤到安全区域，这就是火灾时的安全疏散。凡是符合安全疏散要求的门、楼梯、走道等都称为安全出口，如建筑物的外门、着火楼层梯间的门、防火墙上所设的防火门、经过走道或楼梯能通向室外的门等。

疏散楼梯包括普通楼梯、封闭楼梯、防烟楼梯及室外疏散楼梯等四种。

普通楼梯间适用于 11 层及 11 层以下的单元式住宅，建筑高度在 24 m 以下的丁、戊类厂房，单、多层各类建筑。

封闭楼梯间适用于 12～18 层的单元式住宅，10 层以下通廊式住宅，医院、疗养院的病房楼，设有空调系统的多层旅馆，超过 5 层的公共建筑，高度不超过 32 m 的二类高层建，甲、乙、丙类厂房和高度在 32 m 以下的高层厂房。

防烟楼梯间适用于高度超过 32 m 且每层人数超过 10 人的高层厂房，塔式住宅，一类高层建筑，高度超过 32 m 的二类高层建筑，11 层以上的通廊式住宅。

室外疏散楼梯适用于各类建筑。

高层建筑发生火灾时，要求消防队员迅速到达起火部位，扑灭火灾和救援受困人员。如果消防队员从楼梯登高，体力消耗很大，难以有效地进行灭火战斗，而且还要受到疏散人流的冲击，因此设置消防电梯，不仅有利于队员迅速登高，而且消防电梯前室还是消防队员进行灭火战斗的立足点和救治遇难人员的临时场所。

从建筑物着火部位到安全出口的这段路线被称为疏散走道，也就是建筑物内的走廊或过道。从防火的角度看，疏散走道的吊顶应用耐火极限不低于 0.25 h 的不燃性材料装修。疏散走道不宜过长，应该能使人员在较短的时间内到达安全出口。疏散走道内应该有防排烟措施，应宽敞明亮，尽量减少转折，内应有疏散指示标志和事故照明。疏散走道上的门应该是防火门，在门两侧 1.4 m 范围内不要设台阶，并不能有门槛，以防人员拥挤时跌倒。

（三）消防给水设施

消防给水设施是建筑消防给水系统的重要组成部分，其主要功能是为建筑消防给水系统储存并提供足够的消防水量和水压，确保消防给水系统的供水安全。

1. 室外消火栓给水系统

室外消火栓主要用于向消防车提供消防用水，或在室外消火栓上直接与消防水带、水枪连接进行灭火，是城市基础建设的必备消防供水设施。

室外消火栓应沿道路铺设，道路宽度超过 60 m 时，宜两侧均设置，并宜靠近十字路口。布置间隔不应大于 120 m,距离道路边缘不应超过 2 m,距离建筑外墙不宜小于 5 m、不宜大于 150 m,距离高层建筑外墙不宜大于 40 m,室外消火栓数量应按其保护半径、流量和室外消防用水量综合确定,每只室外消火栓流量按 10～15 L/s 计算。

地上消火栓设置安装明显、容易发现,方便出水操作,地下消火栓应当在地面附近设有明显固定的标志。

消火栓平时关闭,阀瓣将进水口密封,使用时先将水带连接口径 65 mm 的接口,然后用专用扳手打开阀门,地下管网的市政供水便流入消火栓,消防车就可直接吸水供水,水带也能直接出水灭火。使用完毕后,关闭阀门,阀体内的余水可由排水阀自动排尽。

2. 室内消火栓给水系统

室内消火栓系统是建筑物内主要的消防设施之一,室内消火栓是供单位员工或消防队员灭火的主要工具。

室内消火栓系统主要由消火栓箱、室内管网、消防水箱、市政入户管、消防水池、消防泵组、水泵结合器、消防泵控制柜、试验消火栓等组成。

高层民用建筑、高层工业建筑、高架库房和甲、乙类生产厂房内消火栓间距不应超过30 m;在其他单层和多层建筑,以及在与高层建筑直接相接的裙房里,消火栓间距不应超过 50 m。

室内消火栓一般都设置在建筑物公共部位的墙壁上,有明显的标志,内有水带和水枪,有的还有消防盘卷。使用消防盘卷时,打开消火栓箱门,将胶管拉出,开启小口径水枪开关,即可喷火灭火;使用水带时,打开消火栓箱门,取出水带、水枪,将水带的一端接在消火栓出水口上,另一端接好水枪,并将水带拉直,按下消火栓启动泵按钮,启动消火栓泵,然后打开消火栓阀门便可喷水灭火。当消火栓泵控制柜处于手动状态时,应及时派人到消防泵房手动启动消火栓泵。

(四)防烟与排烟设施

火灾烟气中所含的一氧化碳、二氧化碳、氟化氢、氯化氢等多种有毒成分,以及高温缺氧等都会对人体造成极大的危害。及时排除烟气,对保证人员安全疏散、控制烟气蔓延、便于扑救火灾具有重要作用。一座建筑的某部位着火时,应采取有效的排烟措施排除可燃物燃烧产生的烟气和热量,使该局部空间形成相对负压区;对非着火部位及疏散通道等应采取防烟措施,以阻止烟气侵入,以利人员的疏散和灭火救援。因此,在建筑内设置排烟设施十分必要。

防烟系统在火灾时,对需要防烟的区域进行正压送风,保证区域内人员的安全,此类区域一般是防烟楼梯、前室等。排烟系统是指设置在一定区域,在火灾时对火灾发生区域进行排烟的系统。防烟系统向区域正压送风,排烟系统将烟气排出,其目的都是保障人员的安全和救援的进行。

防、排烟系统是防烟系统和排烟系统的总称。防烟系统采用机械加压送风方式或自然通风方式,防止烟气进入疏散通道;排烟系统采用机械排烟方式或自然通风方式,将烟气排至建筑物外。

防、排烟系统,都由送排风管道、管井、防火阀、门开关设备、送排风机等设备组成。防烟系统设置形式为楼梯间正压。机械排烟系统的排烟量与防烟分区有着直接的关系。高层建筑的防烟设施应分为机械加压送风的防烟设施和可开启外窗的自然排烟设施。

防烟楼梯间前室或合用前室,利用敞开的阳台、凹廊或前室内不同朝向的可开启外窗自然排烟时,该楼梯间可不设排烟设施。利用建筑的阳台、凹廊或在外墙上设置便于开启的外窗或排烟进行无组织的自然排烟方式。

自然排烟是指利用建筑物的外窗、阳台、凹廊或专用排烟口、竖井等将烟气排出或稀释烟气的浓度。在高层建筑中,除建筑物高度超过 50 m 的一类公共建筑和建筑高度超过 100 m 的居住建筑外,靠外墙的防烟楼梯间及其前室、消防电梯前室和合用前室,宜采用自然排烟方式。

防、排烟设施一般都与火灾报警系统联动,当控制中心的控制操作台(柜)处于自动状态,发生火灾报警后,会联动防、排烟系统,机械加压送风机会自动启动,向不具备自然排烟条件的防烟楼梯间、消防电梯间前室或合用前室加压送风,防止烟气流入;与此同时,相应防烟分区的防火阀自动打开,机械排烟风机自动启动后,浓烟通过排烟口向排烟管道或竖井向外排出,当温度达到 280℃ 时,排烟风机会自动停止。

当不能自动启动时,在消防控制中心也能远程启动防排烟系统,或在风机房现场直接启动正压送风机和排烟风机。

(五) 火灾自动报警系统

火灾自动报警系统由火灾探测触发装置、火灾报警装置、火灾警报装置以及具有其他辅助功能的装置组成。此系统能在火灾初期将燃烧产生的烟雾、热量、火焰等物理量,通过火灾探测器变成电信号,传输到火灾报警控制器,并同时显示出火灾发生的部位、时间等,使人们能够及时发现火灾并采取有效措施。火灾自动报警系统按应用范围可分为区域报警系统、集中报警系统和控制中心报警系统三类。火灾自动报警系统一般和预作用系统、雨淋系统、水幕系统、水喷雾系统、水炮系统、气体灭火系统、通风系统、空调系统、常开防火门、卷帘门、挡烟垂壁、消防广播等设备联动。在火灾情况下,控制器如在自动状态,会自动启动防、排烟风机,停止新风机,关闭防火阀,释放防火门、防火卷帘以及挡烟垂壁等,也能自动启动预作用、雨淋、水幕、水喷雾和水炮泵,还能在消防控制室直接启动消防泵和防排烟风机。

(六) 自动喷水灭火系统

自动喷水灭火系统是由洒水喷头、报警阀组、水流报警装置(水流指示器、压力开关)等组件以及管道、供水设施组成,能在火灾发生时做出响应并实施喷水的自动灭火系统。此系统依照采用的喷头分为两类:采用闭式洒水喷头的闭式系统,包括湿式系统、干式系统、预作用系统等;采用开式洒水喷头的开式系统,包括雨淋系统、水喷雾系统等。

1. 湿式自动喷水灭火系统

在火场温度作用下,闭式喷头的感温元件温升达到预定的动作温度范围时,喷头开启,喷水灭火。水在管网内流动时,使湿式报警阀的上部水压下降,原来处于关闭状态的阀瓣收到压差影响而自行开启,水通过湿式报警阀流向干管和支管,干管上的水流指示器由水的流动信号变为电信号传输给控制器,支管内的水经过延时器后通向水力警铃和压力开关,水流冲击水力警铃发出声响报警信号,同时使压力开关触点接触,一是将接触信号反馈给控制器,二是接触信号会直接启动喷淋泵,使管网能持续加压供水,达到自动喷水灭火的目的。

2. 干式喷水灭火系统

干式喷水灭火系统是为了满足寒冷和高温场所安装自动喷水灭火系统的需要,在湿式系统的基础上发展起来的。由于其管路和喷头内平时没有水只处于充气状态,故称之为干式系统或干管系统。

发生火灾时,在火场温度的作用下,闭式喷头的感温元件温度上升,达到预定的动作温度范围时,喷头开启,管路中的压缩空气从喷头喷出,使干式报警阀出口侧压力下降,干式报警阀被自动打开,水进入管路并由喷头喷出。在干式报警阀被打开的同时,通向水力警铃的通道也被打开,水流冲击水力警铃发出声响报警信号,压力开关报警信号送至报警控制器,并直接启动消防泵加压供水。

3. 预作用喷水灭火系统

预作用喷水灭火系统是将湿式系统、干式系统、火灾报警系统有机结合起来的灭火系统。该系统阀后管网呈干式,阀前管网呈湿式,火灾时,通过火灾自动报警系统实现对预作用阀的控制,并立刻使阀后管网充水,将系统转变为湿式,故被称为预作用喷水灭火系统。

该系统阀后管网一般充有低压压缩空气,在火灾发生时,安装在保护区内的火灾探测器首先发出火警报警信号,消防控制器在接到报警信号的同时,一方面自动打开排气阀排气,另一方面自动打开电磁阀排水,原来处于关闭状态的阀瓣受到压差影响而自行开启,使压力水迅速充满管网。这样,原来呈干式的系统迅速转变成湿式系统,之后的动作与湿式系统相同。

4. 雨淋喷水灭火系统

雨淋喷水灭火系统工作时,所有喷头同时喷水,好似倾盆大雨,故被称为雨淋系统或洪水系统。

发生火灾时,火灾探测器将信号发送至火灾报警控制器,控制器输出信号打开雨淋阀,使整个保护区内的开式喷头喷水灭火。同时启动水泵保证供水,压力开关、水力警铃一起报警。若自动报警联动后没有喷水,应该手动打开电磁阀。

5. 水喷雾灭火系统

水喷雾灭火系统是利用专门设计的水雾喷头,在水雾喷头的工作压力下将水流分解成粒径不超过 1 mm 的细小水滴进行灭火或防护冷却的一种固定灭火系统。其主要灭火机理为表面冷却、窒息、乳化和稀释作用,具有较高的电绝缘性能和良好的灭火性能。该系统按启动方式可分为电动启动和传动管启动两种类型;按应用方式可分为固定式水喷雾灭火系统、自动喷水-水喷雾混合配置系统、泡沫-水喷雾联用系统三种类型。

水喷雾灭火系统常被用来保护可燃液体、气体储罐及油浸电力变压器等。水喷雾灭火系统的组成和工作原理与雨淋系统基本一致。其区别主要在于喷头的结构和性能不同,雨淋系统采用标准开式喷头,而水喷雾系统则采用中速或高速喷雾喷头。

预作用系统、雨淋灭火系统、水喷雾灭火系统应在火灾报警系统报警后,立即打开电磁阀,自动向配水管道供水,并同时具备自动控制、消防控制室手动远程控制和现场应急操作三种启动供水泵的方式。

（七）细水雾灭火系统

细水雾灭火系统是由供水装置、过滤装置、控制阀、细水雾喷头等组件和供水管道组成,能自动和人工启动并喷放细水雾进行灭火或控火的固定灭火系统。该系统的灭火机理主要是表面冷却、窒息、辐射热阻隔和浸湿以及乳化作用,在灭火过程中,几种作用往往同时发生,从而实现有效灭火。系统按工作压力可分为低压系统、中压系统和高压系统;按应用方式可分为全淹没系统和局部应用系统;按动作方式可分为开式系统和闭式系统;按雾化介质可分为单流体系统和双流体系统;按供水方式可分为泵组式系统、瓶组式系统、瓶组与泵组结合式系统。

（八）泡沫灭火系统

泡沫灭火系统由消防泵、泡沫储罐、比例混合器、泡沫产生装置、阀门及管道、电气控制装置组成。此系统按泡沫液发泡倍数的不同可分为低倍数泡沫灭火系统、中倍数泡沫灭火系统及高倍数泡沫灭火系统;按设备安装使用方式可分为固定式泡沫灭火系统、半固定式泡沫灭火系统和移动式泡沫灭火系统。消防管网出水过程中,该系统通过比例混合器将泡沫液与水按比例混合,形成泡沫混合液,泡沫混合液经过泡沫产生器,与吸入的空气混合,发泡产生泡沫,并将泡沫喷洒到燃烧液体表面,形成泡沫层,隔绝空气、吸收热量,从而把火扑灭。泡沫灭火主要用于扑救 B 类火灾,也能扑救 A 类火灾。

（九）气体灭火系统

气体灭火系统是指平时灭火剂以液体、液化气体或气体状态存储于压力容器内,灭火时以气体(包括蒸气、气雾)状态喷射灭火介质的灭火系统。该系统能在防护区空间内形成各方向均一的气体浓度,而且至少能保持该灭火浓度达到规范规定的浸渍时间,实现扑灭该防护区的空间、立体火灾。气体灭火系统按其结构特点可分为管网灭火系统和无管网灭火系统;按防护区的特征和灭火方式可分为全淹没灭火系统和局部应用灭火系统;按一套灭火剂储存装置保护的防护区的多少,可分为单元独立系统和组合分配系统。气体灭火系统的工作原理是消防控制中心接到火灾信号后,启动联动装置,延时 30 s 后,打开启动气瓶的电磁阀,利用启动气瓶中的高压氮气将灭火气瓶的容器阀打开,灭火剂经管道输送到喷头喷出气体灭火。中间的延时是考虑防火区内人员的疏散。

（十）干粉灭火系统

干粉灭火系统由启动装置、氮气瓶组、减压阀、干粉罐、干粉喷头、干粉枪、干粉炮、电控柜、阀门和管系等零部件组成,一般为火灾自动探测系统与干粉灭火系统联动。此系统氮气瓶组内的高压氮气经减压阀减压后进入干粉罐,其中一部分氮气被送到干粉罐的底部,起到松散干粉灭火剂的作用。随着罐内压力的升高,部分干粉灭火剂随氮气进入出粉管,并被送到干粉固定喷嘴或干粉枪、干粉炮的出口阀门处,当干粉固定喷嘴或干粉枪、干粉炮出口阀门处的压力达到一定值后,阀门打开(或者定压爆破膜片自动爆破),压力能迅速转化为速度能,高速的气粉流便从固定喷嘴或干粉枪、干粉炮的喷嘴中喷出,射向火源,切割火焰,破坏燃烧链,起到迅速扑灭或抑制火灾的作用。

(十一)可燃气体报警系统

可燃气体报警系统即可燃气体泄漏检测报警成套装置。当系统检测到泄漏可燃气体浓度达到报警器设置的爆炸临界点时,可燃气体报警器就会发出报警信号,提醒及时采取安全措施,防止发生气体大量泄漏以及爆炸、火灾、中毒等事故。报警器按照使用环境可以分为工业用气体报警器和家用燃气报警器;按自身形态可分为固定式可燃气体报警器和便携式可燃气体报警器;按工作原理可分为传感器式报警器、红外线探测报警器和高能量回收报警器。

(十二)消防通信设施

消防通信设施是指专门用于消防检查、演练、火灾报警、接警、安全疏散、消防力量调度以及医疗、消防等防灾部门之间联络的系统设施,主要包括火灾事故广播系统、消防专用电话系统、消防电话插孔以及无线通信设备等。

(十三)移动式灭火器材

移动式灭火器材是相对于固定式灭火器材而言的,即可以人为移动的各类灭火器具,如灭火器、灭火毯、消防梯、消防钩、消防斧、安全锤、消防桶等。

除此以外,一些其他的器材和工具在火灾等不利情况下,也能够起到灭火和辅助逃生等作用,如防毒面具、消防手电、消防绳、消防沙、蓄水缸等。

第二节 建筑消防设施维护管理要求

建筑消防设施是按照国家有关法律法规和国家工程建设消防技术标准设置的,是探测火灾发生、及时控制和扑救初期火灾的有力保障。对建筑消防设施定期实施检查、检测以及维护管理,确保其完好有效,是建筑物产权、管理和使用单位的法定职责。

(1)建筑消防设施的管理应当明确主管部门和相关人员的责任,建立完善的管理制度。

(2)对建筑消防设施的维护与管理应建立巡视检查、测试检查和检验检查制度与管理流程。

（3）建筑消防设施巡视检查应由归口管理消防设施的部门实施，也可以按照工作、生产、经营的实际情况，将巡视检查的职责落实到相关工作岗位。

（4）建筑消防设施的测试检查、检验检查和维护保养，可以自行实施，也可以委托具备消防检测中介服务资质的单位或具备相应消防设施安装资质的单位参照相关标准实施。

（5）建筑消防设施自投入使用开始，必须处于运行和备用状态。

（6）应建立建筑消防设施故障报告和故障消除登记制度。如发生故障，应当及时组织修复。如因故障、维修等原因，需要暂时停用的，应当采取有效措施确保安全。

（7）从事建筑消防设施测试检查和检验检查的技术人员，应当经消防专业考试合格，持证上岗。

（8）建筑消防设施测试检查记录表和年度检验报告，应由操作人员和单位的消防安全责任人或消防安全管理人签字认可。

随着社会技术的进步，建筑消防设施本身的技术水平也必将越来越高，在预防建筑重特大恶性火灾事故方面必将发挥更大的作用。只有在建筑消防设施的维护管理过程中，不断完善社会化消防管理标准，并辅以系统有效的消防监督，才能保证建筑消防设施始终处于良好的运行状态，并保持稳定可靠的使用性能。

第四章　一般建筑火灾的
特点与预防

第一节　高层建筑火灾的预防

我国现行国家标准《建筑设计防火规范》(GB/T 50016—2014)规定,建筑高度超过 24 m,并且建筑层数在 2 层及 2 层以上的厂房、库房等工业建筑,均属于高层建筑。

高层建筑始建于 19 世纪末期,到 20 世纪,高层建筑已星罗棋布,摩天大楼越建越高、越建越大、越建越奇。高层建筑的出现,客观上是出于建设用地的制约和使用功能的需要;主观上是长期以来被世人看成是一个城市、一个地区、一个国家文明程度、科技发展和综合实力的标志,或一个财团、一个单位的发展象征。但是,应从高层建筑火灾日见增多的趋势中,清醒地看到高层建筑自身潜伏着火灾隐患的严重性,看到探索如何避免和最大限度地降低其火灾危害的迫切性。

一、高层建筑火灾特点

(一)火势蔓延极快,易形成立体火灾

高层建筑内设有众多的楼梯道、电梯井、风道、电缆井、管道井、垃圾井等竖向井道,发生火灾时,这些竖井好像一座座高耸的烟囱,形成强大的抽拔力,使热气流迅速上升,形成"烟囱效应",成为火势纵向迅速蔓延的重要途径。为了使室内空气保持一定的温湿度和清洁度,楼内设置的空调、通风管道纵横交叉,几乎延伸到建筑的各个角落,这给火灾的扩大蔓延埋下了隐患。一旦发生火灾,高温烟气进入空调通风管道,往往成为火势横向蔓延的重要渠道。另外,通风、空调管道的保温材料选择不当(如选用聚苯乙烯泡沫塑料等可燃性材料)也是建筑火灾扩大蔓延的另一原因。因此,高层建筑一旦发生火灾,其火势发展的速度比普通建筑要快得多,并且在纵向和横向上同时迅速扩大蔓延,形成立体火灾,危及全楼安全。

(二)人员疏散困难,容易造成大量伤亡

高层建筑通常楼房较高、楼层较多、体量及规模较大、垂直疏散距离长,其内人员大多相对集中在建筑的中、上部,一旦发生火灾,在"烟囱效应"的作用下,火势和烟雾快速向上蔓延扩散,容易形成一个高温、有毒、浓烟、缺氧的火场环境,增加了人员疏散到地面或其他安全区域的时间和难度。普通电梯在火灾时往往由于切断电源等原因迫降至底层,停止运转。因此,大多数高层建筑的安全疏散主要依靠楼梯和消防电梯,而楼梯和消防电梯等有限的疏散通道通常也是消防人员灭火救援进入的通道,疏散与灭火行动容易相互干扰。如果楼梯间内涌入烟气,就更容易造成惊慌、混乱、挤踏争抢、消极待援等情况,严重影响疏散。

【案例 4-1】 1980 年 11 月 21 日,美国内华达州拉斯维加斯一栋 26 层、拥有 2 000 多套客房的旅馆发生火灾,大火在数分钟内就从一楼蔓延至全楼,致使上千名旅客和工作人员被困楼内,虽出动数十架直升机进行营救,但最终仍酿成 84 人死亡、300 多人受伤、财产损失达 1 亿多美元的惨剧。

(三)对自身消防设施依赖性强,扑救困难

高层建筑尤其是超高层建筑的灭火救援已超出了常规消防设备和消防部队常规作战的能力范围。我国现有的消防云梯车最高可达 100 m,且此种装备尚不普及,全国存有的数量屈指可数,而国内一般的消防云梯车平均高度只有 40~50 m,相当于 16~18 层楼高,所以高层建筑一旦失火,很难扑救。因此,扑救高层建筑火灾,必须立足于自救,即主要依靠建筑自身的消防设施。由于高温和浓烟,消防人员不易接近起火部位准确查明起火点。由于烟气的流动和火势的蔓延扩散,不同楼层的不同部位会冒烟、喷火,容易给消防人员造成错觉导致误判,贻误和丧失扑救时机。而且,高层建筑层数多、体量大,一旦发生火灾需要调用特种消防车辆乃至直升机,火场消防装备多、灭火救援人员多,组织指挥困难,扑救难度加大。

对于正在施工中的高层建筑而言,常常主体建筑工程已施工完毕,但各种配套工程尚未施工完成,建筑内消火栓和自动喷淋系统尚未安装或调试完毕,仍不能正常使用,虽然设有临时消防给水设施,但也只能满足施工使用,灭火时则大多依靠灭火器。当形成大面积火灾时,其消防用水量显然不足,需要利用消防车向高楼供水。建筑物内如果没有安装消防电梯,消防队员会因攀登高楼体力不支,不能及时到达起火层进行扑救,消防器材也不能随时补充,这些都会给扑救带来极大困难。

(四)高层建筑功能复杂,火灾隐患众多

一些综合性的高层建筑,功能复杂,用火、用电、用气、用油设备较多,高层建筑内部的陈设、装修材料和生活办公用品大多是可燃或易燃物品,它们在火灾条件下发烟量大,还释放出多种有毒气体,在火场上危害极大。特别是多产权的高层建筑,常常存在消防主体责任没有落实、消防意识淡薄、建筑内疏散通道阻塞不畅、安全出口锁闭、消防设施不能完好有效、消防车道被占用、没有统一的消防组织管理机构等问题,潜在火灾隐患较多。

二、高层建筑火灾预防

（一）高层建筑的消防安全要求

1. 提高建筑整体抗御火灾能力

（1）高层建筑的耐火等级。根据我国现行国家标准《建筑设计防火规范》（GB/T 50016—2014）的规定，一类高层建筑的耐火等级应为一级；二类高层建筑的耐火等级不应低于二级；高层建筑裙房的耐火等级不应低于二级；高层建筑地下室的耐火等级应为一级。

（2）保持防火间距。为了满足消防扑救需要和防止火势向邻近建筑蔓延等，高层建筑之间及其与其他民用建筑之间应保持一定的防火间距，并应符合《建筑设计防火规范》的有关规定要求。

（3）划分防火分区。为了把火灾有效地控制在一定范围内，以防止火势的扩大蔓延，减少火灾危害，利于安全疏散和火灾扑救，高层建筑设计时应根据不同的用途和情况，采用防火墙、防火卷帘、防火门（窗）、防火楼板等防火分隔设施，在水平和垂直方向上划分防火分区；同时，为了将火灾初期产生的烟气控制在一定空间区域内，使其不至于向其他区域流动扩散，还应采用挡烟隔板、挡烟垂壁或从顶棚向下突出不小于 50 cm 挡烟梁等防烟分隔设施，将整个空间划分成一个或多个具有蓄烟功能的小空间，即防烟分区。防火分区和防烟分区的面积应符合《建筑设计防火规范》的有关规定。

（4）设置防排烟系统。设置防排烟设施主要是为了在一定时间内，使火场上产生的高温烟气不随意扩散至疏散通道和其他防烟分区，进而将其就地排出，确保人员安全疏散和灭火救援用的防火防烟楼梯间、消防电梯内无烟，而且应选用适当有效的排烟设备，合理安排进排风口、管道面积和位置。

（5）安全疏散设置。安全疏散是建筑物发生火灾后确保人员生命财产安全的有效措施，是建筑防火的一项重要内容。对国内外建筑火灾的统计分析表明，凡造成重大人员伤亡的火灾，大部分是由于没有可靠的安全设施或管理不善，人员不能及时疏散至安全避难区域造成的。有的疏散楼梯不封闭、不防烟；有的疏散出口数量少，疏散宽度不够；有的安全出口上锁，疏散通道堵塞；有的缺少火灾应急照明和疏散指示标志。可见，为了给建筑物内人员和物资的安全疏散提供条件，应当重视安全疏散设施的合理设置和日常管理。具体包括：合理布置疏散路线；要有足够的安全疏散设施，如安全出口、疏散楼梯、疏散走道等；疏散走道最好要有自然采光；安全出口的设置和宽度应符合有关消防技术规范的要求；疏散指示标志、事故应急照明和应急广播系统要完好有效；楼内走道、楼梯间、配电房、消防泵房、消防控制中心（室）等要有火灾事故应急照明，即在火灾时切断电源后，仍有另一路电源提供保障。

（6）消防设施设置。当高层建筑发生火灾时，火灾的扑救主要依靠其内部设置的消防设施来进行。因此，高层建筑必须严格按照现行国家标准《建筑设计防火规范》的有关规定设置火灾自动报警系统、自动喷水等灭火系统和室内消火栓系统等消防设施，并应符合《火灾自动报警系统设计规范》(GB/T 50116—2013)、《自动喷水灭火系统设计规范》(GB/T 50084—2017)等消防技术标准的要求,确保消防供水水量、水压满足消防要求。

(二) 高层建筑的消防安全管理

1. 建立健全消防安全管理责任制

高层建筑的消防安全管理应建立消防组织、健全消防网络、明确消防负责人和专职消防干事。高层建筑共用部位的消防安全由全体业主共同负责,专有部分由相关业主各自负责。高层建筑实行承包、租赁或者委托经营时,应当符合消防安全要求。当事人在订立的合同中应当明确各方的消防安全责任;没有约定或者约定不明的,消防安全责任由业主、使用人共同承担。高层建筑未依法经消防验收、备案擅自投入使用,或者经抽查不合格未停止使用,以及公安消防部门日常消防监督检查发现因建设单位原因致使高层建筑不符合工程建设消防技术标准的,消防安全责任由建设单位负责。

多产权高层建筑的业主、使用人应当确立消防安全管理机构负责消防工作,并报当地公安机关消防机构备案,同时对消防安全管理事项、双方的权利义务、消防设施和器材的维护保养、火灾隐患整改费用的落实方法和程序、违约责任等内容进行约定。消防安全管理机构应当制定消防安全管理制度,落实消防安全管理人员,组织防火巡查、检查,及时消除火灾隐患;在每层醒目位置设置安全疏散路线引导图,采取有效措施保障疏散通道、安全出口、消防车通道畅通;制定灭火和应急疏散方案,并定期组织演练;定期组织消防设施、器材维护保养,每年至少组织 1 次消防设施全面检测;组织开展经常性的消防安全宣传教育,利用广播、视频、公告栏、社区网络等途径宣传消防安全知识和技能;牵头成立志愿消防队等消防组织,开展自防自救。

2. 严格防火间距和内部构件改造管理

高层建筑之间的防火间距内,严禁搭建任何形式的建、构筑物占用防火间距,且在其周围 18 米的范围内,不应种植高大树木、架设电力线路,以免影响灭火救援作业;进行内部装修改造时,不得随意改变使用性质和用途,不得改动防火分区、消防设施等消防设计内容,降低装修材料燃烧性能等级,更不得随意拆改防火防烟分隔设施、安全疏散设施,如在防火墙上开门、开窗和存放易燃易爆物品等。新建、改建、扩建高层建筑(含室内装修、用途变更、建筑外保温系统改造)应当依法办理消防设计审核、消防验收或者备案手续。

3. 加强火源和消防设施的管理

高层建筑中电气设备多、易燃物品多、火源管理工作十分艰巨。在其火源管理工作中,应严格做到以下九点。

(1) 进行动火作业时,必须有申报审批手续。

(2) 禁止在电梯、管道井内使用易燃、可燃液体作业。

(3) 严格遵守燃气安全使用规定,严禁存放液化石油气钢瓶,严禁擅自拆、改、装燃气设备、管道和用具。

(4) 不得将未熄灭的火种倒入垃圾井道,不得随意焚烧纸张等可燃物品。

(5) 严格遵守电气安全使用规定,不得擅自增加大功率用电设备,超负荷用电;严禁使用不合格电气产品,以及与线路负荷不相匹配的保险或者漏电保护装置;不得随意拉接或更改线电气线路。

(6)严格执行易燃易爆危险品管理规定,严禁在高层建筑及其地下室生产、储存、经营易燃易爆危险品;高层住宅内不得存放超过 500 克的汽油、酒精、香蕉水等易燃物品或者违规燃放烟花爆竹。

(7)严格执行室内装修防火安全规定,不得影响消防设施、器材和安全疏散设施的正常使用。

(8)保护消防设施、器材,不得损坏、挪用或者擅自拆除、停用。

(9)保持楼梯、走道和安全出口畅通,不得堆放物品、存放车辆或者设置其他障碍物;禁止堵塞、封闭安全出口、疏散门及避难楼梯、走道。

4. 加强消防安全标志和标识管理

(1)高层建筑的消防车通道、消防救援场地、消防车取水口、室外消火栓、消防水泵接合器等,应当按照规定设置明显标志,并加强日常管理。

(2)高层建筑消防设施、器材的醒目位置应当按照规定设置消防安全标志,明示使用维护的方法和要求。人员主要出入口、电梯口、防火门等位置应当设置明显标志或者警示标语,提示火灾危险性,标明安全逃生路线和安全出口方位。

(3)高层建筑应当根据火灾危险性划定禁火、禁烟区域,并设置醒目的警示标志。

以上消防安全标志及其设置应符合现行国家标准《消防安全标志》(GB/T 13495.1—2015)和《消防安全标志设置要求》(GB/T 15630—1995)的要求。

5. 强化消防安全日常管理

认真贯彻落实《中华人民共和国消防法》(以下简称《消防法》)和《机关、团体、企业、事业单位消防安全管理规定》(公安部令第 61 号),努力提高单位检查消除火灾隐患能力、扑救初期火灾能力、组织疏散逃生能力及消防宣传教育能力"四个能力"建设。

(1)制定消防安全管理制度,落实消防安全管理人员,组织防火巡查、检查,及时消除火灾隐患。消防安全管理机构应当每日进行防火巡查,每月至少开展 1 次防火检查,并填写巡查、检查记录。重点对共用部位消防安全、消防控制室工作制度落实、高层建筑内的单位和场所日常消防安全管理情况等进行检查、指导;高层建筑内的消防安全重点单位应当每日进行防火巡查;高层建筑内的公众聚集场所在营业期间,应当每 2 小时至少进行 1 次防火巡查,营业结束时,应当对营业现场进行检查,消除遗留火种;高层建筑内的人员密集场所应当每月至少开展 1 次防火检查,其他单位和场所应当每季度至少开展 1 次防火检查。

(2)在每层醒目位置设置安全疏散路线引导图,采取有效措施保障疏散通道、安全出口、消防车通道畅通;常闭式防火门应当保持常闭,闭门器、顺序器应当完好有效;常开式防火门应当保证火灾时自动关闭并反馈信号。平时需要控制人员出入或者设有门禁系统的疏散门,应当有保证火灾时人员疏散畅通的可靠措施。

(3)定期组织消防设施、器材维护保养,每年至少组织 1 次消防设施全面检测。

(4)组织开展经常性的消防安全宣传教育,利用广播、视频、公告栏、社区网络等途径宣传消防安全知识和技能,不断提高员工发现和消除火灾隐患的能力,提高扑救初期火灾和组织人员疏散的能力,从而提高单位本身的自防自救能力。

(5)消防控制室应当每日 24 小时专人值班,每班不少于 2 人,其值班人员应当经专门机构培训合格,持证上岗,并应熟练掌握操作程序和要求,能按照有关规定检查自动消防设施、联动控制设备运行情况,确保其处于正确工作状态。消防控制室还应当配备方便巡查、确认火灾所需的通信、视频和初期火灾扑救所需的个人防护、破拆等设备、器材,并采取措施确保值班人员能够及时操作消防泵、配电装置、排烟(送风)机等消防设备。

(6)高层建筑内的厨房排油烟管道应当定期进行检查、清洗,宾馆、餐饮场所的经营者应当对厨房排油烟管道每季度至少进行 1 次检查、清洗和保养。

(7)应当根据高层建筑的特点和使用情况,制定灭火和应急疏散预案,并定期组织演练。高层建筑内的消防安全重点单位应当每半年至少组织 1 次本单位员工参加的灭火和应急疏散演练,其他单位每年至少组织 1 次有业主、使用人参加的灭火和应急疏散演练。

第二节　地下建筑火灾的预防

地下建筑是建造在岩层或土层中的建筑物或构筑物,是在地下形成的建筑空间。按功能分类,有军用建筑(如射击工事、观察工事、掩蔽工事等)、民用建筑(包括居住建筑、公共建筑、各种民用防空工程、工业建筑、交通和通信建筑、仓库建筑),以及各种地下公用设施(如地下自来水厂、固体或液体废物处理厂、管线廊道等)。兼具几种功能的大型地下建筑称为地下综合体。地下建筑具有良好的防护性能、较好的热稳定性和密闭性,以及经济、社会、环境等多方面的综合效益。它是现代城市高速发展的产物,其作用主要为缓和城市矛盾、改善生活环境,同时也为人类开拓了新的生活领域。我国现行国家标准《建筑设计防火规范》规定,房间地平面低于室外地平面的高度超过该房间净高的 1/2者为地下室;民间地平面低于室外地平面的高度超过该房间净高的 1/3 且不超过 1/2 者为半地下室;地下室和半地下室都属于地下建筑。

一、地下建筑火灾特点

(一)烟气量大,能见度低

地下建筑大多处于封闭状态,密闭性好,通风条件差。由于氧供应不足,空气流通不畅,燃烧往往处于不完全状态,因此,发生火灾时,通常会产生大量的带有不完全燃烧产物(一氧化碳气体)的烟雾,致使人员呼吸困难,极易使人窒息死亡。同时,由于排烟困难,烟气无法很快排至室外,大量浓烟沿着倾斜、垂直的梯道很快扩散蔓延,充满整个地下建筑物空间,并向出入口方向翻涌,使能见度大大降低,直接威胁其内部人员和参加抢险救援人员的安全。

（二）安全疏散困难，危险性大

由于地下建筑出入口在火灾时常常也充当排烟口，人群的疏散方向与烟气的流动方向一致，而烟气的扩散速度（水平方向约 1 m/s，垂直方向约 1～3 m/s）比人群的疏散速度要快，致使疏散人员难以躲避高温浓烟的危害，加上人员在疏散时往往会惊慌失措，由于急于逃生而互相拥挤，极易堵塞疏散通道，引发群死群伤的火灾事故。另外，许多地下建筑作为大型商场、电子游戏厅等公众聚集场所使用，内部布局复杂，场所之间互相贯通，使得人们认不清疏散方向，摸不准安全出口的位置，往往错过了最佳的逃生时间。

（三）灭火救援难度大

地下建筑的出入口较少，内部纵深较大，而且通道弯曲狭长，所以灭火进攻的路径较少，特别是在高温浓烟大量涌出的情况下，救援人员难以直接侦察到地下建筑物中起火点的位置，了解燃烧的情况，难以进入、接近着火地点，这给现场灭火指挥带来极大的困难；火灾情况下，地下建筑的出入口通常向外冒着高温烈焰和滚滚浓烟，灭火水枪射流往往鞭长莫及或攻击不中火点，在这种情况下的灭火救援往往要经历很长时间才能奏效。

（四）火灾发生概率高，蔓延迅速

地下建筑的采光通风等设备几乎全部依靠电源，故而用电量大，而就目前的国内市场来看，电线、电缆、电器设备很多都属于不合格产品，加上地下建筑中人员流量大、构成复杂，也使随机起火的概率增加，如吸烟者乱扔烟头曾是引发多起火灾的直接原因。另外，地下建筑空间较大，可燃物质较多，商品摆放较密集，加上装修材料大多属于易燃可燃材料，容易产生大量的细碎垃圾，在隐蔽角落里往往难以发现引起注意，一些火灾正是由这类垃圾燃烧引起的，一旦发生火灾，就会迅速蔓延成大灾。

二、地下建筑火灾预防

（一）地下建筑消防安全技术要求

1. 建筑防火

（1）地下民用建筑的耐火等级应为一级，不得采用二级及其以下的耐火等级；地下厂房、仓库的耐火等级不应低于二级。

（2）甲、乙类火灾危险性生产场所不应设置在地下或半地下；甲、乙类火灾危险性仓库不应设置在地下或半地下。

（3）地下建筑严禁使用液化石油气和燃点低于 60℃ 的易燃液体。

（4）人员密集场所应尽量设置在地下一层，公共娱乐场所严禁设置在地下二层及以下楼层。

（5）变电、发电设施不宜设置在人员较多的场所和出口。

2. 防火分区

由于地下建筑的特殊性,其防火分区划分的要求,应比地上建筑严格。

(1) 设置在地下一、二级耐火等级建筑的丙类、丁类和戊类厂房,其防火分区面积最大分别不应超过 500 m²、1 000 m²、1 000 m²;地下民用建筑的防火分区面积最大一般不应超过 500 m²。

(2) 营业厅、展览厅设置在地下或半地下时,除不应设置在地下三层及三层以下以及不应经营和储存火灾危险性为甲、乙类储存物品属性的商品外,当设置火灾自动报警系统和自动灭火系统时,营业厅每个防火分区的最大允许建筑面积不应超过 2 000 m²;

(3) 设置在地下、半地下的商店,当其总建筑面积大于 20 000 m² 时,应采用不开设门窗洞口的防火墙分隔。相邻区域确需局部连通时,应选择下列措施进行防火分隔:一是采用下沉式广场等室外敞开空间;二是采用防火隔间;三是采用避难走道;四是采用防烟楼梯间,楼梯间与前室的门均应采用甲级防火门。

(4) 设置在人防工程的地下影院、礼堂的观众厅,其防火分区最大允许使用面积不应超过 1 000 m²,而且当没有自动灭火设备时,其最大允许使用面积也不应增加;娱乐场所应采用耐火极限不低于 2 h 的隔墙和 1 h 的楼板与其他场所隔开,一个厅、室的建筑面积不应大于 200 m²,当墙上开门时,应设置不低于乙级的防火门;地下街区的墙应为防火墙,防火墙间的建筑面积不宜大于 500 m²。地下建筑内的防火墙,应用混凝土或砖砌筑,其耐火极限不应低于 3 h。防火墙上开设的门,通常要采用甲级防火门,而且必须能双向手动开启,并具备自动开闭功能。

3. 安全疏散

(1) 地下建筑每个防火分区或一个防火分区的每个楼层,其安全出口的数量应经计算确定,且不应少于 2 个。但防火分区的建筑面积不大于 50 m² 且经常停留人数不超过15 人的地下、半地下建筑(室),可设 1 个安全出口或 1 部疏散楼梯;建筑面积不大于500 m² 且使用人数不超过 30 人的地下、半地下建筑(室),其直通室外的金属竖向梯可作为第二安全出口。地下、半地下歌舞娱乐放映游艺场所的安全出口不应少于 2 个。

(2) 为了防止烟、火涌入楼梯间影响人员的安全疏散和消防人员进入地下建筑扑救火灾,疏散楼梯间的设置必须符合国家防火规范的相关要求。地下三层及其以上或室内地面与室外出入口地坪高差大于 10 m 的地下、半地下建筑(室)的疏散楼梯应采用防烟楼梯间;其他地下、半地下建筑(室)的疏散楼梯应采用封闭楼梯间。

(3) 地下建筑中各房间疏散门的数量应经计算确定,且不应少于 2 个,该房间相邻两个疏散门最近边缘之间的水平距离不应小于 5 m。但建筑面积不大于 50 m² 且经常停留人数不超过 15 人的地下、半地下房间,建筑面积不大于 100 m² 的地下、半地下设备用房,可设置 1 个疏散门。

4. 建筑内部装修

(1) 地下民用建筑顶棚的装修材料,应当采用不燃材料(A 级);墙面装修材料除休息室、办公室等和旅馆、客房及公共活动用房等可采用难燃材料(B1 级)外,其他均应采用不燃材料(A 级)。

（2）地下民用建筑疏散走道和安全出口的门厅，其顶棚、墙面、地面的装修材料应采用不燃材料（A 级）。

（3）地下大型商场、展览厅售货柜台、固定货架、展览台等，应采用不燃装修材料（A 级）。

（4）地下丙类厂房的顶棚、墙面、地面的装修材料均应采用不燃材料（A 级）；无明火的丁类厂房和戊类厂房除地面可采用难燃材料（B1 级）装修外，其顶棚、墙面均应采用不燃材料（A 级）。

地下建筑内其他部位的装修还应符合现行国家标准《建筑内部装修设计防火规范》（GB/T 50222—2017）的要求。

5. 建筑消防设施

地下建筑的消防设施应根据《建筑设计防火规范》和《人民防空工程设计防火规范》（GB/T 50098—2009）等规范的有关要求并综合考虑其规范大小、使用性质、火灾危险性等来设置，主要包括消火栓系统、火灾自动报警系统、自动喷水灭火系统、防烟排烟设施、灯光疏散指示标志和消防应急照明系统以及火灾应急广播等。

灯光疏散指示标志及消防应急照明系统的设置，还应符合现行国家标准《消防安全标志》和《消防应急照明和疏散指示系统技术标准》（GB/T 51309—2018）的有关规定；同时还应根据现行国家标准《建筑灭火器配置设计规范》（GB/T 50140—2005）规定，配足符合其火灾类别的灭火器材。

（二）地下建筑消防安全管理要求

地下建筑的火灾特点及其构造的特殊性，突显了其防火的重要性。因此，应遵循《消防法》和《机关、团体、企业、事业单位消防安全管理规定》的有关要求，采取有效措施严格管理。

1. 消防安全责任

地下建筑的消防安全工作，要坚决贯彻落实"谁主管，谁负责；谁主办，谁负责；谁经营，谁负责"的原则，落实防火安全责任制，把消防安全工作明确到单位的法人代表身上。必须依法建立健全上至负责人、下至每个从业人员的逐级防火安全责任制，并严格贯彻落实。产权单位与有关人员、单位应签订防火安全责任书，明确各自的消防安全职责，并认真贯彻执行。

2. 用火用电管理

（1）严格执行内部动火审批制度，及时落实动火现场防范措施及监护人，未经批准，不得擅自进行动火作业。

（2）经营性地下场所禁止吸烟。

（3）电气设备应由具有电工资格的专业人员负责安装和维修，必要时应委托专业机构进行电气消防安全检测。

（4）不得超负荷用电，不得私拉乱接电气线路及电气设备，保险丝不得使用铜丝、铝丝替代。

3. 安全疏散设施管理

安全出口、疏散通道、疏散楼梯等安全疏散设施是火灾时地下建筑唯一的疏散逃生

途径,其重要性不言而喻,因此,应采取下列措施对其加以严格的管理:

(1) 防火门、疏散指示标志、火灾应急照明、火灾应急广播等设施应设置齐全、保持完好有效;

(2) 应在明显位置设置安全疏散图示,在常闭防火门上设有指示文字和符号;

(3) 保持疏散通道、安全出口畅通,禁止占用疏散通道,不应遮挡、覆盖疏散指示标志;

(4) 使用期间禁止将安全出口上锁,禁止在安全出口、疏散通道上安装固定栅栏等影响疏散的障碍物。

4. 建筑消防设施、灭火器材管理

经营性地下建筑(如地下大型商场、旅馆、公共娱乐场所等)的消防设施、灭火器材的管理要求与大型商场、旅馆、公共娱乐场所等的相关内容相同。

5. 易燃易爆危险化学品的管理

(1) 地下建筑内严禁存放液化石油气钢瓶和使用液化石油气。

(2) 不得经销、存放、使用其他易燃易爆危险化学品。

6. 防火检查

地下建筑应按照《消防法》和《机关、团体企业、事业单位消防安全管理规定》的有关规定,对消防安全制度的执行和消防安全管理措施落实的情况进行检查,及时纠正违章行为,消除火灾隐患。

(1) 地下营业性场所在营业期间,应实行防火巡查,每 2 小时进行一次。营业结束后,值班人员应对火、电源、可燃物品库房等重点部位进行不间断的巡查。

(2) 每月应至少组织一次全面防火检查。节假日放假前应当组织一次地毯式防火检查。

(3) 设有消防设施的地下建筑还应当按照国家有关标准,明确各类建筑消防设施日常巡查、单项检查、联动检查的内容、方法和频次,并按规定填写相应的记录。

7. 消防安全教育培训

根据有关消防法律法规的规定,凡从业人员在上岗之前,应进行岗前消防安全知识的教育培训,经考试合格后方可上岗。对全体员工的培训教育,至少每年要进行 1 次。经过培训,要使从业人员掌握基本的消防常识,以减少消防违法违章行为,杜绝火灾事故的发生。同时,要制定切合地下建筑使用性质的灭火和应急疏散预案,并进行演练,以提高从业人员火灾自防自救的技能。

第三节 居住建筑火灾的预防

一、居住建筑设计要求

居住建筑是指供人们日常居住生活使用的建筑物,包括住宅类居住建筑(如住宅、别墅等)和非住宅类居住建筑(如宿舍、公寓等)。居住建筑是在城市建设中所占比重最大的建筑类型。除了合理安排居住区的群体建筑、公共配套设施、户外环境外,住宅本身的设计一般要考虑以下六点。

(1)保证分户和私密性。使每户住宅独门独户,保障按户分隔的安全和生活的方便,视线、声音的适当隔绝并且不为外人所侵扰。

(2)保证安全。建筑构造符合耐火等级,交通疏散符合防火设计要求。

(3)处理好空间的分隔和联系。户内的空间设计,由于家庭人口的组成不同,要有分室和共同团聚的活动空间。

(4)现代住宅应充分满足用户生活的基本要求。设施应完备,包括厨房、浴室和厕所,以及给水排水、燃气、热力、照明、电气和必要的储藏橱柜、搁板等。

(5)选择良好的朝向,既保证日照的基本要求和良好通风,又要防晒和防风沙侵袭。

(6)妥善解决浴室厕所排气、厨房排烟、垃圾处理和公用信报箱等问题。此外,还要考虑分配出租时能适合不同家庭使用需要的灵活性。

现行国家标准《建筑内部装修设计防火规范》虽然对居住建筑内部装修材料的燃烧性能没有相关要求,但由于居住者消防安全意识淡薄,加之对于居住建筑内部装修设计的防火审核国家消防法律法规中没有强制要求,在这些建筑内存在着大量可燃装修,同时还存在着多种火源(如燃气、各种家用电器等),一旦失火,就会酿成重大灾害。因此,居住建筑的防火非常重要。

二、居住建筑火灾特点

(一)火灾荷载大,引发火灾的因素多

随着国民经济的发展和社会的进步,人们的生活水平不断提高,居民的消费观念逐渐转变,家庭装修的档次也愈来愈高。家庭中本来就存在大量的木质家具和纤维制品,加上装修中使用的木材、纤维制品和高分子材料,使得住宅的火灾荷载很大,一旦发生火灾,就会猛烈燃烧、迅速蔓延。同时,这些材料燃烧时伴有大量的浓烟和有毒有害气体,大多数火灾中人员伤亡的原因不是高温的炙烤,而是有毒有害气体的吸入。

现代家庭装修大多日益趋向豪华型、舒适型,家庭中各式各样灯具的大量使用、家用电器设备的增添,导致引发火灾的因素增多。例如:荧光灯安装在可燃吊顶内,镇流器容易发热并起火引燃吊顶;射灯表面温度较高,容易引燃燃点低的可燃物品;电熨斗、电火锅、电炒锅、电饭煲、电磁炉等加热电器的使用,也容易引起火灾。天然气、液化石油气等易燃易爆气体的日益普及,也是诱发火灾的一个重要因素。

(二)夜间发生的火灾损失大

居住建筑是人们生活和休息的地方。在睡眠状态下,人的感觉非常迟钝,所以夜间发生的火灾往往发现得较迟。即使人在睡梦中惊醒,面对突如其来的大火,也容易惊慌失措,采取不当措施,造成次生伤害。加上夜间居住建筑中的人口较多,火灾容易演变成有大量人员伤亡和大量财产损失的恶性事件。

（三）高层居住建筑的特点使其防火难度增加

高层居住建筑内的楼梯井、电梯井、电缆井等竖井在火灾发生时容易产生"烟囱效应"，加快空气流动，助长火势的发展蔓延；高层住宅建筑中人口密集，疏散通道长，疏散出口少，需要的安全疏散时间比较长；建筑高度高，救援被大火围困的人员比较困难；居住建筑中人员大多以家庭为单位，没有一个统一的强有力的组织结构，消防安全教育培训、消防演练组织起来比较困难。

三、居住建筑火灾预防

（一）居住建筑的消防安全技术要求

1. 建筑耐火等级和消防安全布局

（1）一类高层居住建筑的耐火等级应为一级，二类高层居住建筑的耐火等级不应低于二级，裙房的耐火等级不应低于二级；多层居住建筑的耐火等级一般不应低于二级，如为三级、四级，则其建筑层数分别不应超过5层、2层。

（2）在进行总平面设计时，应合理确定居住建筑的位置、防火间距、消防车道和消防水源等。居住建筑不宜布置在甲、乙类厂（库）房，甲、乙、丙类液体和可燃气体储罐以及可燃材料堆场附近。

（3）居住建筑之间的防火间距应符合国家有关防火规范的规定。数座一、二级耐火等级的多层住宅建筑，当建筑物的占地面积总和不大于2 500 m² 时，可成组布置，但组内建筑物之间的间距不宜小于4 m。组与组或组与相邻建筑物之间的防火间距应符合国家有关消防技术规范的规定。

（4）住宅建筑与其他使用功能的建筑合建时，居住部分与非居住部分之间应采用不开设门窗洞口且耐火极限不低于1.5 h的不燃烧体楼板和耐火极限不低于2 h且无门窗洞口的不燃烧实体隔墙完全分隔，居住部分与非居住部分的安全出口和疏散楼梯应分别独立设置；每间商业服务网点的建筑面积不应大于300 m²。

（5）高层住宅建筑的周围应设置环形消防车道。当设置环形车道有困难时，可沿建筑的一个长边设置消防车道，该长边应为消防车登高操作面。消防车道的净宽度和净空高度均不应小于4 m；消防车道与住宅建筑之间不应设置妨碍消防车操作的架空高压电线、树木、车库出入口等障碍。

（6）每座高层住宅建筑的底边至少有一个长边或周边长度的1/4且不小于一个长边长度，不应布置进深大于4 m的裙房，该范围内应确定一块或若干块消防车登高操作场地，且两块场地最近边缘的水平距离不宜大于30 m。

（7）高层住宅建筑与其他使用功能的建筑合建，住宅部分通过裙房屋面疏散且屋面用作消防车登高操作场地时，房屋面板的耐火极限不应低于3 h。

2. 安全疏散

（1）当建筑设置多个安全出口时，安全出口应分散布置，并应符合双向疏散的要求。

住宅建筑每个单元每层的安全出口不应少于两个,且两个安全出口之间的距离不应小于5 m。符合下列条件时,每个单元每层可设置1个安全出口:

① 建筑高度不大于27 m,每个单元任一层的建筑面积小于650 m² 且任一套房的户门至安全出口的距离小于15 m;

② 建筑高度大于27 m、不大于54 m 的多单元建筑,每个单元任一层的建筑面积小于650 m² 且任一套房的户门至安全出口的距离不大于10 m,每个单元设置一座通向屋顶的疏散楼梯,单元之间的楼梯通过屋顶连通,户门采用乙级防火门;

③ 建筑高度大于54 m 的多单元建筑,每个单元任一层的建筑面积小于650 m² 且任一套房的户门至安全出口的距离不大于10 m,每个单元设置一座通向屋顶的疏散楼梯,54 m 以上部分每层相邻单元的疏散楼梯通过阳台或凹廊连通,54 m 及以下部分的户门采用乙级防火门。

(2) 住宅建筑的安全疏散距离应符合三项规定。

① 直通疏散走道的户门至最近安全出口的距离不应大于表 4-1 的规定。

表 4-1   住宅建筑直通疏散走道的户门至最近安全出口的距离　　　　　　(单位:m)

名　　称	位于两个安全出口之间的户门			位于袋形走道两侧或尽端的户门		
	耐火等级			耐火等级		
	一、二级	三级	四级	一、二级	三级	四级
单层或多层	40	35	25	22	20	15
高　　层	40	—	—	20	—	—

注:1. 设置敞开式外廊的建筑,开向外廊的房间疏散门至安全出口的最大距离可按本表增加 5 m;
　　2. 建筑物内全部设置自动喷水灭火系统时,其安全疏散距离可按本表及表注 1 的规定增加 25%。
　　3. 直通疏散走道的户门至最近非封闭楼梯间的距离,当房间位于两个楼梯间之间时,应按本表的规定减少 5 m;当房间位于线形走廊两侧或尽端时,应按本表的规定减少 2 m。
　　4. 跃廊式住宅户至最近安全出口的距离,应从户门算起,小楼梯的一段距离可按其 1.50 倍水平投影计算。

② 楼梯间的首层应设置直通室外的安全出口或在首层采用扩大封闭楼梯间。当层数不超过 4 层时,可将直通室外的安全出口设置在离楼梯间不大于 15 m 处。

③ 户内任一点到其直通疏散走道的户门的距离,应为最远房间内任一点到户门的距离,且不应大于表 4-1 中规定的袋形走道两侧或尽端的疏散门至安全出口的最大距离(注:跃层式住宅,户内楼梯的距离可按其梯段总长度的水平投影尺寸计算)。

(3) 住宅建筑的疏散走道、安全出口、疏散楼梯和户门的各自总宽度应经计算确定,且首层疏散外门、疏散走道和疏散楼梯的净宽度不应小于 1.1 m,安全出口和户门的净宽度不应小于 0.9 m。高层住宅建筑疏散走道的净宽度不应小于 1.2 m。

(4) 建筑高度大于 33 m 的住宅建筑,其疏散楼梯间应采用防烟楼梯间。同一楼层或单元的户门不宜直接开向前室,且不应全部开向前室。直接开向前室的户门,应采用乙级防火门。

建筑高度大于 21 m、不大于 33 m 的住宅建筑,其疏散楼梯间应采用封闭楼梯间,当户门为乙级防火门时,可不设置封闭楼梯间。

（5）当住宅建筑中的疏散楼梯与电梯井相邻布置时,疏散楼梯应采用封闭楼梯间;当户门采用甲级或乙级防火门时,可不设置封闭楼梯间。

直通住宅楼层下部汽车库的电梯,应设置电梯候梯厅并应采用耐火极限不低于 2 h 的隔墙和乙级防火门与汽车库分隔。

（6）住宅单元的疏散楼梯分散设置有困难时,可采用剪刀楼梯,但应符合五项规定。

① 楼梯间应采用防烟楼梯间。

② 梯段之间应采用耐火极限不低于 1 h 的不燃烧体实体墙分隔。

③ 剪刀楼梯的前室不宜合用,也不宜与消防电梯的前室合用。

④ 剪刀楼梯的前室合用时,合用前室的建筑面积不应小于 6 m²。与消防电梯的前室合用时,合用前室的建筑面积不应小于 12 m²,且短边不应小于 2.4 m。

⑤ 两座剪刀楼梯的加压送风系统不应合用。

（7）住宅建筑的楼梯间宜通至屋顶,通向平屋面的门或窗应向外开启。

（8）住宅建筑的楼梯间内不应敷设可燃气体管道和设置可燃气体计量表。当必须设置在住宅建筑的楼梯间内时,应采用金属管和设置切断气源的阀门。

3. 建筑消防设施

A. 消火栓

居住建筑应按照《建筑设计防火规范》中的有关要求设置室内外消防用水。

（1）居住建筑周围应设置室外消火栓系统。居住区人数不超过 500 人且建筑物层数不超过两层的居住区,可不设置室外消火栓系统。

室外消火栓的间距不应大于 120 m,保护半径不应大于 150 m;消火栓应沿建筑物均匀布置,距路边不应大于 2 m,距房屋外墙不宜小于 5 m,并不宜大于 40 m;

（2）下列居住建筑应设置室内消火栓系统:

① 建筑高度大于 24 m 或体积大于 10 000 m² 的非住宅类居住建筑;

② 建筑高度大于 21 m 的住宅建筑。

（3）室内消火栓的设置。

① 单元式、塔式住宅建筑中的消火栓应设置在楼梯间的首层和各层楼层休息平台上。干式消火栓竖管应在首层靠出口部位设置,便于消防车供水的快速接口和止回阀。

② 消防电梯间前室内应设置消火栓。

③ 室内消火栓应设置在位置明显且易于操作的部位。栓口离地面或操作基面的高度宜为 1.1 m,其出水方向宜向下或与设置消火栓的墙面成 90°角;栓口与消火栓箱内边缘的距离不应影响消防水带的连接。

B. 自动喷水灭火系统

建筑高度大于 27 m 但小于等于 54 m 的住宅建筑的公共部位,建筑高度大于 54 m 的住宅建筑应设置自动喷水灭火系统(注:除住宅建筑外,高层居住建筑应按公共建筑,公寓应按旅馆建筑的要求设置自动喷水灭火系统)。

C. 火灾自动报警系统

以下两种居住建筑应设置火灾自动报警系统。

（1）建筑高度大于 100 m 的住宅建筑，其他高层住宅建筑的公共部位及电梯机房（注：高层住宅建筑，其套内应设置家用火灾探测器；高层住宅的公共部分应设置火灾警报装置）。

（2）任一楼层建筑面积大于 1 500 m² 或总建筑面积大于 3 000 m² 的非住宅类建筑。

D. 防排烟设施

① 居住建筑的以下场所或部位应设置防排烟设施：防烟楼梯间及其前室；消防电梯间前室或合用前室；

② 建筑高度不大于 100 m 的住宅建筑、建筑高度不大于 50 m 的非住宅类建筑中靠外墙的防烟楼梯间及其前室、消防电梯间前室和合用前室宜采用自然排烟设施进行防烟。

③ 自然排烟的窗口应设置在房间的外墙上方或屋顶上，并应有方便开启的装置。防烟分区内任一点距离自然排烟口的水平距离不应大于 30 m。

E. 火灾应急照明

（1）除单、多层住宅建筑外，其他居住建筑的三种部位应设置火灾应急照明。

① 封闭楼梯间、防烟楼梯间及其前室、消防电梯间的前室或合用前室和避难层（间）。

② 疏散出口、安全出口及疏散走道。

③ 消防控制室、消防水泵房、自备发电机房、配电室，防排烟机房以及发生火灾时仍需正常工作的房间。

（2）火灾应急照明的设置应符合四项要求。

① 火灾应急照明灯宜设置在出口的项部、顶棚上或墙面的上部，疏散走道用的应急照明照度不应低于 0.5 lx，楼梯间的应急照明不应低于 5.0 lx，发生火灾时仍需坚持工作的房间应保持正常的照度。

② 火灾应急照明灯应设玻璃或其他不燃烧材料制作的保护罩。

③ 火灾应急照明灯的电源除正常电源外，应另有一路电源供电，或采用独立于正常电源的柴油发电机组供电，或可采用蓄电池作备用电源，其连续供电时间不应少于 30 min，或选用自带电源型应急灯具。

④ 正常电源断电后，火灾应急照明电源转换时间应不大于 15 s。

F. 疏散指示标志

（1）居住建筑的下列部位应设置灯光疏散指示标志：

① 安全出口或疏散出口的上方；

② 疏散走道。

（2）疏散指示标志的设置应符合五项要求。

① 安全出口和疏散门的正上方应采用标志。

② 沿疏散走道设置的灯光疏散指示标志，应设置在疏散走道及其转角处距地面高度 1 m 以下的墙面上，且灯光疏散指示标志间距不应大于 20 m；袋形走道中，间距不应大于 10 m；在走道转角区，间距不应大于 1 m。

③ 疏散指示标志的方向指示标志图形应指向最近的疏散出口或安全出口。

④ 灯光疏散指示标志应设玻璃或其他不燃烧材料制作的保护罩。

⑤ 灯光疏散指示标志可采用蓄电池作备用电源,其连续供电时间不应少于 30 min。工作电源断电后,应能自动接合备用电源。

消防疏散指示标志和消防应急照明灯具的设置,除应符合《建筑设计防火规范》中的规定外,还应符合现行国家标准《消防安全标志》和《消防应急照明和疏散指示系统技术标准》(GB/T 51309—2018)的有关规定。

G. 灭火器

住宅建筑宜设置灭火器。

4. 建筑内部装修

(1) 多层住宅建筑中,高级住宅的顶棚、墙面及地面的装修材料均可采用难燃材料(B1 级),但不应采用可燃、易燃材料(B2、B3 级);普通住宅除顶棚采用难燃材料装修外,其墙面、地面均可采用可燃材料(B2 级),但不应采用易燃材料(B3 级)。

(2) 高层住宅建筑中,高级住宅除顶棚采用不燃材料(A 级)装修外,其墙面、地面可分别采用难燃(B1 级)和可燃材料(B2 级)进行装修;普通住宅除地面可采用可燃装修材料外,其顶棚、墙面均应采用难燃材料(B1 级)装修。

居住建筑的内部装修还应符合现行国家标准《建筑内部装修设计防火规范》的规定。

(二) 居住建筑的消防安全管理要求

居住建筑发生火灾的主要原因有四个:一是家具及家庭可燃装修多;二是家用电器及燃气用具的使用使着火源多样化;三是建筑消防设施年久失修,无人问津,完好有效的较少;四是居住人员消防安全意识淡化,防范火灾的意识较差。因此,必须采取措施加强居住建筑的消防安全管理,提高其居住人员的防灾意识和能力。

1. 健全消防组织,明确消防职员

一方面,要健全消防组织。街道办事处、社区居民委员会要明确社区消防工作的主要负责人,成立相应的社区消防(防火)安全自治组织,其中业主代表应占一定比例。另一方面,要明确消防安全职责。街道办事处要将社区消防建设工作纳入社会治安综合治理主要内容,制定社区消防工作计划,定期召开社区消防工作会议,研判消防形势,指导社区居委会开展社区消防管理工作,与社区单位签订防火安全责任状等;社区居民委员会应制订防火公约,定期检查社区内的单位、居民住宅楼和消防通道的安全状况,为辖区老、弱、病、残等弱势群体提供消防安全服务;民政、城建、工会、文化、教育、卫生等部门应根据社区消防建设的内容和要求,履行建设、指导、协调和服务的职责;辖区公安派出所应督促单位、物业管理、居民委员会履行消防安全职责并开展防火检查;公安消防机构要加强社区消防业务指导,督促检查社区公共消防设施建设,对社区内的单位定期监督检查,消除火灾隐患;辖区消防中队要熟悉社区环境,有针对性地制订灭火和应急疏散预案并实施演练。

2. 建立健全消防安全制度和运行机制

居住建筑群应成立以住宅区物业服务企业为主的消防管理统一组织机构,制订居民防火公约,健全完善用火用电管理制度、定期检查巡查制度、消防设施及消防器材维护保养制度、火灾隐患整改制度和消防安全奖惩制度等各项制度,着力加强消防安全宣传教育,将消防工作落实到具体责任人,实现居民住宅消防安全稳定的工作目标,保障消防法律、法规和各项消防制度落到实处。

3. 加强和完善居民住宅区消防基础设施建设及管理

公共消防设施是居住建筑消防建设重要的物质基础。新建居住小区或旧城改造居住小区,要按照国家现行消防技术规范要求进行规划和建设,消防队(站)、消防通道、消防给水、消防通信等公共消防设施必须与居住小区同步设计、同步建设、同步投入使用。居民住宅区的消防管理统一组织机构应安装消防报警电话,设置消防器材箱,配备小型便携式灭火救援设备,引导居民家庭配备灭火器、安全绳、应急照明器材等自救逃生器材。为了保证居住建筑火灾扑救的顺利进行,应做好居民住宅区内公共消防设施的维护和管理工作。居民住宅区的消防车通道应保持畅通无阻,严禁占用或搭建其他建、构筑物,私家车辆的停放不应影响消防车辆的通行;严禁围占、围挡或埋压室外消火栓等公共消防设施,以免妨碍消防人员的灭火救援行动。住宅区内的物业服务企业应对管理区内的共用消防设施进行维护管理。

4. 聚合社区民力,整合群防资源

居住建筑消防工作涉及千家万户,面广量大、工作繁重,必须举全社会之力,综合治理。居民住宅区内的单位及小门店、小作坊、小餐厅、小影院、小网吧、小歌厅、小电子游戏厅、小旅馆等小场所要积极支持配合消防建设,切实履行自身消防安全责任,与社区居委会共同开展各项活动,共同预防火灾的发生;居委会和物业管理单位要借助住宅小区内人员密集这一优势,大力发展志愿消防组织建设,实行火灾联防及消防安全动态化管理,经常性开展消防安全知识教育、培训及防火检查,确保公共消防设施、消防车道、消防器材完好有效。同时,要定期对居民家庭用电、用火、用气进行防火巡查,及时消除火灾隐患。

5. 普及消防知识,提高防灾能力

实践证明,大多数住宅火灾,都是居民思想麻痹、缺乏消防科学知识、违章违规所致。消防工作要取得成效必须扩大群众基础,群众的广泛参与才能从根本上铲除火灾隐患。在居民住宅区内,可以采取"教育一个家庭,带动一个小区,影响整个社区"的安全教育模式,利用多种渠道进行消防安全宣传,以提高居民的消防安全意识:依托社区内的宣传教育栏、黑板报、公益广告牌、图书室等,通过设置固定消防警示标志标牌等多种形式进行消防安全常识的宣传;定期组织消防安全知识竞赛、消防游艺活动;充分利用各种媒体如社区广播、有线电视开展社区消防宣传工作。通过宣传教育,引导居民真正做到以下防火要求:

(1) 遵守电器安全使用规定,不超负荷用电,严禁安装不合规格的保险丝、片;

(2) 遵守燃气安全使用规定,经常检查灶具,严禁擅自拆、改、装燃气设施和用具;

(3) 不在阳台上堆放易燃物品和燃放烟花爆竹;

(4) 不将带有火种的杂物倒入垃圾道,严禁在垃圾道口烧垃圾;

（5）进行室内装修时，必须严格执行有关防火安全规定；

（6）室内不存放超过 0.5 kg 的汽油、酒精、香蕉水等易燃物品；

（7）不卧床吸烟；

（8）保持楼梯、走道和安全出口等部位畅通无阻，严禁堆放物品、存放自行车；

（9）消防设施、器材不挪作他用，严防损坏、丢失；

（10）教育儿童不要玩火；

（11）学习消防常识，掌握简易的灭火方法，发生火灾及时报警，积极扑救；

（12）发现他人违章用火用电或有损坏消防设施、器材行为，要及时劝阻、制止，并向街道办事处或居民委员会或居民住宅区的消防管理统一组织机构报告。

四、居住建筑防火常识

随着人民生活水平的提高，越来越多的家庭使用上了煤气、液化石油气及天然气等气体燃料及电热炊具、电视机、电冰箱、洗衣机、空调器、电风扇、电熨斗、吸尘器、电热取暖器之类的家用电器，拥有汽车、摩托车等机动车辆的家庭也日益增多，这些气体燃料、家用电器、机动车辆，给我们的生活带来了极大的方便，带来了快乐，但如果不注意消防安全，反而会酿成火灾，造成人员伤亡和财产损失。因此，熟悉、掌握家庭防火知识十分必要。

（一）燃气安全使用与防火

1. 液化石油气的安全使用与防火

目前，我国使用的液化石油气（Liquefied Petroleum Gas，LPG），都是石油加工过程中的副产品，其主要成分是含有 C3、C4 的碳氢化合物，即丙烷、丁烷、丙烯、丁烯等。它们在常温下呈气体状态，在不断降温或加压时，就会变成液体状态，这种液体化的石油气，统称为液化石油气，俗称为液化气。

液化石油气由气态转变成液态，体积缩小 250 倍，便于运输。液化气具有发热量高、燃烧压力稳定、容易点燃、使用方便等特点，因此，在人们的日常生活中被广为使用。但由于其爆炸下限低、燃点低，而且液化气比空气重，泄漏时易沉积在低洼处，不易飘散，浓度高时会形成漂浮的白色云雾，遇烟头、火星及静电火花等明火时即会爆炸爆燃。

家庭中使用的液化石油气设备通常由三大部分组成：一是储气设备，即钢瓶，瓶口处装有作为开关的角阀；二是减压、输气设备，包括减压阀和胶管；三是用气设备，即燃具，或称灶具。

A. 液化石油气火灾爆炸的主要原因

（1）灶具漏气。如气瓶喷嘴与减压阀连接不实、软管老化开裂，或软管与灶具衔接不牢固、灶具开关阀门不紧或气瓶阀门不严密等，都会造成 LPG 泄漏。

（2）残液处理不当。残液是指液化气钢瓶里余下的难以汽化的少量液体，其主要为 C5、C6 碳氢化合物。残液虽不如液化气那样易汽化挥发，但它比汽油的汽化挥发性要大，因此，残留液化气不能随意倾倒，否则，遇到明火也会引发火灾爆炸。

（3）冬季长期烧气取暖，很容易失去控制而着火。

B．液化石油气的安全使用与防火

由于 LPG 的爆炸下限较低，漏出的气体与空气混合能形成爆炸性气体，其威力极大，因此，安全使用 LPG 必须要遵守七方面的规定。

（1）保持良好通风。使用液化石油气及其灶具的厨房应通风良好。

（2）正确安装燃气用具。为防止液化气泄漏，在给新换的液化气钢瓶安装减压阀时要注意以下几点：首先，要检查气瓶角阀接口的内螺扣是否有损伤，无损伤时才能安装；其次，查看减压阀进气管前端的密封圈是否完好端正，是否老化损坏，若发现丢失、破裂、歪斜或损坏，应立即去液化气站点更换或修理，配好胶圈后再用；再次，安装减压阀时，要将减压阀端平对准角阀，然后按逆时针方向拧紧减压阀手轮，以减压阀不上下左右晃动为准；最后，减压阀与角阀连接好后，应用小毛刷蘸肥皂水涂抹在各连接处，检查是否漏气，确认不漏气后方能点火使用。

（3）严格遵守操作使用要求，主要包括六个方面。

① 正确掌握气瓶开关的使用方法，做到"火等气"，即先点火，然后将火源移到灶具燃烧器侧面，再打开气阀。切不可先开气，后点火，这样容易使人烧伤，切忌随意玩弄开关或忘记关闭开关。

② 点火后不离人。首先，要随时注意调节火焰的大小，防止煮沸的汤水溢出淋灭灶火；其次，要防止风将灶火吹灭；最后，要防止钢瓶内 LPG 快要用完时，压力小，灶具火焰自动熄灭。

③ 使用完毕，首先拧紧钢瓶角阀，而后再关灶具气阀。不允许只关灶具气阀，不关钢瓶角阀。

④ 钢瓶必须远离热源，且与灶具要保持 0.5 m 以上的距离，避免钢瓶受到灶具的烘烤。

⑤ 钢瓶在使用时应直立放置，严禁卧放、倒放或碰、砸、拖等。这是因为钢瓶卧放时，液体靠近瓶口处，当打开角阀时，液体冲出，流经角阀、减压阀后，迅速汽化，大大超过了灶具的负荷，会燃起巨大火焰，未完全燃烧的气体易发生爆炸。

⑥ 不得直接对钢瓶加热（如用开水烫等），严禁用火烧烤。

（4）妥善处置残留液体。切忌随意倾倒气瓶残留 LPG，也不得倒入下水道、厕所或化粪池、地下阴沟等处。居民使用的下水道、厕所的便池等都是相连通的，LPG 液体属于易燃易爆物品，易挥发，如果将残液倒入，残液挥发出的气体将会串至各户，一旦遇明火，将会发生一连串的燃烧爆炸。因此，最安全的办法是将钢瓶送至液化气供应站统一回收至充灌厂进行倒残。

（5）严禁随意拆动或自行修理液化气灶具设备。发现钢瓶角阀和调压阀等故障时，必须及时通知气瓶供应站处理，或送至燃气灶具维修部进行维修。

（6）漏气处置方法。一旦发现有漏气现象，应采取措施及时处理。首先，应打开门窗通风换气，用扫帚扫地，使泄漏的 LPG 气体尽快散发掉，但不得使用电扇吹；其次，检查泄漏部位,若灶具开关或钢瓶角阀未关闭,则应立即关闭;最后,如果连接处松动要重新拧紧,损坏部位要及时修理更换。禁止用明火检漏和引入其他火源,如油烟、开关电器设备及点蜡烛照明等,这些都极易引起火灾或爆炸。

(7) 灶具着火处置方法。一旦液化气灶具漏气着火,不要急于灭火,应先迅速拧紧钢瓶角阀上的手轮,断绝气源,这是最行之有效的处置方法。倘若反向操作,火灭后,大量仍在外泄的液化气遇火源后,会引起更大的燃烧爆炸。在关闭角阀时,要戴上湿布手套,或用湿围裙、毛巾、抹布包住手臂,以防被火烧伤。关阀断气的速度要快,否则若超过 3～5 min,钢瓶角阀内的尼龙垫、橡胶垫圈和用于密封接头的环氧树脂胶合剂就会被高温熔化,以致失去阀门的密封作用,使液化气大量外泄,火势更旺。如果不能关闭气源,则应把钢瓶移到屋外空旷的地面上,让它直立燃烧,同时向消防队报警,并尽快通知邻居。

2. 煤气、天然气的安全使用与防火

煤气的主要成分是氢气(H_2)和一氧化碳(CO)等,其爆炸极限为 45%～35.8%,由于煤气成分里含有约 10% 的一氧化碳气体,因此,它还易使人发生一氧化碳中毒。

天然气是指动、植物通过生物、化学作用及地质变化作用,在不同地质条件下,在一定压力下储集,埋藏在深度不同的地层中的优质可燃气体。它是由多种可燃和不可燃的气体组成的混合气体,以低分子饱和烃类气体为主,并含有少量非烃类气体。在烃类气体中,甲烷(CH_4)占绝大部分,乙烷(C_2H_6)、丙烷(C_3H_8)、丁烷(C_4H_{10})和戊烷(C_5H_{12})含量不多,庚烷(C_7H_{16})以上烷烃含量极少。另外,还含有少量的二氧化碳(CO_2)、一氧化碳(CO)、氮气(N_2)、氢气(H_2)、硫化氢(H_2S)和水蒸气(H_2O),以及少量的惰性气体等非烃类气体。纯天然气的组成以甲烷为主,比空气轻,沸点 −162.49℃,难液化,其爆炸极限为 5%～15%。天然气既是清洁、优质的民用、商用和工业绿色能源,又是化工产品的原料气。

以上两种气体遇空气都能形成爆炸性的混合气体,遇火源会发生爆炸燃烧。

A. 煤气、天然气的安全使用与防火

(1) 点火后不离人,防止火焰意外熄灭而造成煤气、天然气泄漏。

(2) 不用时断气源。使用完煤气、天然气灶,一定要将煤气表、天然气表前的管道进气开关和灶具上的旋塞开关关闭,防止某个开关、管道或其他部位出现漏气,遇火源发生火灾、爆炸事故或导致煤气中毒。

(3) 不存放可燃物。煤气、天然气灶具旁严禁存放汽油、煤油等易燃液体和木柴、纸箱等可燃物,也不准使用煤炉、煤油炉等有明火的炉具,否则煤气、天然气外泄时,若来不及处置就有引起火灾爆炸危险的可能。

(4) 有的煤气、天然气用户安装了煤气(天然气)热水器、煤气(天然气)取暖器等设备,使用这些设备的场所应保持良好的通风。禁止将燃气热水器安装在洗浴室等相对密封的房间里,以避免泄漏的燃气不易散发而使人中毒或引起火灾爆炸。使用煤气取暖器时,要根据居室的大小,每隔一定的时间开窗通风换气,以免中毒或窒息。对使用液化气的热水器也有同样的安全要求。

B. 煤气、天然气泄漏的检查和处置

煤气本身含有一定量的杂质,如硫化氢、氨、苯和焦油等。这些杂质具有类似臭鸡蛋、汽油等的特殊气味。天然气本身具有无色无味和易燃易爆之特性,但为了使人们易于发觉,进而消除漏气,在进入用户前也在其中加入了四氢噻吩、硫醇、硫醚等臭味添加剂。这些异味能帮助我们觉察到煤气、天然气漏气的征兆。

检查煤气、天然气泄漏时,可用软毛刷或牙刷蘸肥皂水涂抹管道和灶具,凡有气泡泛起的部位便是漏气处。通常容易漏气的部位主要有五种。

(1) 煤气表、天然气表、管道进气旋塞阀以及煤气管道、天然气管道与灶具的各个接头处。接头松动或其中的填料老化,均有可能发生漏气。

(2) 灶具的开关芯子处,以及开关阀与喷嘴的连接处。如密封不严,也极易漏气。

(3) 管道阀门的阀杆与压母之间的缝隙处,若阀门填料松动,易出现漏气现象。

(4) 连接灶具的胶皮管两端接头处,若松动会造成大量的漏气。胶管年久老化出现裂纹时,在裂纹处也会缓慢漏气。

(5) 管道或煤气表、天然气表本身的长久使用,因受煤气或天然气腐蚀会生锈穿孔而造成漏气。

闻到煤气、天然气气味时,千万不可划火柴或使用打火机去寻找漏气点,也不能采取关(开)电灯、拉(合)电闸、拖拉金属器具、抽烟、点煤油灯、点蜡烛等容易产生火花的行动,而应首先关闭煤气、天然气管道上的进气旋塞阀,断绝气源,在门窗外没有火源的情况下,打开门窗进行通风,以降低室内燃气的浓度,消除爆炸起火威胁,并及时通知燃气公司前来检修。如果燃气泄漏得很厉害,还应向消防队报警,并迅速告知邻居熄灭火种,人员迅速向安全地方疏散撤离。

C. 天然气灶具与液化石油气灶具不能互换使用

天然气灶具与液化石油气灶具在日常使用中不能互换使用,其原因有两个方面。

(1) 两种燃气的热值不同,天然气的热值为 40 MJ/m³,液化石油气的热值为 104.654 MJ/m³。

(2) 两种燃气的燃烧速度、理论空气用量、压力、比重均不同,设计灶具时是依据各自的特性来决定灶具各部分尺寸大小的。若液化石油气通过天然气灶具,由于一次空气量不足,点火后液化石油气不能充分燃烧,从而会从火孔中喷出长而无力的黄色火焰,因此,不同气源的灶具不能互换使用。

(二) 照明灯具及家用电器防火

1. 照明灯具防火

家庭中常用的照明器具主要有白炽灯和日光灯两种,人们对它们比较熟悉,因此容易忽视在使用过程中发生事故酿成火灾的可能性。目前,电灯的作用已由单纯的照明发展至美化和装饰室内环境。"善用之则为福,不善用之则为祸。"自从电灯问世以来,因使用不慎造成的火灾事故不计其数。

A. 白炽灯的安全使用与防火

白炽灯是电灯泡的通称,它以热辐射的形式发光,通电后灯泡表面可产生很高的温度(如表 4-2 所示),而家庭中常有的许多可燃物,其燃点都比较低,如纸张燃点约为

130℃,布料燃点约为 200℃,棉花燃点约为 210℃等,如果电灯泡安装使用不慎,很容易引起火灾。实验和火灾实例证明,白炽灯功率越大、电压越高、通电时间越长,其玻璃泡壳的表面温度也就越高。

表 4-2　电灯泡功率与其表面温度对照表

灯泡功率/W	玻璃泡壳温度/℃	灯泡功率/W	玻璃泡壳温度/℃
15	35～45	75	140～200
25	52～57	100	150～200
40	65～70	150	155～270
60	130～190	200	163～300

(1)白炽灯引起火灾的原因。分析多起火灾案例发现,白炽灯引发火灾的原因主要有两个:一是灯泡直接安装在可燃构件上,没有采取隔热、散热的任何措施,长时间通电后,灯泡产生的热量积蓄不散,引燃可燃构件起火燃烧;二是灯泡尤其是功率大于 60 W 的灯泡与纸张、板壁、棉织品等可燃物过近,灯丝发出的高温热量以热传导和热辐射的方式传给可燃物,经过一定时间可燃物便会分解、碳化、起火。

(2)白炽灯的安全使用与防火。家庭要防止白炽灯引起火灾,主要应做到七个方面的要求。

① 家庭使用的活动灯要经常检查插头、导线连接处是否牢固,以防长期使用接头松动,造成接触电阻过大而损坏导线绝缘层,或因机械损伤绝缘层造成短路。

② 不要使电灯泡靠近可燃物。按照防火要求,电灯泡与可燃物的距离必须保持在 0.5 m 以上,而且距离地面的高度应不低于 2 m。不得随意用电线将电灯泡往门头、木柱、板壁、家具等可燃物上拴挂,尤其在炎热的夏季,电灯泡一定要远离蚊帐。在没有采取防火隔热措施的情况下,也不能将电灯泡直接安装在用三合板、钙塑板、纤维板等可燃材料制作的天花板上或顶棚内。

③ 电灯泡下不应搁放可燃物。60 W 以上的电灯泡通电时,若局部突然受冷或溅上水花,或因外壳玻璃自身的质量问题等,均有可能引起爆裂,带有高温的破碎玻璃片和灯丝一旦掉落在被褥、地毯或沙发等物上,极易引起火灾。尤其是储藏室面积较小,可燃物品存放较多,不能安装使用大功率电灯泡。

④ 灯具上不要使用大功率电灯泡。台灯、落地灯或壁灯等各种现代灯具,其灯罩大多采用容易着火的装饰布、塑料布、纱绸或纸张等制作。如果不加选择地使用大功率电灯泡,久而久之,灯罩就有可能烤着,而后蔓延酿成火灾。

⑤ 灯丝损坏后应及时更换灯泡,切不可将灯丝对接后再用。这是因为对接后的灯丝电阻通常大于原灯丝,容易导致电线超过负荷运行而破坏其绝缘性能。

⑥ 禁止随便使用废旧导线安装临时照明灯具,如需要安装临时灯,要采用绝缘导线并远离可燃物。

⑦ 严禁用电灯泡加热取暖,也不得将布或纸质的简易"灯罩"直接放在电灯泡上。

B. 日光灯的安全使用与防火

日光灯又称荧光灯,其发光原理与白炽灯不同,它靠灯管内的气体放电激发荧光物质发光。由于日光灯管在使用过程中温度很低,人们普遍认为日光灯是"安全"的照明灯具,不可能引起火灾。其实不然,日光灯并不是火灾的禁区。日光灯引发火灾的罪魁祸首是镇流器。老式的镇流器(非电子)是一个绕在硅钢片铁芯上的电感线圈,其作用有两个:一是在开灯时利用自感作用产生高压而启辉;二是限制开启后流过灯管的电流。它之所以能引发火灾,主要是因为通电后自身温升过高,使周围的可燃物长时间灼烤后,碳化自燃。

(1)导致镇流器温升过高的原因包括四个方面。

① 长时间连续使用。日光灯点亮后,长时间连续使用,镇流器的"体温"就会逐渐升高,久而久之,镇流器内线圈绝缘漆老化,失去绝缘作用而出现线圈匝间短路,电流增大,使沥青熔化后引起火灾。

② 安装部位不正确。有些家庭为了美观,常将镇流器安装在不通风的吊顶内,而且直接固定在梁、柱或木板等可燃物上,通电后镇流器发热,也极易引起火灾。

③ 镇流器质量低劣,不符合质量要求。

④ 其他原因。如启辉器内部搭连、供电电压过高、日光灯管与镇流器功率不匹配、镇流器引出线绝缘破损与铁盒搭连等,也会导致镇流器温升过高引起火灾。

(2)日光灯的安全使用与防火要注意六个方面。

① 购买的镇流器应为合格产品,确保高品质。

② 镇流器不能安装在可燃的建筑构件上,如木梁、柱及可燃的天花板、木板等,如需安装,则应采取隔热散热措施。

③ 镇流器的功率和电压必须与灯管的功率、电压相同,并按规定方法接线。

④ 不要长时间连续使用,人离开或外出时要随手关灯。

⑤ 安装时切不可为了消除镇流器发出的噪声,而用布团、棉絮或纸张等可燃物包裹。为了防止镇流器温升过高而使沥青熔化溢出,应将铁盒底部朝上安装,切不可朝下或竖着安装,也不应安装在不易看见的地方。

⑥ 当听到镇流器发出异常响声、闻到焦味、用手探测感觉到温度过高时,应立即拉开电闸进行检查,千万不可掉以轻心。

2. 家用电器防火

电视机、录音机、电冰箱、电磁炉、洗衣机、空调器、电风扇、电热杯、电热毯、电熨斗等家用电器和电热器具已成为现代人们日常生活的必需品。这些电器设备如果安装、使用不当,都会引起火灾,因此,必须加以重视。

A. 电子器具的安全使用与防火

(1)电视机的安全使用与防火。研究电视机火灾爆炸的案例发现,其起火爆炸原因主要是电视机散热不良、电压不稳、未断电源、高压放电和遭受雷击等。因此,要防止电视机火灾,应采取下列措施。

① 正确摆放电视机。一是确保放置在良好的通风散热环境;二是要防止雨水淋湿和

灰尘侵入;三是不能放置在有汽油、酒精、油漆和液化气等易燃易爆物品的房间内收看,因为电视机产生的高压放电或火花会引燃这些物品。

② 加装过电压保护器。为防止电压不稳造成电视机起火,可给电视机安装一个"全自动保护器",以防由于电压过高或过低使电源变压器"体温"升高,破坏线圈绝缘漆而造成短路起火。

③ 控制收视时间。电视机连续收看时间一般不要超过 6 h。看完电视应关闭电源开关,随手拔下电源插头,以防变压器继续通电蓄积热量。

④ 雷雨天气不使用外接天线收看电视,以防把雷电流引入室内击毁电视机而起火;室外天线应装接地线。

⑤ 收看电视时发现异常,如荧光屏上图像消失、雪花状的光点闪烁或发出耀眼的炽光等,应立即关机,待修复后再使用,以免故障扩大引起火灾爆炸。

(2) 电冰箱的安全使用与防火。电冰箱的问世和使用,给人们的日常生活带来极大的方便,使人们的生活水平大大提高。虽然它内部温度较低,又似乎没有着火源,看起来不会起火爆炸,但现实生活中,电冰箱起火爆炸的事故并不少见。有关资料表明,日本每年发生的电冰箱燃烧爆炸事故有 200 起之多。在我国也有发生,如 1986 年 7 月 20 日晚,南京某大学教师武某家的电冰箱突然发生爆炸,据分析,是由于冰箱冷藏室内存放的一个丁烷气瓶中挥发出丁烷气体,遇到冰箱控制开关产生的电火花而发生爆炸所致。电冰箱要安放在远离热源的通风干燥处,散热不良或潮湿环境会影响电气绝缘,形成短路,引燃周围的可燃物。

① 家庭在使用电冰箱时,绝对不要存放易燃易爆、易挥发的化学物品(如酒精、乙醚、汽油)、丁烷气瓶及摩丝、发胶等含可燃液体的物品。这些物品即使在瓶口封闭和低温条件下也极易挥发,加上电冰箱的电气控制开关是非防爆型的,温度控制采用的是自控系统,当冰箱内温度低于或高于事先所设定的温度值时,电源就会自动接通或断开。在这瞬间开关内的金属触点上会迸发出电火花,其能量足以引起冰箱内的可燃气体爆炸燃烧。

② 如果冰箱电动机在运转过程中停电或拔下电源插头,未过 5 min 又送电或插上插头,制冷系统中的制冷剂就处于高温高压的汽化状态。在这种情况下,电动机负荷过重,甚至不能启动。此时电动机的启动电流可超出正常值的 10 倍,因而容易烧毁电动机,使电冰箱发生起火爆炸事故。由于处于高温高压汽化状态下的制冷剂在制冷系统中需要经过 3~5 min 才能降温降压,所以在电冰箱停止供电后,必须等待 5 min 才能再次接通电源。为了避免操作上的烦琐,给电冰箱安装一个家用电冰箱全自动保护器,是既安全又方便的方法。

(3) 空调器的安全使用与防火。空调器是空气调节器的简称,用于调节室内气温。按其功能可分为两类:一类只能制冷;另一类既能制冷又能制热。空调器的降温原理与电冰箱相似,但换热方式不同,电冰箱是自然对流换热,空调器则是强迫对流换热。空调器虽能给家庭造就舒适的环境,但有的因为设计上存在问题,或零部件质量差,或安装使用不当,也会引起火灾事故。

① 空调器火灾的原因。对多起空调器火灾的分析发现,空调器引发火灾的主要原因有四种。

a. 电容器被击穿引燃空调器。电容器被击穿的主要原因有两个。一是电源电压过高。如果电网电压的波动较大,在用电低潮时,220 V 的电压有时候会超过 250 V,而有些厂家生产的电容器耐电压值不够,处于超负荷工作状态,时间一长就容易被击穿。二是受潮漏电。有的电容器材质不好,受潮后绝缘性能降低,漏电流增大,导致击穿。由于空调器内的隔板和衬垫材料有的具可燃性,电容器被击穿后冒出的高温火花会引燃空调器,进而引发火灾。

b. 风扇电机被卡导致过热起火。空调器内的离心风机和轴流风机在运转过程中,有的因材质不过关出现轴承磨损或风机破裂故障,使风扇电机被卡不转,这时通过风扇电机的电流迅速增大,在没有热保护装置的情况下,电机线圈可能因过热而起火。

c. 安装或使用不当。家用空调通常使用单相 220 V 的电源,电源插头是单相三线插头,有人误以为使用的是 380 V 的三相电源,结果误接起火;按照空调器用电量要求,应使用耐压大于 15 A 的三线插头,忽视了这一点而随意安装一个 5 A 的二线插头,则会导致插头被击穿,引起电源线起火。

d. 密封接线座被击穿。制冷量较大的单相空调器的全封闭压缩机密封接线座可能发生被击穿的事故,如制冷量为 23 000 kJ/h 小的单相窗式空调器,其工作电流高达 17 A,一旦发生击穿事故,冷冻液从全封闭的压缩机机壳内流出,若不及时处理,流到空调器底盘上,遇火源就会起火。

② 空调器防火。空调器防火的措施主要在于正确安装和使用。

a. 要保证电源连接的正确。家用窗式、分体式空调设备通常使用单相 220 V 的电源,千万不能误接到三相电源上,否则就有触电或起火的可能,三线电源插头的一只脚也应保证接地良好。

b. 要保证所用电源线插头的安全额定值不小于规定的要求。电源插头应使用耐压大于 15 A 的三线插头。

c. 空调器制热时,不要让窗帘和其他可燃物靠近空调器,防止其受热着火。

B. 电动器具的安全使用与防火

(1) 洗衣机的安全使用与防火。洗衣机的普遍使用给人们家庭日常生活所带来的便利众所周知。但倘若使用不当,洗衣机也会起火、爆炸,形成灾害,造成恶果,国内外洗衣机发生起火或爆炸的事故也屡见不鲜。

① 洗衣机发生起火或爆炸的原因主要有三种。

a. 用汽油、酒精、苯或香蕉水等易燃液体擦洗油污(斑)的衣服,随即放入洗衣机内。这些易燃液体相对密度较小,不溶于水,易于挥发,在洗衣机内与空气混合,形成爆炸性混合气体,遇火源就会爆炸起火。

b. 如果洗衣机内一次投入洗涤的衣服量过大,或是绳、带、发夹等小物件卡住洗衣机波轮,都会使电机超负荷运转,甚至停止转动。由此电机线圈通过的电流会迅速增大,一段时间后,会造成电机线圈过热,发生短路而起火。

c. 洗衣机在洗衣物时的火种主要来源于三个方面:一是洗衣机的定时器;二是洗衣机的联锁开关;三是洗衣机的传动皮带。电机转动时,皮带与皮带轮之间会因快速摩擦而产生静电。上述电火花和静电都是能够引起洗衣机发生起火或爆炸的火种。

② 洗衣机的安全使用与防火要注意七个方面。

a. 凡是刚用汽油、苯、酒精、香蕉水等易燃液体洗刷过的衣物,绝不能马上放入洗衣机洗涤,应先晾晒,待易燃液体挥发完后,才可放入洗衣机,以免易燃液体蒸气遇到洗衣机电路上的微小电气火花,而导致爆炸或起火。

b. 一次放入洗衣机内的衣物不能超过该机规定的洗衣重量,并应首先处理好衣物上的绳、带和小物件,防止电机超负荷运转或被卡住停转,导致电机线圈过热,发生短路故障而起火。

c. 常检查洗衣机电源引线的绝缘材料是否完好,若磨损老化,产生裂纹,应及时更换。

d. 常检查洗衣机波轮轴是否漏水,倘若漏水顺着皮带注入电机内部就会造成线圈短路。发现漏水应停止使用,及时修理。

e. 机内导线接头接好后,要进行绝缘处置,最好采用胶封。线路、插头应按规定安装,不使用时,应切断电流。

f. 洗衣机应放在通风散热良好、清洁防潮的地方,以免电气线路受潮。在使用时,也要防止桶内水或洗涤剂泡沫外溢。

g. 接通电源后电机不转,仅发出"嗡嗡"声响时,应立即断电清除故障。电机被卡时,要断电进行检修。

(2) 电风扇的安全使用与防火。家用电风扇的种类较多,有台式电扇、落地电扇、吊扇、排风扇等。电风扇的普及和使用大大改善了人们的生活条件。电风扇作为一种耐用的家用电器,其火灾危险性比其他家用电器要小,只要使用维护得当,一般是不会发生危险的。但倘若违反安全规定,使用不善,仍有可能引起火灾或触电事故。

① 电风扇引发火灾和触电事故的原因主要有六种。

a. 电机线圈温升过高。如电风扇主部件是电动机,在运转过程中有时出现故障卡壳、电机线阻短路、电机轴承损坏、缺少润滑剂等,都会造成电机温升过高,电机线圈冒烟起火。

b. 电源电压不稳。使用中的电风扇突然遇到电压超过或低于工作电压值时,电机线圈容易因过热被烧毁,同时迸发出火星。

c. 受潮污损。电机线圈一旦进水或受潮,绝缘性能便大大降低,容易产生短路而烧毁;电扇长时间使用,如不及时添加润滑油,转速会大大减小,甚至转不动,从而使线圈过热烧毁。

d. 接头松动、电线老化。电扇各部位的电气元件、电线接头如果连接不紧,会因接触电阻过大而产生高温引起火灾;电线老化会导致绝缘层破损,容易出现短路起火现象。

e. 在危险环境使用。如在存放油漆、酒精、香蕉水、汽油等易燃易爆物品的房间内使用电扇,极可能引起爆炸性混合气体发生爆炸。

f. 接地不良。电扇使用过程中,如果接地线接触不良,一旦漏电,往往会导致触电事故发生。

② 电风扇火灾、触电事故预防要注意五个方面。

a. 严格控制电风扇的使用时间。电风扇长时间运转时，中间应关机休息一会儿；人若离家外出，必须关闭电风扇；使用中突然停电时，应立即关掉电风扇，以防无人时突然来电，造成电风扇长时间运转而电机过热起火。

b. 每年启用电风扇时，应向电机加油孔中加注机油，使转动摩擦部位保持润滑，不致产生高温。平时要经常用干净抹布擦拭电机，除去附着在外壳上的灰尘。

c. 使用中不使电机进水受潮，不在有易燃易爆物品的场所使用。选择平稳牢固的位置摆放电风扇，防止碰倒损坏风扇叶片和电机。

d. 必须使用三芯插头，保证外壳有良好的接地，防止发生触电事故。

e. 电风扇运转时，如出现转速减慢、有焦煳味、冒黑烟和外壳"麻手"等不正常现象时，应立即拔掉电源插头，送至电器维修部检查修理。

C. 电热器具的安全使用与防火

电热器具主要有电热工具、取暖器具和电熨斗、电热毯、电炉、电饭煲等电热炊具等。它们是靠电流通过导体时产生的热量来实现加热的，因此，电热器具一般功率较大，产生的温度较高，如果使用不当，容易引起火灾。

（1）电热毯的安全使用与防火。电热毯是一种将电能转换为热能的取暖电器，冬季主要为家庭所用。由于制造电热毯所用的材料是电热丝和普通棉纺织品，在使用过程中，如违反了安全使用要求，忽视了安全使用事项，或因产品低劣等原因，也会导致火灾事故的发生。因此，要安全使用电热毯，预防其火灾事故的发生，必须做到九点。

① 电热毯应选购国家质量检验部门检验合格的产品，并注意电热毯额定电压的大小，如果不是220 V，须经变压器变压后方能使用。

② 敷设直线型电热线的电热毯，不能在沙发床、钢丝床、弹簧床、席梦思等伸缩性较大的床上使用；敷设螺旋型电热丝的电热毯，由于抗拉力强，抗折叠性能好，可用于各种床铺。

③ 电热毯必须平铺在床单或薄的褥子下面，绝不能折叠使用。折叠使用时，一是容易增大电热毯的热效应，造成电热毯散热不良，温度升高，烧坏电热线的绝热层而引起燃烧；二是容易造成电热线折断，损坏电热毯。

④ 大多数电热毯接通电源30 min后温度就可上升到38℃左右，这时应将调温开关拨至低温档，或关掉电热毯，否则温度会继续升高，长时间加热，就有可能使电热毯的外包棉布碳化起火。

⑤ 不得将电热毯铺在有尖锐突起物的物体上使用，也不能直接铺在砂石地面上使用，更不能让小孩在铺有电热毯的床上蹦跳，以免损坏电热线。

⑥ 电热毯在使用和收存过程中，应尽量避免在固定位置反复折叠打开，以防电热线因过度折叠而断裂，通电时产生火花引起火灾。

⑦ 被尿湿或弄脏的电热毯，不能用手揉搓洗涤，否则会损坏电热线的绝缘层或折断电热线。应采用软毛刷蘸水刷洗，待晾干后方能使用。最好是在电热毯外面罩一层布，脏时取下布罩清洗。

⑧ 离家外出或停电时，必须拔下电源线插头，以防电热毯开关失灵或来电后酿成意外事故。

⑨ 电热毯的平均使用寿命为 5 年左右。使用中若出现不热或时热时不热、开关失灵、电热线折断等故障,应送到厂家或家用电器维修店检修。修好后的电热毯,最好能通电观察 2~3 h 后再用。

（2）电熨斗的安全使用与防火。电熨斗是家庭用来熨烫衣物的电热器具,普通型电熨斗结构比较简单,主要由金属底板、外壳、发热芯子、压铁、手柄和电流引线等组成。一般情况下,电熨斗通电 8~12 min 温度就能升达 200℃,继续通电则温度可升至 400~500℃,大大超过了棉麻和木材等可燃物质的燃点,很容易引起火灾。

① 电熨斗引起火灾的主要原因主要有两个。

a. 忘了拔电源插头。电熨斗在熨烫衣物时突遇停电,在没有拔下电源插头或忘拔电源插头的情况下便离开去做其他事了,结果(包括来电后)电熨斗长时间通电发热,致使衣物碳化起火。

b. 麻痹大意,不懂常识。一是有的人将通电发热的电熨斗直接放在木桌台上的砖块或金属板上,热量便经砖块或金属板传至木桌台上,从而引发火灾;二是将刚用完的电熨斗随手放入可燃的盒箱或抽屉之中,忽视了电熨斗的余热,同样会引起火灾。

② 电熨斗火灾预防要注意四个方面。

a. 选购合适的电熨斗。购买电熨斗时要根据家中电度表的容量合理选择,一般 2.5 A 的电度表,应选用 300 W 以下的电熨斗;3 A 的电度表,可选用 500 W 的电熨斗。切不可盲目使用大功率的电熨斗,否则就有可能烧坏电度表或使电源线路过载起火。

b. 制作安全保险的熨斗支架。熨烫衣物时,电熨斗时熨时放,容易有随手乱放的举动。为此,可采用不燃隔热材料制作一个带撑脚的电熨斗支架,使电熨斗离开台面约 0.2 m。熨烫过程中,若间歇性停用时,应将电熨斗搁置在支架上,不能直接放在木板或其他可燃物上。

c. 使用中谨慎操作。熨烫衣物时要掌握好电熨斗的温度,如发现过热应及时拔下电源插头。使用中突然停电时,更应及时拔下插头。

d. 待放凉后再收藏。电熨斗使用完后,要将其放置在远离可燃物的安全处,等温度降至用手摸不感觉热时,方可将电源引线轻松地缠绕于手柄处,放到干燥的地方保存,不能立即放在木箱或纸箱内,因为余热也能将可燃物引燃。

（3）电热水杯(壶)的安全使用与防火。电热水杯(壶)是底部内藏电热丝的电热饮水器具,使用 220 V 的交流电源,电功率一般都在 300 W 以上,接通电源后几分钟就能加热杯(壶)中的液体,常温下 10 min 左右即能煮沸一杯(壶)水。它给人们的生活带来便利,但电热杯如果使用不当极有可能引发火灾。安全使用电热杯(壶)的方法,概括起来就是要做到"五不能"。

a. 接通电源后要守着,不能去做别的事情。如果使用中突遇停电,一定要及时拔下电源插头。

b. 不能让电热杯(壶)中的液体沸腾后溢出,否则容易破坏绝缘,造成短路。一旦插头被弄湿了,要擦干后再使用。

c. 不能将电热杯(壶)泡在水中洗刷,以防杯(壶)内安装电热丝的部位进水,使电热杯(壶)绝缘性能下降,引起短路或人身触电事故。

d. 不能给无水的电热杯(壶)直接通电,也不要将手指伸进杯(壶)中试水温,或触摸杯(壶)的金属外壳,应先切断电源,谨防漏电造成触电事故。

e. 不能让刚使用过的电热杯(壶)干燥,应立即向杯(壶)内注入凉水,因为此时杯(壶)内温度还较高,电热余热尚未散发殆尽。

(三)家庭防火常识寄语

最后,让我们用"家庭防火常识寄语"(图4-1)总结一下居住建筑防火常识。

(a) 教育孩子不玩火,不玩弄电器设备

(b) 不乱丢烟头,不在床上吸烟

(c) 不乱接拉电线,电路熔断器切勿用铜、铁丝代替

(d) 明火照明时不离人,不要用明火照明寻找物品

(e) 炉灶附近不放置可燃易燃物品,炉灰完全熄灭后再倾倒,草垛应远离房屋

(f) 离家或出门前要检查用电器具是否断电、煤气阀是否关闭、明火是否熄灭

图 4-1　家庭防火常识寄语

(g) 利用电器或灶具取暖、烘烤衣服,要注意安全

(h) 不能随意倾倒液化气残液

(i) 发现沼气泄漏,要迅速关闭气源阀门,打开门窗通风,并迅速通知专业维修部门来处理,切勿触动电器开关和使用明火

(j) 家中不可存放超过 0.5 L 的汽油、酒精、香蕉水等易燃易爆物品

(k) 切勿在走廊、楼梯口等走道堆放杂物,要保证通道和安全出口的畅通

(l) 不在禁放区及楼道、阳台、柴草垛等地燃放烟花爆竹

图 4-1 家庭防火常识寄语(续)

图片来源:诸德志.火灾预防与火场逃生[M].南京:东南大学出版社,2013.

第五章 公共建筑火灾特点与预防

第一节 宾馆饭店火灾的预防

宾馆饭店是以建筑物为凭借,主要通过客房、餐饮、娱乐等设施及与之有关的多种服务项目,向客人提供服务的一种专门场所。换言之,宾馆、饭店就是利用空间设备、场所和一定的消费物质资料,通过接待服务来满足宾客住宿、饮食、娱乐、健身、会议、购物、消遣等需要而取得经济效益和社会效益的一个经济实体,是集餐厅、咖啡厅、歌舞厅、展览厅、会堂、客房、大型商场、办公室和库房、洗衣房、锅炉房、停车场等辅助用房为一体的综合性公共建筑。在我国,由于地域和习惯上的差异,有"饭店""酒店""宾馆""大厦""旅馆""度假村""休闲山庄"等多种不同的叫法。目前,我国也出现了拥有同一品牌和优质服务的经济型连锁酒店以及集住宅、酒店、会所和写字楼等多种功能于一体的酒店式公寓。宾馆、饭店的多功能性决定了用房配置和各种设施配置的复杂性,一座大型的高级宾馆具有现代化生活和商务办公所必需的所有完善服务,设置了各种生活服务设施和办公自动化设备,可称之为"城中之城"。

宾馆、饭店作为一个浓缩的"小社会",人员密集,用火用电频繁,内部装饰装修、陈设、家具等多为可燃材料,潜伏着较大的火灾风险,火灾时的扑救和疏散极为困难,一旦处置不当,极易造成群死群伤和巨大的经济损失。

一、宾馆饭店火灾特点

(一)易燃、可燃材料被大量使用

现代化的宾馆、饭店室内装修标准高,大量的装饰、装修材料和家具、陈设大都采用木材、塑料以及棉、麻、丝、毛等可燃材料,建筑的火灾荷载较大。在日常的运作过程中还存在可燃液体、易燃易爆气体燃料及生活、办公用品等可燃物,在装修过程中还使用化学涂料、油漆等物品,一旦发生火灾,这些材料燃烧猛烈,在燃烧的同时还释放大量有毒气体,给人员疏散和火灾扑救工作带来很大困难。

（二）易产生"烟囱效应"

现代化的宾馆、饭店,大多都是高层建筑,其楼梯间、电梯井、电缆井、垃圾道等竖井林立,如同一座座大烟囱,且通风管道纵横交错,一旦发生火灾,极易产生"烟囱效应",火焰沿着竖井和通风管道迅速蔓延、扩大。

（三）消防安全常识缺乏

在众多的经营者头脑中,效益是最重要的,轻视防火安全的现象仍然不同程度地存在,有些还相当严重。有些酒店的服务员甚至连起码的火灾报警和灭火器材使用常识都不懂,出现火情后自身都难保,根本谈不上救灾灭火。

（四）疏散困难,易造成重大伤亡

宾馆、饭店属于典型的人员密集场所,且大多是暂住的旅客,人员出入频繁、流动性大。大多数顾客对建筑物内部的空间环境、疏散路径不熟悉,对消防设施设备的配置状况不熟悉,特别是外地和异国人员,处置初期火灾和疏散逃生的能力差,加之发生火灾时烟雾弥漫,逃生者心情紧张,极易迷失方向,拥塞在通道上,造成秩序混乱,给疏散和施救工作带来困难,往往会造成重大伤亡。

【案例5-1】 1996年7月17日18时50分,广东深圳市端溪酒店火灾造成30人死亡、13人受伤,烧毁建筑65 m²、影碟机及其他物品一批,直接经济损失13万余元。

【案例5-2】 2005年2月2日17时58分左右,哈尔滨市道外区靖宇街天潭酒店发生特大火灾事故,造成33人死亡,10人受伤。

（五）产生火灾的因素众多

宾馆、饭店用火、用电、用气设备点多量大,如果疏于管理或违章作业极易引发火灾。厨房、操作间、锅炉房等部位是用火、用气的密集区,液体、气体燃料泄漏、用火不慎或油锅过热都会引发火灾;空调、电视、计算机、复印机、电热水壶等用电设备会因为设备故障、线路故障或使用不当而引发火灾;一些宾馆、饭店管理人员和住店人员的消防安全意识薄弱,"人走灯不熄,火未灭,电不断"的现象大有存在,私拉乱接电线、随意用火、卧床吸烟、乱丢烟头等也是导致火灾的常见原因。宾馆、饭店火灾案例表明,火灾原因主要包括:旅客卧床吸烟、乱丢烟头;厨房用火不慎和油锅过热起火;维修设备和装修施工违章动火;电气火灾等。易发生火灾的部位是厨房、客房、餐厅及设备机房等。

二、宾馆饭店火灾预防

（一）宾馆饭店消防安全技术要求

1. 建筑耐火等级和消防安全布局
（1）根据现行国家建筑设计防火规范的有关规定,一类及二类高层建筑的宾馆饭店,其耐火等级应分别为一级和不低于二级,其他建筑的宾馆饭店的耐火等级不应低于二级,确有困难时,可采用三级耐火等级,但需采取必要的防火措施,不应采用四级耐火等级的建筑。

(2) 高层宾馆饭店的观众厅、会议厅、多功能厅等人员密集场所应设置在建筑的首层、二层或三层,当设置在其他楼层时,应符合下列规定:

① 一个厅、室的建筑面积不宜超过 400 m²,且安全出口不应少于两个;

② 必须设火灾自动报警系统和自动喷水灭火系统;

③ 幕布和窗帘应采用经阻燃处理的织物。

(3) 歌舞厅、卡拉 OK 厅(含具有卡拉 OK 功能的餐厅)、夜总会、录像厅、放映厅、桑拿浴室(除洗浴部分外)、游艺厅(含电子游艺厅)、网吧等歌舞娱乐放映游艺场所,应设置在首层、二层或三层,宜靠外墙部位,不应布置在袋形走道两侧或尽端;并应采用耐火极限不低于 2 h 的不燃烧体隔墙和 1 h 的不燃烧体楼板与其他场所(或部位)隔开,厅、室的疏散门应设置乙级防火门。当防火门必须设置在其他楼层时,还应符合下列规定:

① 不应布置在地下二层及二层以下,当布置在地下一层时,地下一层地面与室外出入口地坪的高差不应大于 10 m;

② 一个厅、室的建筑面积不应大于 20 m²,且出口不应少于两个,当建筑面积小于 50 m² 时,可设 1 个出口;

③ 应设置火灾自动报警系统和自动喷水灭火系统;

④ 应设置防烟与排烟设施。

在多层公共建筑中,当上述场所必须布置在袋形走道两侧或尽端时,最远房间的疏散门至最近安全出口的距离不应大于 9 m。

宾馆饭店建筑的建筑结构、总平面布局等还应符合现行国家标准《建筑设计防火规范》的有关规定。

2. 安全疏散

(1) 宾馆饭店建筑的安全出口的数目不应少于两个,但符合下列三项要求的可仅设一个。

① 一个房间的面积不超过 60 m²,且人数不超过 50 人时,可设一个门;位于走道尽端的房间内由最远点到房门口的直线距离不超过 14 m,且人数不超过 80 人时,可设一个向外开启、净宽不小于 1.4 m 的门。

② 单层建筑如面积不超过 200 m²,且人数不超过 50 人时,可设一个直通室外的安全出口。

③ 建筑层数不超过三层、每层建筑面积不超过 500 m²、第二层和第三层人数之和不超过 100 人时,可设 1 个疏散楼梯。

(2) 宾馆饭店的安全出口或疏散出口应分散布置,相邻两个安全出口或疏散出口最近边缘之间的水平距离不应小于 5 m。

(3) 疏散用的门不应使用侧拉门、转门、吊装门和卷帘门,公共场所的疏散门应当采用消防安全推门、门禁系统等先进的安全疏散设施。人员密集场所的疏散门不应设置门槛,紧靠门口 1.4 m 内不应设置踏步。

（4）宾馆饭店建筑内疏散楼梯、走道的净宽应根据《建筑设计防火规范》规定的有关疏散宽度指标和实际疏散人数计算确定;单层、多层民用建筑的宾馆饭店,其楼梯和走道最小净宽不应小于 1.1 m;高层民用建筑的宾馆饭店,其楼梯最小净宽不应小于 1.2 m。

（5）疏散通道、疏散楼梯、安全出口处以及房间的外窗不应设置影响消防安全疏散和应急救援的固定栅栏、广告牌等障碍物。

（6）宾馆饭店建筑的疏散楼梯间应采用封闭楼梯间、防烟楼梯间或室外疏散楼梯。

① 下列宾馆饭店建筑应设置封闭楼梯间:

a. 超过 5 层的公共建筑;

b. 设有歌舞、娱乐、放映、游艺场所,且超过 3 层的地上建筑;

c. 建筑高度不超过 32 m 的二类高层民用建筑或高层民用建筑裙房;

d. 其他应设置封闭楼梯间的建筑;

② 下列宾馆饭店建筑应设置防烟楼梯间:

a. 一类高层民用建筑或建筑高度超过 32 m 的建筑;

b. 底层地坪与室外出入口高差大于 10 m 的地下建筑;

c. 其他应设置防烟楼梯间的建筑。

高层民用建筑分类按《建筑设计防火规范》标准确定。

③ 封闭楼梯间、防烟楼梯间的设置应符合《建筑设计防火规范》和《人民防空工程设计防火规范》中的有关要求。

（7）高层民用建筑封闭楼梯间、防烟楼梯间的门应采用不低于乙级的防火门,并应向疏散方向开启,多层民用建筑内封闭楼梯间可采用双向弹簧门。

（8）地下、半地下室与地上层不应共用楼梯间,当必须共用楼梯间时,应在首层与地下或半地下层的出入口处,设置耐火极限不低于 2 h 的隔断和乙级防火门隔开,并应有明显标志。

（9）楼梯间的首层应设置直接对外的出口。

3. 建筑内部装修

（1）建筑内部装修不应遮挡消防设施、疏散指示标志及安全出口,不应减少安全出口、疏散出口和疏散走道的设计所需的净宽度和数量,并且不应妨碍消防设施和疏散走道的正常使用。

（2）地上建筑的水平疏散走道和安全出口的门厅,其顶棚材料应采用不燃材料装修,其他部位应采用难燃性以上的材料装修。

（3）消防水泵房、排烟机房、固定灭火系统钢瓶间、配电室、变压器室、通风和空调机房等,其内部所有装修均应采用不燃材料。

（4）当歌舞厅、卡拉 OK 厅（含具有卡拉 OK 功能的餐厅）、夜总会、录像厅、放映厅、桑拿浴室、游艺厅、网吧等歌舞、娱乐、放映游艺场所,设置在一、二级耐火等级建筑的四层及四层以上时,室内装修的顶棚材料应采用不燃材料,其他部位应采用难燃性以上的材料装修;当设置在地下一层时,室内装修的顶棚、墙面材料应采用不燃材料,其他部位应采用难燃性以上的材料装修。

（5）宾馆饭店建筑地下部分的办公室、客房、公共活动用房等，其顶棚材料应采用不燃材料装修，其他部位应采用难燃性以上的材料装修。宾馆饭店的建筑内部装修还应当符合《建筑内部装修设计防火规范》（GB/T 50222—2017）、《建筑内部装修防火施工和验收规范》（GB/T 50354—2005）的相关要求。

4. 建筑消防设施

宾馆饭店建筑的消防设施通常主要包括室内外消火栓系统、自动喷水灭火系统、火灾自动报警系统及防排烟系统等。

A. 消火栓

宾馆饭店应按照《建筑设计防火规范》和《人民防空工程设计防火规范》中的有关要求设置室内外消防用水。

（1）室外消火栓布置间距不应大于 120 m，距路边距离不应大于 2 m，距建筑外墙不宜大于 5 m。

（2）下列宾馆饭店建筑应设置室内消火栓：

① 超过 5 层或体积＞5 000 m³ 的建筑；

② 高层民用建筑。

B. 自动喷水灭火系统

下列宾馆饭店建筑应设置自动喷水灭火系统：

（1）任一楼层建筑面积＞1 500 m²，或总建筑面积＞3 000 m² 的单层、多层建筑；

（2）设在高层民用建筑及其裙房内的宾馆饭店和建筑面积＞200 m² 的可燃物品库房。

自动喷水灭火系统的设置应符合《自动喷水灭火系统设计规范》（GB/T 50084—2017）中的有关要求。

C. 火灾自动报警系统

下列宾馆饭店建筑应设置火灾自动报警系统：

（1）任一楼层建筑面积＞1 500 m² 或总建筑面积＞3 000 m² 的单层、多层建筑；

（2）设在一类高层民用建筑内的宾馆饭店，设在二类高层民用建筑内且建筑面积＞500 m² 的宾馆饭店。

火灾自动报警系统的设置应符合《火灾自动报警系统设计规范》（GB/T 50116—2013）中的有关要求。

D. 防排烟系统

（1）下列宾馆饭店建筑应设置防排烟系统：

① 设在高层民用建筑及其裙房内的宾馆饭店；

② 多层建筑的宾馆饭店中经常有人停留或可燃物较多，且面积大于 300 m² 的地上房间及长度大于 20 m 的走道；

③ 地下建筑。

（2）防排烟系统要注意以下两点：

① 不应设置影响宾馆饭店自然排烟的室内外广告牌等；

② 不超过 6 m 净高的宾馆饭店应划分 500 m² 的防烟分区，每个防烟分区均应设有排烟口，排烟口距离最远点的水平距离不应超过 30 m。

防排烟系统的设置应符合《建筑设计防火规范》和《人民防空工程设计防火规范》中的有关要求。

E. 火灾应急照明

(1) 宾馆饭店建筑的下列部位应设有火灾应急照明：

① 封闭楼梯间、防烟楼梯间及其前室、消防电梯间及其前室或合用前室；

② 设有封闭楼梯间或防烟楼梯间建筑的疏散走道及其转角处；

③ 多功能厅、餐厅、营业厅等人员密集场所；

④ 消防控制室、自备发电机房、消防水泵房以及发生火灾时仍需坚持工作的其他房间。

(2) 火灾应急照明的设置应符合下列要求：

① 火灾应急照明灯宜设置在墙面或顶棚上，地上部位应急照明的照度不应低于 0.5 lx，地下部位不应低于 5.0 lx，发生火灾时仍需坚持工作的房间应保持正常的照度；

② 火灾应急照明灯应设玻璃或其他非燃烧材料制作的保护罩；

③ 火灾应急照明灯可采用蓄电池作备用电源，其连续供电时间不应少于 30 min；

④ 正常电源断电后，火灾应急照明电源转换时间应不大于 15 s。

F. 疏散指示标志

(1) 宾馆饭店建筑的下列部位应设置灯光疏散指示标志：安全出口或疏散出口的上方，疏散走道。

(2) 疏散指示标志的设置应符合五个要求。

① 疏散指示标志的方向指示标志图形应指向最近的疏散出口或安全出口；在两个疏散出口、安全出口之间应设置带双向箭头的诱导标志，疏散通道拐弯处以及"丁"字形、"十"字形路口处应增设疏散指示标志。

② 设置在安全出口或疏散出口上方的疏散指示标志，其下边缘距门的上边缘不宜大于 0.3 m。

③ 设置在墙面上的疏散指示标志，标志中心线距室内地坪不应大于 1 m（不易安装的部位可安装在上部），走道灯光疏散指示标志间距不应大于 20 m（设置在地下建筑内，不应大于 15 m）。

④ 灯光疏散指示标志应设玻璃或其他不燃烧材料制作的保护罩。

⑤ 灯光疏散指示标志可采用蓄电池作备用电源，其连续供电时间不应少于 30 min；工作电源断电后，应能自动接合备用电源。

(3) 宾馆饭店的每个楼层应在电梯口、出入口或其他醒目位置设置安全疏散指示示意图，指引火灾状况下人员的疏散逃生方向。

G. 灭火器

灭火器的选择应符合下列要求：

(1) 扑救 A 类(固体)火灾应选用水型、泡沫、磷酸铵盐干粉灭火器；

（2）扑救 B 类（液体）火灾应选用干粉（磷酸铵盐或碳酸盐干粉，下同）、泡沫、二氧化碳型灭火器，扑救极性溶剂 B 类火灾不得选用化学泡沫灭火器；

（3）扑救 C 类（气体）火灾应选用干粉、二氧化碳型灭火器；

（4）扑救带电火灾应选用二氧化碳、干粉型灭火器；

（5）扑救 A、B、C 类火灾和带电火灾应选用磷酸铵盐干粉；

（6）扑救 D 类（金属）火灾的灭火器材应由设计单位和当地公安消防机构协商解决；

（7）一个灭火器设置点的灭火器不应少于 2 具，每个设置点的灭火器不宜多于 5 具；

（8）手提式灭火器宜设置在挂钩、托架上或灭火器箱内，其顶部离地面高度应小于 1.5 m，底部离地面高度不应小于 0.15 m。

宾馆饭店灭火器的配置应符合现行国家标准《建筑灭火器配置设计规范》（GB/T 50140—2005）中的有关要求。

（二）宾馆饭店消防安全管理要求

宾馆饭店属于人员密集场所之一，人员流动频繁，可燃装修材料较多，用火、用电、用气设备等火灾因素较多，倘若发生火灾，不仅不易扑救，而且极易造成人身伤亡及财产重大损失，多年来，一直是消防安全管理的重要单位。凡是客房数为 50 间以上的宾馆饭店都属于消防安全重点单位，必须加以严格的管理。

根据《消防法》的规定，凡宾馆饭店内有新建、改建、扩建或者变更用途、重新进行内部装修的工程，宾馆饭店应当依法将消防设计图纸报送当地公安消防机构审核，经审核合格后方可施工。工程竣工后，必须经公安消防机构进行消防验收，验收合格后，应向公安消防机构申报消防安全检查，经消防安全检查合格后，方可投入使用或开业。

1. 消防安全责任

（1）宾馆饭店的法定代表人或主要负责人为本单位的消防安全责任人，对单位的消防安全工作全面负责。

（2）属于消防安全重点单位的宾馆饭店应当设置或者确定消防工作归口管理职能部门，并确定专、兼职消防安全管理人员。

（3）应当建立消防安全管理体系，落实逐级消防安全责任制和岗位消防安全责任制，明确逐级和岗位消防安全职责、权限，确定各级、各岗位的消防安全责任人。

（4）实行承包、租赁或委托经营、管理时，产权单位应提供符合消防安全要求的建筑物，当事人在订立的合同中依照有关规定明确各方的消防安全责任，承包、承租或者受委托经营、管理的单位应当在其使用、管理范围内履行消防安全职责。

（5）消防车通道、涉及公共消防安全的疏散设施和其他建筑消防设施应当由产权单位或者委托管理的单位统一管理。

（6）两个以上产权单位或产权人合作经营的场所，各产权单位或产权人应明确管理责任，可委托统一管理。

2. 消防安全重点部位

（1）宾馆应将下列部位确定为消防安全重点部位：

① 容易发生火灾的部位,主要有娱乐中心、多功能厅、宿舍楼、锅炉房、木工间等;

② 一旦发生火灾可能严重危及人身和财产安全的部位,主要有客房、员工宿舍、会议室、贵重设备工作室、档案室、微机中心、财会室等;

③ 对消防安全有重大影响的部位,主要有消防控制室、配电间、消防水泵房等。

(2) 消防安全重点部位应设置明显的防火标志,标明"消防安全重点部位"和"防火责任人",落实相应管理规定,并实行严格管理。

(3) 宾馆饭店应至少每半年对厨房油烟道进行一次清洗,燃油燃气管道应经常检查和保养。营业面积大于 500 m² 的餐饮场所,其烹饪操作间的排油烟罩及烹饪部位宜设置自动灭火装置,且宜在燃气或燃油管道上设置紧急自动切断装置。

3. 电气防火管理

宾馆饭店的电气设备种类繁多,一般含有厨房专用设备、洗衣设备、电梯、自动扶梯、小型家用电器及自动化办公设备等,用电量大,电负荷变化频繁,如果管理使用不当,则引发火灾的可能性较大。因此,电气线路、电气设备的安装、使用和维护必须做到四个方面。

(1) 电器设备和线路敷设应由具有电工资格的专业人员负责安装和维修,进行电焊、气焊等具有火灾危险的作业人员必须持证上岗并严格遵守消防安全操作规程。每年应对电气线路和设备进行安全性能检查,必要时可委托专业机构进行电气消防安全检测。

(2) 防爆、防潮、防尘的部位安装电气设备应符合安全要求。湿气较大的地方应采用防潮灯具。

(3) 电气线路敷设、设备安装要满足六项防火要求。

① 明敷塑料导线应穿管或加线槽保护,敷设在有可燃物的闷顶内的电气线路应采取穿金属管、封闭式金属线槽或阻燃塑料管等保护措施,导线不应裸露,并应留有 1 至 2 处检修孔;电气线路不得穿越通风管道内腔或敷设在通风管道外壁上;电力电缆线不应与输送甲、乙、丙类火灾危险性液体管道、可燃气体管道、热力管道敷设在同一管沟内;慎用铝芯导线,用电负荷大的电气设备应选用铜芯导线。

② 配电箱的壳体和底板宜采用不燃性材料制作,配电箱不应安装在可燃和易燃的装修材料上。

③ 开关、插座应安装在难燃或不燃性材料上。

④ 照明、电热器等设备的高温部位靠近非不燃材料或导线穿越可燃和易燃装修材料时,应采用不燃性材料隔热。

⑤ 多功能厅、餐厅或其他厅空中布置场景、灯光和其他用电设备时,要核实供电回路的最大允许负荷,严禁擅自增设电气设备过载引发火灾。

⑥ 不应用铜线、铝线代替保险丝。

(4) 电气防火管理要满足四项要求。

① 电气线路改造等应办理内部审批手续,不得私拉乱接电气设备。

② 未经允许,不得在客房、宿舍、娱乐中心等场所使用具有火灾危险的电热器具、高热灯具。

③ 电器产品、灯具的质量必须符合国家标准或者行业标准。

④ 不使用的电器设备应及时切断电源。

4. 用火管理

宾馆饭店应加强用火管理,并采取三项措施。

(1) 严格执行动火审批制度,落实现场监护人和防范措施。

(2) 固定用火场所应有专人负责。

(3) 客房、宿舍、娱乐中心等场所禁止使用蜡烛等明火照明。

5. 安全疏散设施管理

宾馆饭店应落实好六项安全疏散设施管理措施。

(1) 防火门、防火卷帘、疏散指示标志、火灾应急照明、火灾应急广播等设施应设置齐全、完好有效。

(2) 宾馆饭店的楼层内应设辅助疏散设施,房间内应设应急手电筒、防烟面具等逃生器材。

(3) 应在客房、娱乐中心等处的明显位置设置楼层平面和安全疏散方位与路线示意图,在常闭防火门上设有指示文字和符号。

(4) 保持疏散通道、安全出口畅通,禁止占用疏散通道,不应遮挡、覆盖疏散指示标志。

(5) 营业期间禁止将安全出口上锁,禁止在安全出口、疏散通道上安装栅栏等影响疏散和灭火救援的障碍物。

(6) 首层和楼层中的公共疏散门宜设置推闩式外开门或电磁门。

6. 建筑消防设施、器材管理

宾馆饭店应加强建筑消防设施、灭火器材的日常管理,保证建筑消防设施、灭火器材配置齐全,并能正常工作。设有自动消防设施的场所应建立维护保养制度,确定专职人员维护保养,或委托具有消防设施维护保养能力的中介机构进行消防设施维护保养,并与受委托中介机构签订合同,在合同中确定维护保养内容。维护保养应当保留记录。

宾馆饭店应根据实际情况与消防设施的特点,制定符合实际的使用标志,指定人员根据消防设施的状态及时调整标志,并进行记录。同时应采取措施确保标志的完好,不应因时间及责任人员的变动导致标志的损毁、迁移。消防设施所使用的标志分为"使用""故障""检修""停用"四类。

A. 消防控制室管理

(1) 消防控制室应制定消防控制室日常管理、值班员职责、接处警操作规程等工作制度,并应当实行每日 24 小时专人值班制度,确保及时发现并准确处置火灾和故障报警。消防控制室值班人员应当经消防专业培训、考试合格后持证上岗。

(2) 消防控制室值班人员应当在岗在位,认真记录控制器日运行情况,每日检查火灾报警控制器的自检、消音、复位功能以及主备电源切换功能,并按规定填写记录相关内容。

(3) 正常工作状态下,报警联动控制设备应处于自动控制状态;若设置在手动控制状态,应有确保火灾报警探测器报警后,能迅速确认火警并将手动控制转换为自动控制的措施,但严禁将自动喷水灭火系统和联动控制的防火卷帘等防火分隔设施设置在手动控制状态。

B. 消火栓系统管理

消火栓系统管理应达到下列要求:

(1) 消火栓不应被遮挡、圈占、埋压;

(2) 消火栓应有明显标志;

(3) 消火栓箱不应上锁,消火栓箱内配器材配置齐全,系统应保持正常工作状态。

C. 火灾自动报警系统管理

火灾自动报警系统管理应达到下列要求:

(1) 探测器等报警设备不应被遮挡、拆除;

(2) 不得擅自关闭系统,维护时应落实安全措施;

(3) 应由具备上岗资格的专门人员操作;

(4) 定期进行测试和维护;

(5) 系统应保持正常工作状态。

D. 自动喷水灭火系统管理

自动喷水灭火系统管理应达到下列要求:

(1) 洒水喷头不应被遮挡、拆除;

(2) 报警阀、末端试水装置应有明显标志,并便于操作;

(3) 定期进行测试和维护;

(4) 系统应保持正常工作状态。

E. 灭火器管理

(1) 对灭火器应加强日常管理和维护,建立维护、管理档案,记明类型、数量、部位、充装记录和维护管理责任人。

(2) 灭火器应保持铭牌完整清晰,保险销和铅封完好,应避免日光暴晒和强辐射热等环境影响。灭火器应放置在不影响疏散、便于取用的明显部位,并摆放稳固,不应挪作他用、埋压或将灭火器箱锁闭。

7. 防火检查

宾馆饭店应对执行消防安全制度和落实消防安全管理措施的情况进行巡查和检查,落实巡查、检查人员,填写巡查、检查记录。检查前,应确定检查人员、部位、内容。检查后,检查人员、被检查部门的负责人应在检查记录上签字,存入单位消防档案。

防火巡查、检查人员应当及时纠正违章行为,妥善处置火灾危险,无法当场处置的,应当立即报告。发现初期火灾应当立即报警并及时扑救。

(1) 在营业期间的防火巡查应当至少每2小时一次;住宿顾客退房后、娱乐场所营业结束时应当对客房和营业场所进行检查,消除隐患。

宾馆饭店应根据实际情况,确定防火巡查内容并在宾馆饭店的相关制度中明确,一般应包括以下内容:

① 用火、用电有无违章情况;

② 安全出口、疏散通道是否畅通,安全疏散指示标志、应急照明是否完好;

③ 消防设施正常工作情况,灭火器材、消防安全标志设置和功能状况;

④ 常闭式防火门是否处于关闭状态,防火卷帘门下是否堆放物品影响使用;

⑤ 消防安全重点部位的管理情况;

⑥ 其他消防安全情况。

(2) 宾馆饭店应当至少每月进行一次防火检查,并应根据实际情况,确定防火检查内容且在宾馆饭店的相关制度中明确,一般应包括以下内容:

① 火灾隐患的整改情况以及防范措施的落实情况;

② 安全出口和疏散通道,疏散指示标志,应急照明情况;

③ 消防车通道,消防水源情况;

④ 灭火器材配置及有效情况;

⑤ 用火、用电有无违章情况;

⑥ 重点工种人员及其他员工消防知识掌握情况;

⑦ 消防安全重点部位的管理情况;

⑧ 易燃易爆危险物品和场所防火防爆措施的落实情况,以及其他重要物资的防火安全情况;

⑨ 消防控制室值班情况和设施运行、记录情况;

⑩ 防火巡查情况;

⑪ 消防安全标志的设置情况和完好、有效情况;

⑫ 其他需进行防火检查的内容。

8. 消防安全宣传教育和培训

宾馆饭店应当通过张贴图画、广播、闭路电视、知识竞赛、消防宣传板报等多种形式开展符合单位实际的经常性的消防安全宣传教育,做好记录;对新上岗和进入新岗位的员工要进行上岗前的消防安全培训,对全体员工的培训每半年至少组织一次。消防安全培训应包括以下内容:

(1) 有关消防法规、消防安全制度和保障消防安全的操作规程;

(2) 本单位、本岗位的火灾危险性和防火措施;

(3) 有关消防设施的性能、灭火器材的使用方法;

(4) 报火警、扑救初期火灾以及自救逃生的知识和技能;

(5) 组织、引导顾客和员工疏散的知识和技能。

员工经培训后,应做到懂火灾的危险性和预防火灾措施、懂火灾扑救方法、懂火场逃生方法;并会报火警 119、会使用灭火器材和扑救初期火灾、组织人员疏散。

9. 灭火和应急疏散预案与演练

宾馆饭店应制定灭火和应急疏散预案,并定期演练,以减少火灾危害。

预案主要包括六项内容。

(1) 组织机构。指挥员:公安消防队到达之前指挥灭火和应急疏散工作;灭火行动组:按照预案要求,及时到达现场扑救火灾;通信联络组:报告火警,迎接消防车辆,与相关部门联络,传达指挥员命令;疏散引导组:维护火场秩序,引导人员疏散,抢救重要物资;安全防护救护组:救护受伤人员,准备必要的医药用品;其他必要的组织。

(2) 报警和接警处置程序。要点:发现火警信息,值班人员应核实、确定火警的真实性;发生火灾,立即向"119"报火警,同时向宾馆领导和保卫部门负责人报告,发出火灾声响警报。

(3) 应急疏散的组织程序和措施。要点:开启火灾应急广播,说明起火部位、疏散路线;组织人员向疏散走道、安全出口部位有序疏散;疏散过程中,应开启自然排烟窗,启动防排烟设施,保护疏散人员安全;情况危急时,可利用逃生器材疏散人员;宾馆职工应采取有效措施及时帮助无自主逃生能力的宾客疏散。

(4) 扑救初期火灾的程序和措施。要点:火场指挥员组织人员,利用灭火器材迅速扑救,视火势蔓延的范围,启动灭火设施,协助消防人员做好扑救火灾工作。

(5) 通信联络、安全防护的程序措施。要点:按预定通信联络方式,保证通信联络畅通;准备必要的医药用品,进行必要的救护,并及时通知护人员救护伤员。

(6) 善后处置程序。要点:火灾扑灭后,寻找可能被困人员,保护火灾现场,配合公安消防机构开展调查。

宾馆饭店应当定期组织白天和夜间演练,属于重点单位的宾馆饭店应当按照灭火和应急疏散预案,至少每半年进行一次;其他单位应当至少每年组织一次演练。演练前应通知宾馆所有人员,防止发生意外混乱;演练结束,应总结问题,做好记录,针对存在的问题修订预案内容。

(三) 相关重点部位的火灾危险性及其管理要求

1. 相关消防安全重点部位的火灾危险性

(1) 客房、公寓、写字间(出租客房)是宾馆饭店的重要组成部分,它包括卧室、卫生间、办公室、小型厨房、客房、楼层服务间及小型库房等。客房、公寓的起火原因主要有两类:一是烟头、火柴棒引燃沙发、被褥、窗帘等可燃物,尤其以旅客酒后卧床吸烟引燃床上用品最为常见;二是电热器具引燃可燃物。

(2) 餐厅是宾馆饭店人员最为集中的场所,包括大小宴会厅、中西餐厅、咖啡厅、酒吧等。这些场所的可燃装修物多、数量大,且通常连通火灾高风险区的厨房,厅内照明灯具和各种装饰灯具用电量较大,供电线路复杂。有的风味餐厅较多地使用明火,如使用明火炉加热菜肴、点蜡烛烘托气氛等,已有多次火灾事故发生。

(3) 厨房主要包括加工间、制作间、备餐间、库房及厨工服务用房等,是火灾的高发部位之一。其火灾的主要原因有三个:① 电气设备起火。厨房内设有冷冻机、绞肉机、烘箱、洗碗机及抽油烟机等多种厨房机电设备,由于雾气、水汽较大,油烟存积较多,电气设备容易受潮,导致绝缘层老化,极易发生漏电或短路起火。② 燃料泄漏起火。厨房使用的燃油、燃气管线、灶具极可能因燃料泄漏而引发火灾。③ 抽油烟设施起火。烹饪中餐的厨房油烟较大,抽油罩和排油烟管道存积大量的油垢,在烹饪过程中可能因操作不当引发火灾。

综上所述,客房、公寓、餐厅及厨房等是宾馆饭店火灾的高发部位,火灾危险性较大,防火十分重要,因此,在日常的消防安全管理中应当将它们作为重点部位加以严格管理。

2. 消防安全重点部位的管理要求

A. 客房、公寓、写字间

(1) 客房内所有的装饰、装修材料应符合《建筑内部装修设计防火规范》的规定,采用不燃材料或难燃材料,窗帘一类的丝、毛、棉、麻织物应经防火处理。

(2) 客房内除配置电视机、小功率电热水壶、电吹风等固有电器,允许旅客使用电动剃须刀等日常生活的小型电器外,禁止使用其他电器设备,严禁私自安装使用电器设备,尤其是电热设备。

(3) 客房内应设有禁止卧床吸烟的标志、应急疏散指示图及客人须知等消防安全指南。

(4) 对旅客及来访者应明文规定:严禁将易燃易爆物品带入宾馆饭店,凡带入者,立即交服务总台妥善保存。

(5) 客房服务人员应利用进入客房补充客用品、清理客房的机会观察客人是否携带违禁物品,在整理客房时应仔细检查电器设备使用情况,烟缸内未熄灭的烟头不得倒入垃圾袋,客房整理好后应切断客房电源。平时应不断巡查,发现火灾隐患或起火苗头应及时采取果断措施。

(6) 写字间(出租客房)等办公场所,出租方与相关方应在租赁合同中明确双方的防火责任。

B. 餐厅

(1) 检查使用的各类炉具、灶具。服务员熟知各类炉具、灶具的使用力法,卡式便携炉用的燃料一般为丁烷,其气瓶应在40℃以下环境温度存放,且用完后,应将气瓶从炉中取出、妥善保存,严禁将气瓶搁置在电磁炉上;燃气全部用完后,气瓶方可废弃且应与其他垃圾分开收集。使用酒精炉时,应尽量使用固体酒精燃料,严禁在火焰未熄灭前添加液体酒精。使用小型瓶装液化石油气时,要检查其灶具阀门及供气软管是否漏气,如发现异常,应立即关闭阀门、妥善处置,严禁在餐厅内存放液化石油气空、实瓶。

(2) 餐厅内燃用蜡烛时,必须把蜡烛固定在不燃材料制作的基座内,并不得靠近可燃物。

(3) 餐厅内应在多处放置烟缸、痰盂等,以方便顾客扔烟头和丢放火柴棒。禁止将烟头、火柴棒卷入餐桌台布内。

(4) 餐厅内严禁私自乱拉乱接电气线路,功率大于60 W的白炽灯、卤钨灯等不应直接安装在可燃装修或构件上,照明器具表面的高温部位靠近可燃物时,应采取可靠的隔热、散热等防火措施。

(5) 餐厅应根据用餐的人数摆放餐桌,留足安全通道,保持通道及出入口畅通无阻,确保人员安全疏散。

C. 厨房

(1) 使用燃气、燃油作为燃料时,应采用管道供给方式,并应从室外单独引入,不得穿越客房或其他公共区域;对燃料管道、法兰接头、仪表、阀门等必须定期检查,以防泄漏;

当发现泄漏时,应立即关闭阀门、切断燃料、及时通风,并不得使用任何明火和开闭电源开关。采用瓶装液化石油气作为燃料时,气瓶必须存放在室外专门的储存间,其内不得堆放其他物品,严禁在楼层厨房内存放液化石油气钢瓶。

(2)厨房使用的电器设备不得超负荷运行,并应采取有效措施防止电器设备和电气线路受潮。

(3)油炸食品时,锅内食油不得过量,并应有防止食油溢出着火的防范措施。

(4)排油烟管道除柔性接头可采用难燃材料外,应采用不燃材料;排油烟系统应设有除静电的接地设施;油烟罩排烟罩应每日擦洗1次,排烟管道应至少每半年由专业公司清洗1次。

(5)工作结束后,厨房人员应及时关闭所有的燃油燃气阀门,切断气源、火源和电源后方能离开;厨房内除配置常用的灭火器外,还应配置灭火毯等,以方便扑救油锅火灾。

第二节　大型商场火灾的预防

一、大型商场概述

大型商场是聚集在一个或相连的几个建筑物内的各种商店所组成的市场及建筑面积较大、品种比较齐全的大商店,是人们购买商品最主要的场所,主要包括:销售民用商品的商店或大型商场;销售多种类、多花色品种(以日用工业制品为主)的百货商店;向顾客开放,可直接挑选商品、按标价付款的超市;供购物、餐饮、娱乐、美容、休息的步行商业街等。按建筑面积大小,一般将其分为大型($>15\,000\,\mathrm{m}^2$)、中型($3\,000\sim15\,000\,\mathrm{m}^2$)及小型($<3\,000\,\mathrm{m}^2$)三类。

随着我国经济突飞猛进的发展和人们生活水平的不断提高,我国大部分城市相继修建的许多大型商场与传统的大型商场在功能上和建筑结构上都有很大区别。现代的大型商场功能齐全,不再局限于购物方面,而是集购物、娱乐、餐饮等消费功能于一体。当代大型商场一般有六个特点:

(1)大型商场功能的综合化导致大型商场建筑使用面积大。

(2)由于功能的需要,现今大型商场一般都是多层建筑,而且一般采用框架结构,有的甚至采用钢结构,导致大型商场建筑结构设计的多元化和复杂化。

(3)大型商场多处于繁华的闹市区,交通拥挤。

(4)大型商场人员密集,发生事故时疏散难度大。

(5)大型商场所经营的产品种类繁多,用电、用气量大,火灾负荷大。

(6)消防设施完善,操作比较复杂等。

在大型商场迅速发展的同时,由于防火措施没有得到及时落实,一些大型商场火灾不断发生。2004年2月15日,吉林省吉林市中百商厦发生特大火灾,造成54人死亡,70

人受伤,直接经济损失 426 万元;2012 年 5 月 16 日上午,四川省广元市老城北街的温州商城发生大火,有 10 多户店铺被烧毁,所幸大火未造成人员伤亡,但直接经济损失多达 3 000 余万元;2013 年 2 月 21 日,天津市和平区滨江道友谊新天地大型商场烤肉店发生火灾,在消防人员的努力下,虽没有造成人员伤亡,但导致了重大的经济损失,给社会带来了严重的影响。由此可知,大型商场一旦发生火灾,势必会造成重大的人员伤亡和财产损失,带来不良的社会影响。因此,加强大型商场的消防安全管理意识显得十分重要。

二、大型商场火灾特点

(一)竖向蔓延途径多,易形成立体火灾

大型商场营业厅的建筑面积一般都较大,且大多设有自动扶梯、敞开楼梯、电梯等,尤其是高层建筑内的大型商场设有各种用途和功能的竖井道,使得大型商场层层相通,一旦失火且火势进行到发展阶段时,靠近火源的橱窗玻璃破碎,高温烟气从自动扶梯、敞开楼梯、电梯、外墙窗户口及各种竖井道垂直向上很快蔓延扩大,引燃可燃商品及户外可燃装饰或广告牌等,并加热空调通风等金属管道。而上层火势威胁下层的主要途径有:一是上下层连通部位掉落下来的燃烧物引燃下层商品;二是由于金属管道过热引起下层商品燃烧。这样建筑上下、内外一起燃烧,极易形成立体火灾。

(二)容易造成火灾迅速蔓延,形成大面积火灾

由于经营理念、功能要求、规模大小、空间特点及交通组织的不同,大型商场内建筑形式也复杂多样。营业面积较大的大型商场,大多设有中庭等共享空间,而这就进一步增大了大型商场划分防火分区的难度,使得火灾容易蔓延扩大,形成大面积火灾。

【案例 5-3】 沈阳商业城,全国十大大型商场之一,建筑地上 6 层,地下 2 层,总建筑面积达 69 189 m²,其中庭 45 m×26 m,1996 年 4 月 2 日发生火灾时,防火卷帘故障,未能有效降落,火灾迅速蔓延扩大,27 个防火分区形同虚设。

(三)可燃商品多,容易造成重大经济损失

大型商场经营的商品除极少部分商品的火灾危险性为丁、戊类外,大多是火灾危险性为丙类的可燃物品,还有一些商品,如指甲油、摩丝、发胶和丁烷气(打火机用)等,其火灾危险性均为甲、乙类的易燃易爆物品。开架售货方式又使可燃物品的表面积大大超过任何场所,失火时就大大增加了蔓延的可能性。

大型商场按规模大小都相应地设有一定面积的仓储空间。由于商品周转快,除了供顾客选购的商品陈设在货架、柜台内外,往往在每个柜台的后面还设有小仓库,甚至连疏散通道上都堆积商品,形成了"前店后库""前柜后库",甚至"以店代库"的格局,一旦失火,会造成严重损失。沈阳商业城的地下二层就是商品库房,火灾当天货存价值达 1 180 万元,火灾造成的直接经济损失高达 5 529.2 万元。

（四）人员密集，疏散难度大，易造成重大伤亡

营业期间的大型商场顾客云集，摩肩接踵，是公共场所中人员密度最大、流动量最大的场所之一。一些大型商场，每天的人流量高达数十万人，高峰时可达 5 人／米^2 左右，超出影剧院、体育馆等公共场所好几倍。在营业期间如果发生火灾，极易造成人员重大伤亡。

【案例 5-4】 1993 年 2 月 14 日 13 时 15 分，唐山市林西百货大楼（三层，总建筑面积 2 980 m^2）在营业期间因违章电焊引发火灾，造成 80 人被烧死、54 人被烧伤的群死群伤恶性火灾事故。

对于地下大型商场而言，在顾客流量相同的情况下，其人员密度远大于地上大型商场，加之地下大型商场安全出口、疏散通道的数量、宽度由于受人防工程的局限又小于地上大型商场，同时缺乏自然采光和通风，疏散难度大，极易发生挤死踩伤人员的伤亡事故；由于建筑空间相对封闭，有毒烟气会充满整个大型商场，极易导致人员中毒窒息死亡。

（五）用火、用电设备多，致灾因素多

大型商场顶、柱、墙上的照明灯、装饰灯，大多采用埋入方式安装，数量众多，埋下了诸多火灾隐患。大型商场的商品橱窗内大量安装广告霓虹灯和灯箱，霓虹灯的变压器具有较大的火灾危险性。商品橱窗和柜台内安装的照明灯具，尤其是各种射灯，其表面温度较高，足以烤燃可燃物。大型商场中经营照明器材和家用电器的经销商，为了测试的需要，还拉接有临时的电源插座；没有空调的大型商场，夏季还大量使用电风扇降温。有些大型商场为了方便，还附设有服装加工部，家用电器维修部，钟表、照相机、眼镜等修理部，这些部位常常需要使用电熨斗、电烙铁等加热器具。这些照明、电气设备品种繁多，线路错综复杂，加上每天营业时间长，如果设计、安装、使用不当，极易引起火灾。

（六）火势发展迅猛，扑救难度极大

大型商场一般位于繁华商业区，交通拥挤，人流交织，邻近建筑多，甚至有些大型商场周边搭建了篱笆，占用了消防车通道和防火间距；林立的广告牌和各种电缆电线分割占据了登高消防车的扑救作业面，妨碍消防车辆的使用操作。同时，由于大型商场内可燃物多、空间大，一旦发生火灾，蔓延极快；顾客向外疏散，消防人员逆方向进入扑救、抢救和疏散人员都相当困难；加之浓烟和高温，消防人员侦察火情很困难，难以迅速扑灭火灾。

三、大型商场火灾预防

（一）大型商场消防安全技术要求

1. 建筑耐火等级

根据国家相关消防技术规范的规定，大型商场建筑物的耐火等级不应低于二级，确

有困难时,可采用三级耐火等级建筑,但不应超过二层,不应采用四级耐火等级的建筑。大型商场内的吊顶和其他装饰材料,不得使用可燃材料,对原有的建筑中可燃的木构件和耐火极限较低的钢架结构,必须采取防火技术措施,提高其耐火等级。大型商场内的货架和柜台,应采用金属框架和玻璃板等不燃烧材料组合制成。

2. 消防安全布局及防火分隔

(1) 保证人员通行和安全疏散通道的面积。大型商场作为公众聚集场所,顾客人流所需的面积目前国内尚无规范明确规定,根据国内实际情况并参考国外经验,货架与人流所占的公共面积比例应为:综合性大型商场或多层大型商场一般不小于 1∶15;较小的大型商场最低不小于 1∶10。人流所占公共面积,高峰时间顾客平均流量人均占用面积不小于 0.4 m²。柜台分组布置时,组与组之间的距离不小于 3 m。

(2) 大型商场应按《建筑设计防火规范》的规定划分防火分区。对于多层建筑地上商店营业厅,当设置在一、二级耐火等级的单层建筑内或多层建筑的首层,且设置有自动喷水灭火系统、排烟设施和火灾自动报警系统,其内部装修设计符合现行国家标准《建筑内部装修设计防火规范》的有关规定时,其每个防火分区的最大允许建筑面积不应大于 1 000 m²;设置在除首层以外的其他楼层的地上营业厅,其每个防火分区最大允许建筑面积不应大于 2 500 m²,地下营业厅不应大于 500 m²(没有自动灭火系统时,其建筑面积可增加 1 倍)。对于多层建筑的地下商店,若其营业厅不设置在地下三层及三层以下,不经营和储存火灾危险性为甲、乙类储存物品属性的商品,设有防烟与排烟设施并设有火灾自动报警系统和自动灭火系统,且建筑内部装修符合现行国家标准《建筑内部装修设计防火规范》的有关规定,其营业厅每个防火分区的最大允许建筑面积可增加至 2 000 m²;当多层建筑地下商店总建筑面积大于 20 000 m² 时,应采用不开设门窗洞口的防火墙分隔,相邻区域确需局部连通时,应选择采取下沉式广场等室外开敞空间、防火隔间、避难走道或防烟楼梯间等措施进行防火分隔。对于高层建筑内的商业厅,当设有火灾自动报警系统和自动灭火系统,且采用不燃烧或难燃烧材料装修时,地上部分防火分区的最大允许建筑面积为 4 000 m²,地下部分防火分区的最大允许建筑面积为 2 000 m²。

(3) 附设在单层、多层民用建筑物内的大型商场市场,应采用耐火极限不低于 3 h 的不燃烧体墙和耐火极限不低于 1 h 的楼板与其他场所隔开。附设在高层民用建筑物内的大型商场市场,应采用耐火极限不低于 3 h 的不燃烧体墙和耐火极限不低于 1.5 h 的楼板与其他场所隔开。

(4) 商住楼内大型商场市场的安全出口必须与住宅部分隔开。

(5) 大型商场营业厅、仓库区不应设置员工集体宿舍。

(6) 大型商场营业厅和仓库之间应有完全的防火分隔。

(7) 食品加工、家电维修、服装加工宜设置在相对独立的部位并应避开主要安全出口。

(8) 对于电梯间、楼梯间、自动扶梯等连通上下楼层的门洞,应安装相应耐火等级的防火门或防火卷帘进行防火分隔。对于管道井、电缆井等,其井壁上的检查门应安装丙级防火门,且每层楼板处采用不低于楼板耐火极限的不燃烧体或防火封堵材料进行封堵;对于井道与房间、走道等相连通的孔洞以及防排烟、采暖、通风和空调系统的管道穿越隔墙、楼板、防火分区处的缝隙,应采用防火堵料进行封堵。

(9) 油浸电力变压器,不宜设置在地下大型商场内,如必须设置,应避开人员密集的部位和出入口,且应采用耐火极限不低于 3 h 的隔墙和耐火极限不低于 2 h 的楼板与其他部位隔开,墙上的门应采用甲级防火门。

(10) 通风、空调系统的风管穿越防火分区处、空调机房隔墙和楼板处、重要的或火灾危险性大的房间隔墙和楼板处、防火分隔处的变形缝两侧以及垂直风管与每个楼层水平风管交接处的水平管段上,均应设置防火阀,且保证火灾时能自动关闭。

(11) 地下大型商场不应设在地下三层及三层以下,不应经营和储存火灾危险性为甲、乙类储存物品属性的商品。

(12) 易燃易爆化学物品专业大型商场应当在安全地带独立建造,严禁设在地下室、半地下室。单体建筑的耐火等级不应低于二级,建筑之间的防火间距不应小于 12 m,与相邻民用建筑之间的防火间距不应小于 25 m,与重要公共建筑之间的防火间距不应小于 50 m。

3. 安全疏散

大型商场是人员集中的公共场所之一,安全疏散十分重要,必须符合国家有关消防技术规范的要求。

(1) 大型商场要有足够数量的安全出口,一般不应少于两个;大型商场的安全出口或疏散出口应分散均匀布置,相邻两个安全出口或疏散出口最近边缘之间的水平距离不应小于 5 m。

(2) 地下、半地下大型商场的安全出口应独立设置,每个防火分区必须有一个直通室外的安全出口。

(3) 疏散门应向疏散方向开启,不应设置影响顾客人流安全疏散的卷帘门、转门、吊门、侧拉门等。疏散门内外 1.4 m 范围内不应设置踏步。安全出口处不应设置门槛、台阶、屏风等影响疏散的遮挡物。

(4) 疏散楼梯和走道上的阶梯不应采用螺旋楼梯和扇形踏步,疏散走道上不应设置少于 3 个踏步的台阶。

(5) 疏散楼梯的设置:

① 下列大型商场市场建筑应设置封闭楼梯间:

a. 超过 2 层的公共建筑;

b. 建筑面积≥500 m²,底层地坪与室外出入口高差不大于 10 m 的地下建筑;

c. 建筑高度不超过 32 m 的二类高层民用建筑或高层民用建筑裙房;

d. 其他应设置封闭楼梯间的建筑。

② 下列大型商场市场建筑应设置防烟楼梯间:

与宾馆饭店火灾预防中对设置防烟楼梯间的要求相同[见第 83 页(6)②部分]

(6) 大型商场营业厅货架、柜台的布置应便于人员安全疏散,通向安全出口的主要疏散通道净宽不应小于 3 m,其他疏散通道净宽不应小于 2 m;每层建筑面积小于 500 m²

时,通向安全出口的主要疏散走道的宽度不应小于 2 m,其他疏散走道宽度不应小于 1.5 m。首层疏散外门最小净宽不小于 1.4 m。

(7) 多层建筑营业厅符合双向疏散条件时,其最大允许的直线距离不宜大于 30 m,且不应大于 35 m(如敞开式外廊建筑的房间),行走距离不应大于 45 m;符合单向疏散条件时,二者分别不应大于 15 m 和 18 m。高层建筑的营业厅符合双向疏散条件时,其最大允许的直线距离不应大于 30 m,行走距离不应大于 45 m;符合单向疏散条件时,二者分别不应大于 15 m 和 18 m。

(8) 关于楼梯间的门与共用楼梯间的要求与宾馆饭店中的要求相同[见第 83 页 (7)—(8)部分]。

(9) 楼梯间的首层应设置直接对外的出口。楼梯间及其前室内不应附设烧水间、可燃材料储藏室,并不应有影响疏散的凸出物。

4. 建筑内部装修

(1) 大型商场地下营业厅的顶棚、墙面、地面以及售货柜台、固定货架应采用 A 级装修材料,隔断、固定家具、装饰织物应采用不低于 B 级的装修材料。

(2) 附设在单层、多层建筑内的大型商场应满足四项要求。

① 每层建筑面积 >3 000 m² 或总建筑面积 >9 000 m² 的大型商场营业厅级装修材料,其顶棚、地面、隔断应采用 A 级装修材料,墙面、固定家具、窗帘应采用不低于 B 级的装修材料。

② 每层建筑面积为 1 000~3 000 m² 或总建筑面积为 3 000~9 000 m² 的大型商场营业厅,其顶棚采用 A 级装修材料,墙面、地面、隔断、窗帘应采用不低于 B 级的装修材料。

③ 其他大型商场营业厅,其顶棚、墙面、地面应采用不低于 B 级的装修材料。

④ 当大型商场装有自动灭火系统时,除顶棚外,其内部装修材料的燃烧性能等级可降低一级;当同时装有火灾自动报警装置和自动灭火系统时,其顶棚装修材料的燃烧性能等级可降低一级,其他装修材料的燃烧性能等级可不限制。

(3) 附设在高层建筑内的大型商场应满足三项要求。

① 设置在一类高层民用建筑内的商业营业厅,其顶棚应采用 A 级装修材料,窗帘、帐幕及其他装饰材料应不低于 B 级。

② 设置在二类高层民用建筑内的商业营业厅,其顶棚、墙面应采用不低于 B 级的装修材料。

③ 除附设在 100 m 以上的超高层建筑内的大型商场,当同时装有火灾自动报警装置和自动灭火系统时,除顶棚外,其内部装修材料的燃烧性能等级可降低一级。

5. 建筑消防设施

大型商场的消防设施主要有火灾自动报警系统、室内消火栓系统、自动喷水灭火系统、防排烟系统、火灾应急照明和疏散指示系统、消防控制中心(室)以及防火门、防火卷帘等防火分隔设施的联动控制等。

A. 消火栓

应设置室内消火栓的商业建筑在宾馆饭店中的要求[见第 84 页 A(2)部分]的基础

上增加两项：

　　① 超过 6 层的，底层设有商业服务网点的住宅；

　　② 建筑面积＞300 m² 的地下建筑。

　　B. 自动喷水灭火系统

　　应设置自动喷水灭火系统的商业建筑在宾馆饭店中的要求（见第 84 页 B 部分）的基础上增加了一项，即建筑面积＞500 m² 的地下大型商场。

　　消防主备泵能自动切换，动力配电柜的主备电源能自动切换。室内消火栓泵应能在消火栓箱处和消防控制室远程启动；消火栓系统要满足充实水柱的要求。喷淋泵能够按系统功能要求在消防控制室远程启动和自动启动，自动喷淋系统应有稳压（增压）设施，如屋顶水箱、稳压泵、气压水罐等，系统末端应设放水阀和压力表；自动喷水系统的湿式报警阀及水力警铃位置设置要合理，应保持正常的报警功能。

　　C. 火灾自动报警系统

　　下列建筑应设置火灾自动报警系统：

　　（1）任一层建筑面积＞3 000 m² 或总建筑面积＞6 000 m² 的单层、多层大型商场；

　　（2）建筑面积＞500 m² 的地下大型商场；

　　（3）设在一类高层民用建筑内的大型商场、设在二类高层民用建筑内且建筑面积＞500 m² 的大型商场营业厅。

　　火灾报警系统应能准确报警，消防控制中心值班人员要熟悉《消防控制室操作程序》和消防设备的操作，熟练掌握消防控制设备的功能。消防控制设备的功能应符合《火灾自动报警系统设计规范》的有关要求。

　　D. 防排烟系统

　　（1）下列建筑应设置防排烟系统：

　　① 单层、多层建筑内的大型商场、市场应有良好的自然通风，其开窗面积不应小于地面面积的 2%，每层建筑面积＞3 000 m² 或总建筑面积＞9 000 m² 的大型商场，当开窗面积不能满足要求时应设置机械排烟；

　　② 设在高层民用建筑及其裙房内的大型商场；

　　③ 地下大型商场。

　　（2）防排烟系统的设置在宾馆饭店中相应要求［见第 85 页 D（2）部分］的基础上增加了下列内容：采用自然排烟时，开窗、开口面积应符合相关规范要求，以满足排烟的需要。采用机械加压送风防烟设施应保证楼梯间压力为 40～50 Pa，前室或合用前室压力为 25～30 Pa。采用机械排烟系统，其排烟口平时应处于关闭状态，排烟口应有手动和自动开启装置，当任一排烟口开启时，排烟风机自行启动；在排烟支管上、排烟风机入口处应设有当烟气温度超过 70℃时能自动关闭的排烟防火阀。防排烟系统的设置还应符合《建筑设计防火规范》及《人民防空工程设计防火规范》中的有关要求。

　　E. 火灾应急照明

　　（1）大型商场应设有火灾应急照明的部位除宾馆饭店要求中的第①②④条［见第 85 页 E（1）部分］外，还包括：单层、多层建筑内每层建筑面积＞1 500 m² 的营业厅、建筑面积＞300 m² 的地下大型商场市场及高层建筑内的大型商场营业厅。

（2）火灾应急照明的设置应符合的要求与宾馆饭店中对应急照明的设置的要求[见第 85 页 E（2）部分]相同。

F. 疏散指示标志

（1）大型商场营业厅、安全出口或疏散出口的上方、疏散走道及疏散楼梯间、地下大型商场的疏散走道和主要疏散路线的地面或靠近地面的墙上应设有灯光疏散指示标志。

（2）疏散指示标志的设置应符合七个要求。除宾馆饭店对疏散指示标志设置的要求中的第②③④⑤条[见第 85 页 F（2）部分]外，还包括：

① 疏散指示标志应设置醒目，方向指示标志图形应指向最近的疏散出口或安全出口；

② 袋形走道灯光疏散指示标志间距不应大于 10 m；在走道转角处灯光疏散指示标志间距不应大于 1.0 m；

③ 设置在地面上的疏散指示标志，宜沿疏散走道或主要疏散路线连续设置，当间断设置时，灯光型疏散指示标志不应大于 5 m；

④ 总建筑面积超过 5 000 m² 的地上商店及总建筑面积超过 500 m² 的地下、半地下商店，其内疏散走道和主要疏散路线的地面上还应设置能保持视觉连续的灯光疏散指示标志或蓄光疏散指示标志。

G. 灭火器

与宾馆饭店防火中对灭火器的要求相同（见第 85—86 页 G 部分）

H. 防火门、防火卷帘

常闭式防火门应能保持关闭状态；常开防火门处不应有阻碍防火门关闭的障碍物，在火灾时应能自动释放关闭。防火卷帘门应能自动启动和手动启动，防火卷帘下部不能摆设柜台、堆放货物影响防火卷帘门的降落；设在疏散通道的防火卷帘，应具有在降落时有短时间停滞以及能从两侧自动、手动和机械控制的功能；疏散楼梯间及其前室不应采用卷帘门代替疏散门。

（二）大型商场消防安全管理要求

大型商场是人员最为密集的公共场所之一，人流量大，面积大，可燃物品多，用电设备多，致灾因素多，是消防安全管理的重点单位。因此，消防安全工作是大型商场安全管理工作的重中之重，应做到常抓不懈，警钟长鸣。

1. 消防安全重点部位

大型商场应当将营业厅、仓库、重要设备用房、消防控制室、消防设备用房等容易发生火灾、火灾容易蔓延、人员和物资集中的部位确定为消防安全重点部位，设置明显的防火标志，并实行严格的管理。

2. 电气防火管理

（1）电气设备应由具有电工资格的人员负责安装和维修，严格执行安全操作规程。

（2）防爆、防潮、防尘的部位安装电气设备应符合有关安全要求。

（3）每年应对电气线路和设备进行安全性能检查，必要时应委托专业机构进行电气消防安全检查。

（4）电气线路敷设、设备安装的防火要求如下。

① 明敷塑料导线应穿管或加线槽保护，吊顶内的导线应穿金属管或难燃 PVC 管保护，导线不应裸露，并应留有 1 至 2 处检修孔。

其他要求与宾馆饭店防火对电气线路敷设、设备安装的要求中的第②③④⑥条［见第 87 页 3(3)部分］相同。

（5）电气防火的管理要求主要有四点。

① 电气线路改造、增加用电负荷应办理审批手续，不得私拉乱接电气设备。

② 营业期间不应进行设备检修、电气焊作业。

③ 未经允许，不得在营业区、仓库区使用具有火灾危险性的电热器具。

④ 大型商场应设置单独回路的值班照明，非营业时间应关闭非必要的电气设备及普通照明。

3. 可燃物、火源管理

（1）大型商场营业厅禁止使用明火。

（2）大型商场营业厅禁止吸烟，并设置禁止吸烟标志牌，营业期间禁止明火维修和油漆粉刷作业。

（3）大型商场营业厅不应使用甲、乙类洁洗剂。

（4）地下大型商场禁止经营和储存火灾危险性为甲、乙类的商品，禁止使用液化石油气及闪点＜60℃的液体燃料；高层建筑的大型商场内严禁使用和存放瓶装液化石油气。

（5）配电设备等电气设备周围不应堆放可燃物。

（6）大型商场营业厅局部装修时，装修现场与其他部位应设必要的分隔设施，派专人进行监护；装修施工现场动用电气焊等明火时，应清除周围及焊渣滴落区的可燃物，并设专人监督，禁止在运行中的管道、装有易燃易爆的容器和受力构件上进行焊接和切割。

【案例 5-5】 1996 年 2 月 5 日，重庆群林大型商场因电焊工电焊时焊渣掉落，引燃易燃品引发大火，大火过火面积 1 093 m²，受灾居民 43 户，受灾群众达 145 人，死亡 5 人，直接经济损失 963 万余元。

4. 安全疏散设施管理

（1）防火门、防火卷帘、疏散指示标志、火灾应急照明、火灾应急广播等设施应设置齐全、完好有效。

（2）应在明显位置设置安全疏散图示，在常闭防火门上设有警示文字和符号，防火卷帘下应设有禁放标志。

（3）保持疏散通道、安全出口畅通，柜台、摊位、商品及模特等物品的悬挂或摆放不应占用楼梯间及其前室、电梯前室、疏散通道和安全出口，不应遮挡、覆盖疏散指示标志，妨碍人员安全疏散；营业期间禁止将安全出口上锁，禁止在安全出口、疏散通道上安装固定栅栏等影响疏散的障碍物，禁止在公共区域的外窗上安装金属护栏。

（4）大型商场、超市等安全疏散门应采用消防安全推栓门或门禁系统等先进的安全疏散设施。

5. 建筑消防设施、器材管理

与宾馆饭店中对消防设施、器材管理的要求相同（见第88—89页第6部分）。此外，增加了三个方面的要求。

A. 防排烟系统管理

（1）自然排烟外窗不应被遮挡。

（2）排烟口平时应关闭，其手动开启装置应醒目，方便使用。

B. 防火卷帘管理

（1）电动防火卷帘两侧的升、降、停按钮不宜上锁。

（2）防火卷帘机械手动装置应便于操作，并应有明显标志。

（3）防火卷帘下方不应堆放物品。

（4）应加强维护保养，保证防火卷帘封闭性能。

（5）防火卷帘投影下方两侧应设置黄色警戒线或"防火卷帘下方不得占用"的提示语。

C. 常闭式防火门管理

（1）常闭式防火门应设置随手关门的提示语。

（2）因日常管理需要设置推闩或门禁系统的防火门应设置开启提示，门禁电磁应定期测试开启的功能。

6. 防火检查

大型商场应对执行消防安全制度和落实消防安全管理措施的情况开展防火巡查和检查，并应确定检查人员、部位、内容。检查后，检查人员、被检查部门的负责人应在检查记录上签字，存入单位消防档案。

（1）营业期间，防火巡查应至少每2小时进行一次。班组交班前，班组消防安全管理人员应共同进行一次巡查。夜间停止营业期间，值班人员应对火、电源、电缆物品库房等重点部位进行不间断的巡查。

（2）大型商场各部门、班组每周应至少组织一次防火检查，大型商场每月应至少组织一次全面防火检查。

7. 消防宣传教育及灭火和应急疏散预案

大型商场应在春、冬季防火期间和重大节日、活动期间开展有针对性的消防宣传、教育活动。新员工上岗前应进行一次消防安全教育、培训。对全体员工的消防培训应当每年进行一次并做好记录。经培训后，员工应懂得本岗位的火灾危险性、预防火灾措施、火灾扑救方法、火场逃生方法，会报火警119、会使用灭火器材、会扑救初期火灾、会组织人员疏散。

大型商场应制定灭火和应急疏散预案，并定期演练，以减少火灾危害。预案内容主要包括组织机构、报警和接替处置程序、应急疏散的组织程序和措施、扑救初期火灾的程序和措施、通信联络和安全防护的程序措施、善后处置程序。属于重点单位的大型商场至少每半年进行一次演练；其他单位应当结合本单位实际至少每年组织一次演练。演练结束，应总结问题，做好记录，针对存在的问题修订预案内容。

8. 厨房管理

很多大型商场为了方便顾客都设有熟食经营部和快餐、小吃店,并附设有厨房,相对于宾馆、饭店而言,其规模虽小,但同样存在火灾危险性,如使用天然气或液化石油气作燃料,或用电烹饪食物,且食用油的蒸汽、气体仍有燃烧的危险。因此,厨房防火应做到五点。

(1)排油烟管道不应暗设,并应设有直通室外的排烟竖井,且排烟竖井要有防回流设施;严禁排油烟水平支管穿越其他店铺、房间和场所。

(2)排油烟的风管应采用不燃材料制作,柔性接头可采用难燃材料制作。

(3)排油烟系统应设导静电的接地设施;排油烟罩及烹饪部位应设厨房专用灭火设施;排油烟罩应每天清洗1次,并定期请专业公司进行清洗。

(4)加强厨房燃油、燃气安全管理,并应在燃油或燃气管道上设紧急事故切断阀门。

(5)地下室、半地下室的厨房,严禁使用液化石油气。

第三节 集贸市场火灾的预防

一、集贸市场特点

集贸市场是指由市场经营管理者经营管理,在一定的时间间隔、一定的地点,周边城乡居民聚集进行农副产品、日用消费品等现货商品交易的固定场所。

集贸市场是商品交换主要场所,人口流动性大的特点。一方面,集贸市场具有高度的集中性和环境的复杂性,一旦发生火灾就会造成巨大的经济损失和人员伤亡,根据维护公共安全和维护市场高效、有序进行的需要,必须对集贸市场火灾进行防范,这样有利于减少火灾的发生,减少火灾危害,保护公共财产和公民人身、财产的安全。另一方面,近几年来集贸市场火灾带来的危害特别大,很多地方在经济快速发展的同时,忽略了对火灾的防范,尤其是农村集贸市场的盲目扩建、招商,忽视了防范火灾的工作,一旦发生火灾,猝不及防之下将造成巨大的经济损失。因此,政府部门应高度重视,落实领导负责制,这样有助于加强领导的监督和安检责任,进一步维护公共安全,保障社会主义现代化建设的顺利进行。

二、集贸市场火灾特点

(一)商业布局不合理,建筑防火条件差

我国现有的城乡集贸市场,按照《建筑设计防火规范》的要求进行规划、设计、建设的室内市场为数不多,其他类型的集贸市场,如棚顶市场、拦街市场、地下市场等,由于没有规划或布局不合理,新建时未经公安消防部门审核仓促施工,竣工时又未经公安消防部门验收投入使用,滋生了先天性火灾隐患。例如:建筑耐火等级低,防火间距不足或被占用,防火分隔缺乏,防火分区过大;安全出口过少,疏散通道过窄,疏散距离过长,防火设施不全,消火栓少,室外消防水源不足;灭火器材配型不对,商品分布未考虑防火灭火要求、摊位柜台密度过大、间距不足等。有的甚至是占用消防通道、居民住宅或公共建筑防火间距的拦街断路的违章市场,严重威胁周边建筑的消防。

（二）可燃商品多,燃烧烟雾大

集贸市场的商品品种繁多,除农贸市场中生鲜的农副产品外,其他商品如服装、鞋帽、化纤织物、橡胶制品、塑料制品及交电、文具、工艺美术、家具等均为可燃商品,有的商品如油漆、橡胶制品、气体打火机用的丁烷气瓶(罐)等都是易燃易爆危险品;有的市场还经营烟花爆竹,大多数市场没有设置专用仓库,商品存放混乱,火灾隐患突出,一旦起火,不仅产生大量烟雾,而且还释放出大量有毒气体,给人员生命及财产带来极大危险。

（三）人员密集,疏散困难

集贸市场商品云集,不仅有个体工商户主,还有一些国有、集体商业单位也参与市场竞争,且经营的大多是居民日常生活中吃、穿、用不可缺少的商品,客流量大,特别是在节假日期间,市场的客流量大大超过市场本身的承受能力,起火后的火场浓烟使能见度大大降低,加之摊位布局密集,通道窄,障碍多,人员疏散非常困难。

（四）用火、用电、用气点多,容易引发火灾

集贸市场内的商店除了日常照明、夏季排风等用电外,广告橱窗内的霓虹灯、商店内的吊灯、壁灯、台灯及节日或展销期间内使用的彩灯、店内人员烧水煮饭用的电热器具,都必须用电;大多数经营者缺乏安全用电常识,乱拉电线,电气设备超负荷运行,电线绝缘层老化。有的店户还使用液化石油气灶具;为数不少的市场前店后库、店中有店,甚至集商务洽谈、生活起居为一室,用火、用电、用气点多、量大,加之许多市场用火、用电、用气器具的安装和使用没有统一的规划和管理,店户各行其是,容易导致火灾的发生。

（五）防火管理薄弱环节多

集贸市场的消防安全工作由主办单位负责,工商行政管理机关予以协助。但不少集贸市场由于主办单位消防安全工作不落实,有关行政管理部门配合协调不到位,没有成立市场消防安全管理机构行使消防安全统一管理职能,没有建立健全消防安全管理制度,没有配备专、兼职防火人员,边营业边施工、违章动火、不会使用灭火器材等现象常有发生,致使防火巡查、检查工作得不到落实,火灾隐患得不到及时发现和消除,消防安全得不到有效保障。

（六）火灾扑救难度大

集贸市场一般建在商业区或临街布置,周围环境复杂,有的建筑毗连,有的商品柜台

或搭建的违章建筑占用了消防通道或防火间距,一旦失火,不仅极易形成"火烧连营"之势,而且消防车辆无法接近火场,展开有效的灭火行动十分困难。

三、集贸市场火灾原因

(一)放火引起火灾

集贸市场的放火火灾不仅会烧毁市场的货物,而且危及人民生命安全、扰乱社会治安,直接给经营者造成心理恐慌。因此,放火火灾比其他火灾有更特殊的危害性。综合近年来全国集贸市场放火案件,其主要原因是:故意破坏;报复性放火;盗窃放火,即以盗窃为目的,用放火来掩盖行迹;放烟花失火,多为小摊主所致。

(二)用火不慎引起火灾

用火不慎引起火灾部分是由于思想麻痹、忽视安全所致,更多的是由于缺乏安全防火知识、不懂科学道理所致。集贸市场由于用火不慎引起的火灾中绝大多数是源于经营者和工作人员用火不慎。有的经营者为追求经济效益,长时间经营,其间用繁多的工具,如火炉、液化气、酒精炉等烧水煮饭;有的经营者直接在市场内临时设灶,明火炒菜经营;有的经营者在夜晚用煤油灯、蜡烛等照明,用火炉取暖、烘烤衣物——一旦不慎,都会引起火灾。另外,值夜班的人员和工作人员夏天点蚊香、冬天生火取暖、点火烧垃圾等都是经常发生的事情,但是稍有不慎都有发生火灾的可能性。

(三)先天造成的隐患多

大多数市场都是由旧市场和十字路口发展扩大而成,前期没有合理的规划,造成了许多建筑布局上的先天不足,而后期改造时人们又只注重经济效益的发展,忽视了对于遗留安全问题的根除。例如,目前存在的棚顶市场、沿街市场、通道市场、居住小区市场,普遍都存在着建筑耐火等级偏低、防火间距不足、无防火分隔等问题,其中最突出的就是消防车安全通道和进出口宽度不够。有些小区为了管理上的方便,在进出口处设置阻止车辆进入的防护栏,这就人为地设置了更为严重的障碍,一旦居民住宅内和市场内发生火灾或意外事故,消防车很可能无法进入,无法处理紧急情况,只能"望火兴叹"而无力解救。

(四)防火检查薄弱,安全管理跟不上需要

不少集贸市场由于主办单位的安全意识淡薄,工作没有落实,没有从根本上认识到问题的严重性,更没有积极主动地解决问题。有些市场的防火安全管理失控,注重了抓摊位数和经济效益,对摊位、店主没有从防火安全的角度来管理,安全隐患无法改正,老问题不落实,新问题又不解决,会形成一种恶性循环状态,所以解决集贸市场的火灾危险性,刻不容缓。

四、集贸市场火灾预防

(一)集贸市场消防安全技术要求

集贸市场的新建、扩建、改建工程,其设计、施工必须严格遵守消防技术规范的规定,充分满足消防安全要求。

1. 建筑耐火等级和市场安全布局

(1)新建、扩建、改建的室内集贸市场建筑的耐火等级不应低于二级,不宜设置在三级及其以下耐火等级的建筑内,已经设置的,应对建筑的承重构件采取防火技术处理措施,以提高其耐火性能。

(2)半敞开式建筑的集贸市场,其顶棚应当采用不燃或难燃材料。

(3)室外集贸市场应当留出消防车通道,不得堵塞消防车通道,影响公共消防设施的使用。

(4)室外集贸市场与甲、乙类火灾危险性的厂房、仓库和易燃、可燃材料堆场要保持50 m以上的安全距离;在高压线下两侧5 m范围内,不得摆摊设点。

(5)要按商品的种类和火灾危险性,将集贸市场划分为若干区域,区域之间保持相应的安全疏散通道。

(6)集贸市场主办单位和经营者如需改变建筑布局或使用性质,应当事先报经当地公安消防机构审核批准。

2. 安全疏散

安全疏散设施是火灾情况下疏散人员、抢救物资、进行灭火战斗的重要通道,是建筑物发生火灾后确保人员生命财产安全的有效措施。由于集贸市场人员流动量大、商品多,失火后极易造成群死群伤和重大财产损失,因此,要有合理的安全疏散系统。

(1)市场的安全出口数量不应少于两个且每个出口不应设门槛。紧靠门口1.4 m范围内不应设置踏步台阶。每个安全出口疏散人数不应超过250人,当市场容纳的人数超过2 000人时,其超出部分按每个出口的平均疏散人数不应超过400人,疏散人数可根据人员分布密度来确定。安全出口的宽度可按照0.65/100人(一、二级耐火等级)来确定,但最小不应小于1.4 m。

(2)市场内的疏散通道宜按井字形布置,其主通道的最小宽度不应小于1.4 m,次通道不应小于1.1 m。主通道的底部应紧接安全出口处。

(3)当集贸市场的上面设有住宅时,住宅的出入口或楼梯应与市场严格分开,住宅部分的疏散楼梯间不应向市场内开设门、窗洞口。

(4)安全疏散通道、安全出口应设置灯光疏散指示标志与应急照明,并应符合国家相关消防技术规范的要求。

3. 防火分隔设施

防火分隔设施主要有防火门、防火墙、防火卷帘等。这些设施是实现防火分区、防止火势蔓延的重要手段,同时也是人员安全疏散、消防扑救的重要保障。因此,集贸市场要配有完善的防火分隔设施。由于集贸市场建筑面积大,普遍存在着耐火等级低、防火间距不足等现象,因此,应按照有关消防技术规范和规定的要求,针对商品种类和火灾危险性,划分水平和竖向防火分区。万一起火,防火分区以外的其他部位就成了较为安全的区域,这样既可以在较短的时间内防止火灾蔓延,有利于消防队员将火灾控制在一定的范围内,又可以使人员从防火分区安全疏散逃生。

4. 建筑消防设施

建筑消防设施是预防火灾发生和及时扑救火灾的有效措施,它应当灵敏、有效、适用、齐全。集贸市场应根据有关消防技术规范的要求,选择设置火灾监控报警系统、自动灭火系统、防排烟系统和消火栓系统等设施,并确保完好有效。

5. 市场内部装修

集贸市场内部装修设计、施工必须符合《建筑内部装修设计防火规范》的有关要求。一些集贸市场为了追求经营的规模化及美观效果,装饰装修不断趋于豪华、复杂化。从近年来全国火灾的案例分析中不难看出,一些火灾事故主要是因施工过程中随意降低市场内的吊顶和其他建筑构件的耐火性能、使用大量易燃和可燃材料、妨碍固定消防设施的正常使用等所致。因此,集贸市场的内部装修设计应本着安全的理念,妥善处理装饰效果与使用安全之间的矛盾,不得擅自降低装修材料的防火性能而使用可燃材料,装修不得妨碍消防设施、自动报警和灭火设施的使用功能,不得随意变更防火设施的安装位置,不得损坏、拆除各种防火及灭火设施。

（二）集贸市场消防安全管理要求

1. 消防安全责任与组织管理

集贸市场的消防安全工作由主办单位负责,工商行政管理机关协助,公安消防监督机构实施监督。集贸市场主办单位应当建立消防管理机构;多家合办的应当成立有关单位负责人参加的防火领导机构,统一管理消防安全工作。

（1）集贸市场的法定代表人或主要负责人为该市场的消防安全责任人。其主要职责包括:

① 与参与市场经营活动的单位和个人签订《消防安全责任书》;

② 组织开展消防安全教育,制定用火用电等防火管理制度;

③ 组织防火人员开展消防检查,整改火险隐患,制定应急疏散方案;

④ 组建专职、义务消防队,制定灭火预案,开展灭火演练;

⑤ 负责市场内灭火器具等消防器材的配置;

⑥ 组织扑救初期火灾和人员疏散,保护火灾现场。

（2）市场承包、租赁或委托管理、经营时,应在订立的合同中明确各方的消防安全责任,并签订消防安全责任书。消防车通道、涉及公共消防安全的疏散设施和其他建筑消防设施应当由产权单位或委托管理的单位统一管理。

（3）各类集贸市场应当建立志愿消防队。符合下列条件之一的,应当配备专职防火人员:

① 建筑面积 10 000 m² 以上或者摊位 1 000 个以上的室内集贸市场；

② 占地面积 10 000 m² 以上或者摊位 2 000 个以上的室外集贸市场；

③ 建筑面积 1 000 m² 以上或者摊位 100 个以上的地下集贸市场。

其他规模的集贸市场，可设兼职防火人员，有条件的可设专职防火人员。

（4）符合下列条件之一的日用工业品市场及综合集贸市场，应当建立不拘形式的专职消防队。一时难以具备条件的，应当采取临时的有效应急措施。

① 建筑面积 20 000 m² 以上或者摊位 2 000 个以上的室内市场；

② 占地面积 20 000 m² 以上或者摊位 4 000 个以上的室外市场；

③ 建筑面积 2 000 m² 或者摊位 200 个以上的地下市场。

（5）凡建筑面积在 1 000 m² 以上且经营可燃商品的集贸市场应确定为消防安全重点单位，予以严格管理，集贸市场内应当实行消防安全值班和巡逻检查制度，市场内的各类人员，应当接受市场主办或合办单位的防火安全管理，各摊位经营人员有接受消防安全教育和培训、参加义务消防组织及扑救火灾的义务。

2. 用火用电管理

集贸市场可能造成火灾的引火源种类繁多，主要包括电器设备、照明线路、明火等。因此，市场的消防安全管理应该把控制引火源作为重要环节来抓。

A. 加强用火管理

集贸市场内严禁经营、储存易燃易爆危险化学物品；严禁燃放烟花爆竹和焚烧物品；严禁在摊位、堆场、货场吸烟和使用明火；在划定的严禁烟火的部位或区域，应当设置醒目的禁烟火标志；严禁擅自在市场内使用易燃液体、气体炉火，如必须使用，应采取切实可靠的消防安全措施，并报主管部门批准，做到人走火熄；进行电焊或切割等动火作业时，应按照《机关、团体、企业、事业单位消防安全管理规定》（公安部令第 61 号）要求，实行动火作业审批制度，并派专人在现场负责看护，动火前要清除动火点周围的可燃物，配备必要的灭火器材，作业结束后要及时清理现场，确认无遗留问题，经审批部门同意后方可撤离。

B. 加强电气线路、用电设备管理

电气线路、设备发生故障、产生热源是集贸市场火灾的重要引火源，因此，要加强对电气线路、设备的安全管理。

（1）电气线路、用电设备必须符合国家有关电气设计、安装规范的要求，如供电线路应穿管保护、管内不允许有导线接头、所有接头应装设接线盒连接等。营业照明用电应当与动力、消防用电分开设置。电源开关、插座等应当安装在封闭式的配电箱内。配电箱应采用不燃烧材料制作。经营者使用的电气线路和用电设备，必须统一由主办单位委托具有资格的施工单位和持有合格证的电工负责安装、检查和维修。严禁搭设临时线路。

（2）电气线路必须定期检查，及时更换绝缘老化变质的线路，严禁超负荷用电，严禁以铜丝代替保险丝或任意加大保险丝的容量，禁止钢、铝线连接等。

（3）电气设备要经常维护检查，保持运行正常，避免长时间使用。做到人走则电热器具停止使用、下班前必须切断电源、严禁任意改装电气设备等。

（4）室外集贸市场不应设置碘钨灯等高温照明灯具。

3. 安全疏散设施管理

集贸市场要根据所经营商品的性质,划分防火分区,并留足安全疏散通道。严禁在楼梯、安全出口和疏散通道上设置摊位、堆放货物;不得妨碍疏散通道、消防设施的使用;营业期间,不得锁闭安全出口和疏散门。

4. 建筑消防设施、器材管理

集贸市场内的营业厅、办公室、仓库等用房,应当由主办或合办单位按照国家《建筑灭火器配置设计规范》的规定负责配备相应的灭火器具。集贸市场建筑物内固定消防设施的维修和保养,由集贸市场产权单位负责。专职或义务消防队所必需的消防器材装备,由集贸市场主办单位配备。各摊位应当在市场主办或合办单位的组织下,配置相应的灭火器具并掌握使用方法。公共消防设施、器材应当布置在明显和便于取用的地点,明确专人管理。任何人不得将公共消火栓圈入摊位内。集贸市场应当配备基本的消防通信和报警装置,一旦发生火灾能做到及时报警。

5. 消防安全日常管理

A. 加强消防安全检查

集贸市场要进行经常性防火巡查与定期防火检查,要采取重点部位检查与普遍检查、节假日检查与平时检查相结合的多种形式,注重消防检查实效,提高消防安全检查质量,及时发现、纠正消防违法行为,消除火灾隐患。

B. 加强消防宣传、培训

集贸市场要充分采用广播、电视、黑板报、知识橱窗及宣传栏等多种形式广泛宣传消防安全常识和灭火知识,每年至少对全体员工进行1次消防安全培训,每半年至少组织1次由全体员工、业主参与的火灾应急疏散和灭火预案的演练,强化他们的消防安全意识,提高其火场逃生自救能力及灭火技能水平。

第四节 公共娱乐场所火灾的预防

一、公共娱乐场所概述

公共娱乐场所是公众聚集场所之一,是第一类人员密集场所。根据《公共娱乐场所消防安全管理规定》(公安部令第 39 号)和《人员密集场所消防安全管理》(GA 654—2006)的规定,公共娱乐场所是指具有文化娱乐、健身休闲功能并向公众开放的六类室内场所:

(1)影剧院、录像厅、礼堂等演出、放映场所;

(2)舞厅、卡拉 OK 厅等歌舞娱乐场所;

(3)具有娱乐功能的夜总会、音乐茶座、酒吧和餐饮场所;

(4)游艺、游乐场所;

(5) 保龄球馆、旱冰场、美容院、桑拿、足浴、棋牌室等娱乐、健身、休闲场所;

(6) 互联网上网服务营业场所。

这些场所的特点是建筑功能复杂多样、社会性强、人员密集,一旦发生火灾,易造成重大人员伤亡和重大财产损失。

二、公共娱乐场所火灾特点

(一) 可燃装修多,燃烧猛烈

公共娱乐场所的内部装修大多使用如木质多层板、木质墙裙、纤维板、各种塑料制品、化纤装饰布、化纤地毯、化纤壁毡等可燃材料,室内家具等也多为可燃材料所制,火灾荷载大。有的影剧院、礼堂的屋顶建筑构件是木质或钢结构,舞台幕布和木地板是可燃的;为了满足声学设计的音响效果,观众厅、卡拉 OK 厅的天花及墙面大多采用可燃材料;歌舞厅、卡拉 OK 厅、夜总会等场所为了招引顾客,装潢豪华气派,采用大量可燃装修材料。一旦发生火灾,若初期不能有效控制和扑救,燃烧会迅猛发展,火势难以控制。

(二) 疏散难,易造成群死群伤

歌舞厅、卡拉 OK 厅等娱乐场所不同于影剧院,顾客流量大,随意性大,高峰时期人员密度过大,甚至超过额定人数,加之灯光暗淡,一旦发生火灾,人员拥挤,秩序混乱,如果疏散通道不畅,尤其是利用陈旧建筑改建或扩建的歌舞厅,因受条件限制,疏散通道、安全出口的数量和宽度达不到消防技术规范的要求,给人员疏散带来困难,极易造成人员大量伤亡。

【案例 5-6】 辽宁阜新艺苑歌舞厅,核定人数应为 140 人,1994 年 11 月 27 日发生大火时,舞厅内人数达 300 人,严重超员,结果造成 233 人死亡、直接经济损失 30 多万元的特大火灾事故。

(三) 用电设备多、着火源多

公共娱乐场所一般采用多种照明灯具并使用多类音响设备,且数量多、功率大,如果使用不当,很容易造成局部过载、电线短路等而引发火灾。有的筒灯、射灯、碘钨灯等灯具的表面温度很高,若靠近幕布、布景等可燃物极易引起火灾。由于用电设备多,连接的电气线路也多而复杂,如大多数影剧院、礼堂等观众厅的吊顶内和舞台电气线路纵横交错,如果安装使用不当,容易引发火灾。有的场所在营业时违章动火,往往还使用酒精炉、燃气炉或电炉等多种明火或热源,为顾客提供热饮、小吃,娱乐包厢、演艺厅不禁烟等,如果管理不到位,也会造成火灾。

(四) 火灾易造成次生灾害

宾馆、饭店等高层建筑中附设的歌舞厅或位于城市繁华地带的歌舞厅,发生火灾后,若不能迅速控制火势,往往蔓延发展成高层建筑火灾,甚至会"火烧连营",生成次生灾难。

（五）扑救难度大

公共娱乐场所可燃物多，消防负荷大、灭火材料需求量大，需调集大批的灭火力量。另外，附设在高层建筑中的歌舞厅发生火灾易形成高层建筑火灾，相应地增大了人员疏散、火灾扑救的难度。

分析公共娱乐场所群死群伤的火灾案例，不难发现，引发火灾的主要原因是违章电焊和用火、用电不慎。引发群死群伤的主要原因有两条：一是安全疏散出口和窗户被铁栅栏、铁门、铝合金门等锁闭，致使发生火灾时逃生无门；二是对从业人员缺乏起码的消防安全培训，致使初期火灾得不到有效的控制和扑救，火灾现场群众得不到疏散引导。

三、公共娱乐场所火灾原因

（一）安全生产经营单位主体责任不能有效落实，内部安全管理混乱

部分公共娱乐场所经营者消防意识淡薄，不重视对员工消防安全知识的培训。在公共娱乐场所工作的服务人员大多没有经过系统的消防培训，缺乏必要的消防知识，有的甚至不会使用消火栓、灭火器等常用的灭火设备，以致发生火灾时束手无策。部分娱乐场所经营者没有针对自身的经营性质和建筑结构特点制定灭火及人员疏散预案，没有严格建立逐级防火责任制和岗位防火责任制，没有组织员工进行演练和培训，没有建立完善的防火档案，疏于对火灾隐患的自查自纠，使本单位始终处于被动防火的不利局面。同时，顾客消防意识淡薄，有乱扔火种造成火灾的情况，在发生火灾时，则不知如何逃生，面对熊熊大火，有的呆若木鸡，有的慌作一团。

【案例 5-7】 2009 年 1 月 31 日 23 时 56 分许，福建省长乐市拉丁酒吧发生重大火灾，造成 15 人死亡，22 人受伤，直接财产损失 109 702 元。

该场所没有落实安全生产经营单位主体责任，内部安全管理混乱，现场工作人员对顾客违法在室内燃放烟花的行为，不但没有进行有效制止，反而为制造场地气氛，还现场向顾客赠送烟花燃放，以致酿成大灾。酒吧超员营业（当晚酒吧内共有顾客近百名），众多人员拥挤在封闭的有限空间内，走道因超员经营而摆放桌椅，同时在疏散出口设置屏风，遮挡了安全出口，致使场所内发生险情时一片混乱，无法有序展开疏散。

（二）采用易燃可燃装修材料

为满足建筑物的使用要求，在结构工程完成以后，还必须进行装修工程。只有结构工程而没有装修工程，建筑物也难以正常投入使用，装修工程是建筑工程必不可少的有机组成部分。其中，公共娱乐场所的内部装修更是一种潮流，随着新型建筑材料的不断增多，塑料等化工建材大量使用，建筑内部装修采用的易燃、可燃材料越来越多，相应地增大了建筑物引发火灾的危险性，可燃内装修增加了建筑火灾发生的概率，加速了火灾到达轰燃。建筑的可燃内装修，如可燃的吊顶、墙裙、墙纸、踢脚板、地板、家具、床被、窗帘、隔断等，可燃物品随处可见，增加了火灾发生的概率，一旦经火源点燃，就会加热周围

内装修的可燃材料,使之分解出大量的可燃气体,同时提高室内温度。当室内温度达到600℃左右时,即会出现建筑火灾特有的现象——轰然。大量的火灾实验表明,火灾达到轰然的速度与室内可燃装修数量成正比例关系。

【案例5-8】 1994年11月27日13时30分,辽宁省阜新市艺苑歌舞厅发生火灾,死亡233人,受伤20人,烧毁建筑面积280平方米,直接财产损失30万元,该舞厅违章装修采用了涤纶布、丙棉交织布等大量易燃、可燃材料,起火后使火势速度发展蔓延产生大量一氧化碳等有毒气体。

(三)电气线路故障

随着经济的不断发展,电的作用越来越大,它在改善人们生活的同时也增加了火灾的危险性。公共娱乐场所电气线路发生火灾,主要是因线路的短路、过负荷运行以及导线接触电阻过大等原因而产生电火花和电弧或引起导线过热所造成的。

1. 短路

短路是指电气线路中,由于裸导线或绝缘破损后,相线与相线、相线与零线或大地在电阻很小或没有通过负载的情况下相碰,产生电流突然大量增加的现象。电气线路发生短路的主要原因有:线路年久失修、绝缘层陈旧老化或受损,使线芯裸露;电源过电压,使导线绝缘层被击穿;不按规程要求私接乱拉,管理不善,维护不当等。

【案例5-9】 1995年4月24日7时30分,新疆维吾尔自治区乌鲁木齐市凤凰时装城因电气线路短路引发火灾,死亡52人,受伤17人,直接财产损失41.6万元。

2. 过负荷

电气线路中允许连续通过而不至于使电线过热的电流量,称为电线的安全载流量或安全电流。如电流中流过的电流量超过了安全电流值,就叫作电线过负荷。造成电气线路发生过负荷的主要原因有:设计或选择导线截面不当,实际负载超过了导线的安全载流量;在线路中接入过多或功率过大的电气设备,超过了电气线路的负载能力。

3. 接触电阻过大

在电气线路与母线或电源线的连接处,电源线与电气设备连接的地方,由于连接不牢或者其他原因,使接头接触不良,造成局部电阻过大,称为接触电阻过大。接触电阻过大时,会产生极大的热量,可以使金属变色甚至熔化。发生接触电阻过大的主要原因有:安装质量差,造成导线与导线、导线与电气设备衔接点连接不牢;连接点由于热作用或长期震动使接头松动;在导线连接处有杂质。

四、公共娱乐场所火灾预防

(一)公共娱乐场所消防安全技术要求

根据《消防法》和《公共娱乐场所消防安全管理规定》,凡新建、改建、扩建或改变内部装修的公共娱乐场所,其防火设计(包括防火分区、安全疏散、防排烟、消防给水、装修材料、自动灭火系统和火灾自动报警系统等)必须符合国家有关消防技术规范的规定。建设单位应当将防火设计、装修设计文件及图纸在当地公安消防机构进行审核或备案,经审核同意后方可施工,工程竣工后应报当地公安消防机构验收或备案合格;在使用或开业前,应向当地公安消防机构申报,经消防安全检查合格后方可使用或开业。公共娱乐场所建筑的建筑结构、耐火等级、总平面布局、安全疏散、消防设施设备必须符合国家消防技术规范的具体规定。

1. 建筑耐火等级和消防安全布局

(1) 新建、改建、扩建的公共娱乐场所和变更使用性质作为娱乐场所使用的,应设置在耐火等级不低于二级的建筑物内;已经核准设置在三级耐火等级建筑内的公共娱乐场所,应当符合特定的防火安全要求。

(2) 建筑四周不得搭建违章建筑,不得占用防火间距、消防通道、举高消防车作业场地。

(3) 公共娱乐场所不得设置在文物古建筑和博物馆、图书馆建筑内,不得毗连重要仓库或者危险物品仓库;不得设置在地下二层及二层以下,当设置在地下一层时,地下一层地面与室外出入口地坪的高差不应大于 10 m;不得在居民住宅楼内改建公共娱乐场所;公共娱乐场所与其他建筑相毗连或者附设在其他建筑物内时,应当按照独立的防火分区设置。

(4) 公共娱乐场所在建设时,应与其他建筑物保持一定的防火间距,一般与甲、乙类火灾危险性生产厂房、库房等之间应留有不小于 50 m 的防火间距。

卡拉 OK 厅(含具有卡拉 OK 功能的餐厅)、夜总会、录像厅、放映厅、桑拿浴室(除洗浴部分外)、游艺厅(含电子游艺厅)、网吧等歌舞娱乐放映游艺场所的设置还应当符合《建筑设计防火规范》的规定。

2. 防火分隔

公共娱乐场所的建筑在设计时,应当考虑必要的防火技术措施。

(1) 歌舞厅、录像厅、夜总会、放映厅、卡拉 OK 厅(含具有卡拉 OK 功能的餐厅)、游艺厅(含电子游艺厅)、桑拿浴室(不包括洗浴部分)、网吧等歌舞娱乐游艺场所设置在首层、二层或三层以外的其他楼层时,一个厅、室的建筑面积不应大于 200 m²,并应采用耐火极限不低于 2 h 的不燃烧体隔墙和耐火极限不低于 1 h 的不燃烧体楼板与其他部位隔开,厅、室的疏散门应采用乙级防火门。

(2) 电影放映室应采用耐火极限不低于 1 h 的不燃烧墙体与其他部位隔开;观察孔和放映孔应设阻火闸门。

(3) 影剧院等建筑的舞台与观众厅之间,应采用耐火极限不低于 3.5 h 的不燃烧体隔墙分隔;舞台口上部与观众厅吊顶之间的隔墙,其耐火极限不应低于 1.5 h,隔墙上的门应采用乙级防火门。

(4) 影剧院后台的辅助用房与舞台之间,应当采用耐火极限不低于 1.5 h 的不燃烧墙体隔开;舞台下面的灯光操作室和可燃物储藏室之间,应采用耐火极限不低于 1 h 的不燃烧体与其他部位隔开。

(5) 特等、甲等或超过 1 500 个座位的其他等级的影剧院和超过 2 000 个座位的会堂或礼堂的舞台口,以及与舞台相连的侧台、后台的门窗洞口,应设水幕分隔。

(6) 特等、甲等或超过 1 500 个座位的其他等级的影剧院和超过 2 000 个座位的会堂或礼堂的舞台葡萄架下部,应设雨淋喷水灭火设施。

3. 安全疏散

(1) 公共娱乐场所安全出口的数目应通过计算确定,且不应少于两个;其中每个厅室的疏散门不应少于两个。当厅室建筑面积不超过 50 m² 且经常停留人数不超过 15 人时,可设 1 个疏散门。

(2) 安全出口或疏散出口应分散布置,相邻两个安全出口或疏散出口最近边缘之间的水平距离不应小于 5 m。

(3) 疏散用门应采用平开门,不应使用推拉门、转门、吊门、卷帘门,公共场所的疏散门应当采用消防安全推闩式外开门、门禁系统等。先进的安全疏散设施,门口不得设置门帘、屏风等影响疏散的遮挡物。公共娱乐场所的疏散门不应设置门槛,其宽度不应小于 1.4 m,紧靠门口内外各 1.4 m 范围内不应设置踏步。

(4) 商住楼内的公共娱乐场所与居民住宅的安全出口和疏散楼梯应当分开设置。

(5) 疏散楼梯、走道的净宽应根据《建筑设计防火规范》的有关疏散宽度指标和实际疏散人数计算确定;设在单层、多层民用建筑内的公共娱乐场所,其楼梯和疏散走道最小净宽不应小于 1.1 m;设在高层民用建筑内的公共娱乐场所,其楼梯最小净宽不应小于 1.2 m。

(6) 场所所在建筑的疏散楼梯应采用室内封闭楼梯间(扩大封闭楼梯间)、防烟楼梯间或室外疏散楼梯。

① 下列建筑应采用封闭楼梯间:

a. 二层及二层以上的多层民用建筑;

b. 建筑高度不超过 32 m 的二类高层民用建筑或高层民用建筑裙房;

c. 地下层数为二层及二层以下或地下室地面与室外出入口地坪高差不大于 10 m 的地下建筑(室);

d. 其他应设置封闭楼梯间的建筑。

② 下列建筑应设置防烟楼梯间:

a. 一类高层民用建筑或建筑高度超过 32 m 的建筑;

b. 地下层数为三层及三层以上或地下室地面与室外出入口地坪高差大于 10 m 的地下建筑(室);

c. 封闭楼梯间不具备自然排烟的建筑;

d. 其他应设置防烟楼梯间的建筑。

③ 封闭楼梯间、室外楼梯、防烟楼梯间的设置应符合《建筑设计防火规范》和《人民防空工程设计防火规范》中的有关要求。

(7) 关于楼梯间的门与共用楼梯间的要求与宾馆饭店中的要求相同〔见第 83 页 (7)—(8)部分〕。

(9) 楼梯间的首层应设置直接对外的出口。当建筑层数不超过 4 层时,可将直通室外的安全出口设置在离楼梯间≤15 m 处。

（10）公共娱乐场所的外墙上应在每层设置外窗（含阳台），其间隔不应大于 15 m；每个外窗的面积不应小于 1.5 m²，且其短边不应小于 0.8 m，窗口下沿距室内地坪不应大于 1.2 m。

4. 建筑内部装修

对建筑内部装修的要求与宾馆饭店中对内部装修的要求（见第 83—84 页第 3 部分）相同。

5. 建筑消防设施

A. 消火栓

公共娱乐场所应按照《建筑设计防火规范》《人民防空工程设计防火规范》有关要求设置室内外消防用水。

（1）室外消火栓布置间距不应大于 120 m，距路边距离不应大于 2 m，距建筑外墙不宜小于 5 m。

（2）应设置室内消火栓的建筑在宾馆饭店中的要求［见第 84 页 A（2）部分］基础上增加了下列内容：特等、甲等剧场，超过 800 个座位的其他等级的剧场，电影院，俱乐部，以及超过 1 200 个座位的礼堂、体育馆。

（3）公共娱乐场所建筑宜设置消防软管卷盘。室内消火栓一般应布置在舞台、观众厅和电影放映室等重点部位的醒目位置，并且便于取用的地方。

B. 自动喷水灭火系统

下列建筑应设置自动喷水灭火系统：

（1）设置在地下、半地下或地上四层及四层以上，或设置在建筑首层、二层和三层且任一层建筑面积＞300 m² 的地上公共娱乐场所；

（2）特等、甲等剧场，超过 800 个座位的其他等级的剧场，电影院，俱乐部，以及超过 1 200 个座位的礼堂、体育馆；

（3）设在高层民用建筑及其裙房内的娱乐场所和建筑面积≥200 m² 的可燃物品库房。

自动喷水灭火系统的设置应符合《自动喷水灭火系统设计规范》中的有关要求。

C. 火灾自动报警系统

下列建筑应设置火灾自动报警系统：

（1）设在地下、半地下或地上四层及四层以上的公共娱乐场所；

（2）设在高层民用建筑内及其裙房内的娱乐场所；

（3）设在高层建筑内的公共娱乐场所宜设置漏电火灾报警系统。

火灾自动报警系统的设置应符合《火灾自动报警系统设计规范》中的有关要求。

D. 防排烟系统

（1）下列场所应设置防排烟设施：

① 设在高层民用建筑及其裙房内的娱乐场所；

② 设置在一、二、三层且房间建筑面积＞200 m² 或设置在四层及四层以上或地下、半地下的公共娱乐场所；

③ 长度＞20 m 的内走道；

④ 中庭。

（2）对防排烟系统设置的要求与宾馆饭店中的相应要求［见第 84—85 页 D(2)部分］相同。

E. 火灾应急照明

（1）场所建筑的下列部位应设有火灾应急照明：封闭楼梯间、防烟楼梯间及其前室、消防电梯间及其前室或合用前室；疏散走道；观众厅、建筑面积≥400 m² 的多功能厅、餐厅面积≥200 m² 的演播室；消防控制室、自备发电机房、消防水泵房以及发生火灾时仍需坚持工作的其他房间；地下室、半地下室中的公共活动房间。

（2）火灾应急照明的设置应符合的要求与宾馆饭店中对应急照明设置的要求［见第 85 页 E(2)部分］相同。

F. 疏散指示标志

公共娱乐场所应设置醒目、耐久的安全疏散示意图。歌舞游艺娱乐放映场所室内疏散走道和主要疏散路线的地面上应设置能保持视觉连续的灯光疏散指示标志或蓄光型辅助疏散指示标志。疏散指示标志的设置应符合的要求在宾馆饭店中对疏散指示标志的设置的要求［见第 85 页 F(2)部分］的基础上增加了以下内容：

① 袋形走道灯光疏散指示标志间距不应大于 10 m，在走道转角处灯光疏散指示标志间距不应大于 10 m；

② 歌舞娱乐放映游艺场所及座位数超过 1 500 个的电影院、剧院，座位数超过 3 000 个的体育馆、会堂或礼堂，其内疏散走道和主要疏散路线的地面上还应设置能保持视觉连续的灯光疏散指示标志或蓄光疏散指示标志。

G. 灭火器

（1）公共娱乐场所应配置磷酸铵盐（ABC）干粉灭火器。

（2）一个灭火器设置点的灭火器不应少于 2 具，每个设置点的灭火器不应多于 5 具。

（3）手提式灭火器应设置在挂钩、托架上或灭火器箱内，其顶部距地面高度应小于 1.5 m，底部离地面高度不应小于 0.15 m。

（4）公共娱乐场所内灭火器的配置应符合《建筑灭火器配置设计规范》（GB/T 50140—2005）中的有关要求。

（5）设置在综合性建筑内的公共娱乐场所，其消防设施和灭火器材的设置及配备，还应符合消防技术规范对综合性建筑的防火要求。

（二）公共娱乐场所消防安全管理要求

公共娱乐场所具有火灾荷载大、人员密集、用电设备多等特点，一旦发生火灾，容易造成群死群伤的恶性事故，历来都是消防安全防控的重点。凡建筑面积≥200 m² 且设置在地上的一至三层公共娱乐场所、设置在地上四层及四层以上的公共娱乐场所和设置在地下的公共娱乐场所都作为消防安全重点单位加以严格管理。公共娱乐场所开业、使用前，应向当地公安消防机构申报消防安全检查，经消防安全检查合格后，方可开业或者使用。在营业时，不得超过额定人数；禁止带入、存放易燃易爆物品。设在地下或高层建筑内的公共娱乐场所禁止使用液化石油气。场所内严禁设置员工集体宿舍。

1. 消防安全责任

在宾馆饭店对消防安全责任的要求第(1)(2)(3)(5)(6)条[见第86页(二)-1部分]的基础上增加了两项内容。

(1) 实施新、改、扩建及装修、维修工程时,公共娱乐场所应与施工单位在订立的合同中按照有关规定明确各方对施工现场的消防安全责任。建筑工程施工现场的消防安全由施工单位负责。实行施工总承包的,由总承包单位负责。分包单位向总承包单位负责,服从总承包单位对施工现场的消防安全管理。

(2) 房屋承包、租赁或委托经营、管理时,出租人应提供符合消防安全要求的建筑物,订立的合同中应明确各方的消防安全责任。

2. 消防安全重点部位

公共娱乐场所应将下列部位确定为消防安全重点部位,张贴明显的防火标志,加强防火巡查、检查频次,及时消除火灾隐患,实行严格管理:

(1) 容易发生火灾的部位,主要有放映室、音响控制室、舞台、厨房、锅炉房等;

(2) 发生火灾时会严重危及人身和财产安全的部位,主要有观众席、舞池、包厢区等;

(3) 对消防安全有重大影响的部位,主要有消防控制室、配电间、消防水泵房等。

3. 电气防火管理

(1) 电气设备应由具有电工资格的专业人员负责安装和维修,严格执行安全操作规程。应定期对电气线路及设备进行安全检查,有条件的可委托专业机构进行消防安全检测。

(2) 各种发热电器距离周围窗帘、幕布、布景等可燃物不应小于0.5 m。

(3) 日常管理包括四项内容。

① 对电气线路和设备应当进行安全性能检查,新增电气线路、设备须办理内部审批手续后方可安装、使用,不得超负荷用电,不得私拉乱接电气线路及用具。

② 消防安全重点部位禁止使用具有火灾危险性的电热器具,确实必须使用时,使用部门应制定安全管理措施,明确责任人并报消防安全管理人批准、备案后,方可使用。

③ 配电柜周围及配电箱下方不得放置可燃物。

④ 保险丝不得使用钢丝、铁丝等其他金属替代。

4. 用火管理

公共娱乐场所应采取七项控制火源的措施:

(1) 严格执行内部动火审批制度,落实动火现场防范措施及监护人。

(2) 固定用火场所应当经过消防安全管理人员审批,存放燃气钢瓶的固定用火部位与其他部位应采取防火分隔措施,并设置自然通风设施。安全制度和操作规程应公布上墙,配备相应的灭火器材。

(3) 公共娱乐场所在营业期间严禁动用明火,严禁进行设备检修、电气焊、油漆粉刷等施工、维修作业。工作需要必须常开的防火门应安装电磁门吸、电子释放器等具备联动关闭功能的装置。

（4）疏散走道、疏散楼梯、安全出口应保持畅通，禁止占用疏散通道，不应遮挡、覆盖疏散指示标志。公共疏散门不应锁闭，应设置推闩式外开门。非正常出入的、具有安全防范要求的公共疏散门应采用安全逃生门锁。

（5）禁止将安全出口上锁，禁止在安全出口、疏散通道上安装栅栏等影响疏散的障碍物；疏散通道、疏散楼梯、安全出口处以及房间的外窗不应设置影响安全疏散和应急救援的固定栅栏。

（6）防火卷帘下方严禁堆放物品，消防电梯前室的防火卷帘应具备两侧手动起闭按钮。

（7）卡拉 OK 厅及其包房内应当设置声音或者视像警报，保证在火灾发生初期，将各卡拉 OK 房间的画面、音响消除，播送火灾警报，引导人们安全疏散。

5. 建筑消防设施、器材日常管理

公共娱乐场所应加强建筑消防设施、灭火器材的日常管理，并确定本单位专职人员或委托具有消防设施维护保养能力的组织或单位定期进行维护保养，并保留维保记录，保证建筑消防设施、灭火器材配置齐全、正常工作。公共娱乐场所的公共部位应设置便于管理、规范的消防安全设施警示、提示标志。

A. 消防控制室

对消防控制室的管理要求与宾馆饭店中的要求（见第 88 页 A 部分）基本相同，添加以下内容：认真记录控制器日运行情况，每日检查火灾报警控制器的自检、消音、复位功能以及主备电源切换功能，并按规定填写记录相关内容。

B. 消火栓系统管理

与宾馆饭店中对消火栓系统管理的要求相同（见第 89 页 B 部分）。

C. 火灾自动报警系统管理

在宾馆饭店中对火灾自动报警系统管理的要求（见第 89 页 C 部分）的基础上，增加了以下要求：公共娱乐场所单独设置火灾报警系统的，其控制器应接入城市集中火灾报警系统。

D. 自动喷水灭火系统管理

在宾馆饭店对自动喷水灭火系统管理的要求（见第 89 页 D 部分）基础上，增加了以下要求：面积超过 2 000 m² 的大型公共娱乐场所的自动喷水灭火系统宜安装消防泵自动巡检系统。

E. 灭火器管理

与宾馆饭店对灭火器管理的要求（见第 89 页 E 部分）基本相同，增加了以下内容：存在机械损伤、明显锈蚀、灭火剂泄露、被开启使用过或符合其他维修条件的灭火器应及时进行维修；灭火器压力表指针指示区保持在绿区。

F. 消防标志标识的管理

消防标志标识的管理应达到下列要求：

（1）基材牢固，字迹图案醒目，符合有关标准；

（2）消防设施所使用的标志分为"使用""故障""检修""停用"四类；

（3）应根据实际情况，使用符合实际或状态的标志标识；

（4）应根据消防设施、环境状态及时调整、配置消防安全标志标识，并做好记录；

（5）应采取措施确保标志标识的完好，不应因时间及责任人员的变动导致标志标识的损毁、迁移和错挂。

6. 防火检查

与大型商场的防火检查要求基本相同（见第 102 页第 6 部分），此外，防火巡查、检查人员应当及时纠正违章行为，妥善处置火灾危险，无法当场处置的，应当立即报告。发现初期火灾应当立即报警并及时扑救。

公共娱乐场所还应当按照国家有关标准，明确各类建筑消防设施日常巡查、单项检查、联动检查的内容、方法和频次，并按规定填写相应的记录。

7. 消防安全宣传教育和培训

公共娱乐场所营业厅的主要通道要设置醒目的安全疏散图示。应结合季节火灾特点和重大节日、重要活动期间的防火要求，开展有针对性的消防宣传、教育活动。设有视频系统的娱乐场所，宜设置程序，在视频系统开启时，自动播放消防宣传资料。

新员工上岗前应当进行过消防安全教育、培训。对全体员工每年进行不少于一次的消防培训。宣传教育、培训情况应做好记录，适时考核，检查效果。员工经培训后，应懂得本岗位的火灾危险性、预防火灾措施、火灾扑救方法、火场逃生方法，会报火警 119，会使用灭火器材，会扑救初期火灾，会组织人员疏散。

8. 灭火和应急疏散预案与演练

公共娱乐场所应制定灭火和应急疏散预案，并定期演练。预案内容包括组织机构（指挥员、灭火行动组、通信联络组、疏散引导组、安全防护救护组等），报警和接警处置程序，应急疏散的组织程序，扑救初期火灾的程序，通信联络、安全防护的程序，善后处置程序。

属于消防安全重点单位的公共娱乐场所应当按照灭火和应急疏散预案，至少每半年进行一次演练；其他单位应当按照灭火和应急方案，至少每年组织一次演练。演练结束，应及时进行总结，做好记录，及时修订预案内容。

第五节　医院建筑火灾的预防

一、医院建筑火灾成因

医院是指以向人提供医疗护理服务为主要目的的医疗机构，是集医疗、预防、康复、急救、教学为一体的特殊的公共场所，其服务对象不仅包括患者和伤员，也包括处于特定生理状态的健康人（如孕妇、产妇、新生儿）以及完全健康的人（如来医院进行体格检查或口腔清洁的人）。医院一般分为综合性和专科两大类。综合性医院设有大内科、大外科、妇产科、儿科、五官科等至少三科以上的病科，并设有门诊部及 24 小时服务的急诊部和住院部;专科医院则为某一专门的医治对象或防治某一专科疾病而设置。医院发生火灾的主要原因包括三个方面。

（一）内部可燃物资多，火灾隐患严重

医院住院部有大量的棉被、床垫等可燃物，手术室、制剂室、药房存放使用的乙醇、甲醇、丙酮、苯、乙醚、松节油等易燃化学试剂，以及锅炉房、消毒锅、高压氧舱、液氧罐等压力容器和设备，有时还需使用酒精灯、煤气灯等明火和电炉、烘箱等电热设备，如果管理使用不当，很容易造成火灾爆炸事故。

（二）电气线路老化、用电超负荷

当前医院为接纳更多的患者，大型医疗设备与日俱增，不少医院舍得投资几百万购置先进设备而不愿拿出几万元更新陈旧线路。同时，因调整科室、更改原设计用途、电力超负荷等也常出现火灾隐患，致使电器线路老化或超负荷造成表面绝缘层破损发生短路，导致火灾的发生。

（三）零星火种多，管理难度大

医院的火源较多，如烟头、火柴、微波炉、制剂室制药用的电炉、煤气炉、病理室用的烘箱等明火。

二、医院建筑火灾特点

医院门诊楼、病房楼属于典型的人员密集场所，相对于其他一般火灾风险的普通场所，医院发生火灾的风险较高，容易造成群死群伤恶性火灾事故。医院的火灾危险性体现在四个方面。

（一）人员集中，极易造成巨大伤亡

医院内部的建筑多为中廊或内走廊式，且楼层较多，各个部门、科室之间相互连通。出于自身防盗的考虑，大多数医院在有贵重设备和财产的科室里都安装了防盗门，窗户安装防护栏，夜间锁闭病区大门，导致疏散通道不畅通。另一方面，医院作为患者集中的场所，病人及陪护人员数量众多，人员高度集中，有些骨折、危重病人行动多有不便。一旦发生火灾，疏散人数多、施救难度大，火势很容易蔓延扩大，消防人员难以及时扑救，极易造成群死群伤的严重后果。

【案例5-10】 2005年12月15日，吉林省辽源市中心医院发生大火。16时10分许，该医院突然停电。电工在一次电源跳闸、备用电源未自动启动的情况下，强行推闸送电。16时30分许，配电箱发出"砰砰"声，并产生电弧和烟雾，导致配电室发生火灾，在自救无效的情况下，相关人员才于16时57分打电话报警，前后历时近20分钟，造成火势迅速发展蔓延。因该单位延误了扑救初期火灾、控制火势的最佳时机，消防队到达现场时，已形成大量人员被困的复杂局面,群死群伤事故已不可避免。这次因电工违章操作、电缆短路引发的大火,造成 37 人死亡,95 人受伤(46 人重伤),火灾直接损失 821.9 万元,是中华人民共和国成立以来卫生系统的最大一起火灾。

(二)化学品种类多,火灾情况复杂

医院的功能复杂,住院部有大量的棉被、床垫等可燃物,手术室、制剂室、药房存放使用的乙醇、甲醇、苯、乙醚、松节油等易燃化学试剂,锅炉房、消毒锅、高压氧舱、液氧罐等压力容器和设备,以及酒精灯、煤气灯等明火和电炉、烘箱等电热设备,如果管理使用不当,很容易造成火灾爆炸事故,一旦着火,会造成严重后果。例如,氢气瓶在接触碳氢化合物、油脂时会导致自燃,高压氧舱在火灾中不仅会造成其内人员死亡,甚至还会发生爆炸导致严重后果。有的物品不仅燃烧速度快,而且能够产生大量的有毒有害烟气,部分危险化学品甚至有爆炸的危险,对病人和医护人员造成伤害。

(三)病人自救能力差,致死的因素多

医院火灾具有特殊性,病人多,自救能力差,特别是有些骨折病人、动手术的病人和危重病人在输液、输氧情况下,一旦发生火灾,疏散任务重,疏散难度大。一些心脏病、高血压病人遇火灾精神紧张,有可能导致病情加重,甚至猝死。

三、医院建筑火灾预防

(一)医院消防安全技术要求

医院具有人员众多(如病人及其陪护人员、探视人员、医护人员等)、人员流量大、医疗设备用电多、危险化学物品使用多等特点,其火灾风险较普通场所高,火灾容易造成群死群伤恶性事故,因此,其防火设计标准较高,日常的防火管理也较严。医院的总平面布局、建筑耐火等级、建筑平面布局、安全疏散、消防设施必须符合《建筑设计防火规范》等国家有关消防技术规范的具体规定。

1. 建筑耐火等级和消防安全布局

(1)合理规划消防通道,病房楼、危险品仓库应相对独立,建筑间及建筑与液氧、液氢储罐等设施之间应保持足够的防火间距,合理确定消防水源的位置。

(2)液氧储罐不应设在地下室内,当其总容量不超过 3 m³ 时,储罐间可单面贴邻建筑外墙建造,但应采用防火墙隔开。

(3)建筑耐火等级应采用一、二级,当为三级耐火等级时不应超过三层。病房的建筑构件不得采用可燃夹芯钢板。

(4)住院部不应设置在三级耐火等级建筑的三层及三层以上或地下、半地下室内。儿科病房宜设置在四层或四层以下。

(5)燃油(气)锅炉、可燃油油浸电力变压器、充有可燃油的高压电容器和多油开关,应设置在高层建筑外的专用房内。除液化石油气作燃料的锅炉外,必须附设在建筑物内

时,不应设置在病房等人员密集场所的上一层、下一层或贴邻。

（6）高压氧舱应设置在耐火等级为一、二级的建筑内,并使用防火墙与其他部位分隔,但不应设置在地下室内。供氧房宜布置在主体建筑的墙外,并远离热源、火源和易燃、易爆源。

2. 防火分隔

（1）多幢设有自动消防设施的建筑,宜集中设置消防控制室;消防控制室应设置在建筑的首层或地下一层,采用耐火极限不低于 2 h 的隔墙和 1.5 h 的楼板与其他部位隔开,并应设置直通室外的安全出口。

（2）建筑内设置自动灭火系统的设备室、通风、空调机房,应使用耐火极限不低于 2 h 的隔墙和 1.5 h 的楼板与其他部位隔开。对于其房间门,高层建筑应采用甲级防火门,多层应采用乙级防火门。

（3）防火分区内的病房、产房、手术室、精密贵重医疗设备用房等,均应采用耐火极限不低于 1 h 的非燃烧体与其他部位隔开。

（4）手术室应使用耐火极限不低于 2 h 的不燃墙体和耐火极限不低于 1 h 的楼板与其他场所隔开,并设置不低于乙级的防火门。

（5）同层设有两个及两个以上护理单元时,通向公共走道的单元入口处,应设乙级防火门。

（6）病房楼内设有地下汽车库时,与其他部分应形成完全的防火分区。

（7）电梯井应独立设置,井内严禁敷设可燃气体和甲、乙、丙类液体管道;电缆井、管道井等竖向管道井,应分别独立设置,井壁上的检查门应采用丙级防火门,一般应每隔 2 至 3 层在楼板处使用相当于楼板耐火极限的不燃材料做防火分隔。

3. 安全疏散

（1）医院建筑的安全出口数不应少于两个,底层应设置直通室外的出口。安全出口或疏散出口应分散布置,相邻两个安全出口或疏散出口最近边缘之间的水平距离不应小于 5 m。

（2）医院建筑内疏散楼梯、走道的净宽根据《建筑设计防火规范》规定的有关疏散宽度指标和实际疏散人数计算确定。疏散楼梯、走道最小净宽的相关规定如下:单层、多层医院建筑,其楼梯和走道净宽不应小于 1.1 m;高层、地下医院建筑,其楼梯净宽不应小于 1.3 m,其中主疏散楼梯的宽度不得小于 1.65 m;走道单面布置时净宽不应小于 1.4 m,双面布置时净宽不应小于 1.5 m。首层疏散外门净宽不应小于 1.3 m。

（3）医院高层建筑内的会议室、多功能厅等人员密集场所,室内任何一点至最近的疏散出口的直线距离不应超过 30 m;其他房间内最远点至房门的直线距离不应超过 15 m。

（4）医院高层建筑内,位于两个安全出口之间的病房门至最近的外部出口或楼梯间的最大距离应不大于 24 m,其他房间门距最近的外部出口或楼梯间的最大距离应不大于 30 m;位于袋形走道两侧或顶端的房间至最近的外部出口或楼梯间的最大距离应不大于 12 m,其他房间门的最大距离应不大于 15 m。

医院多层建筑内,位于两个安全出口之间的病房门至最近的外部出口或楼梯间的最大距离,一、二级耐火等级建筑不应大于 35 m,三级耐火等级建筑不应大于 30 m;位于袋形走道两侧或顶端的房间至最近的外部出口或楼梯间的最大距离,一、二级耐火等级建筑不应大于 20 m,三级耐火等级建筑不应大于 15 m。

(5) 病人使用的疏散楼梯至少应有一座为天然采光和自然通风的楼梯。

(6) 多层建筑病房楼、超过 5 层的其他多层公共建筑、建筑面积≥500 m² 且设置在底层地坪与室外出入口高差不大于 10 m 的地下建筑的室内疏散楼梯,均应设置封闭楼梯间。

高层医院建筑、建筑面积≥500 m² 且设置在底层地坪与室外出入口高差大于 10 m 的地下建筑应设置防烟楼梯间。

封闭楼梯间、防烟楼梯间的设置应符合《建筑设计防火规范》和《建筑内部装修设计防火规范》的要求。

(7) 疏散门应向疏散方向开启,不应采用卷帘门、转门、吊门、侧拉门。疏散楼梯和走道上的阶梯不应采用螺旋楼梯和扇形踏步。

安全出口处不应设置门槛、台阶、屏风等影响疏散的遮挡物。疏散门内外 1.4 m 范围内不应设置踏步。

(8) 疏散通道、疏散楼梯、安全出口处以及房间的外窗不应设置影响安全疏散和消防应急救援的固定栅栏。

4. 建筑内部装修

(1) 地下病房、医疗用房,其顶棚、墙面应采用符合国家有关标准规定的不燃装修材料,地面、隔断、固定家具、装饰织物可采用符合国家有关标准规定的难燃装修材料。单层、多层病房楼,顶棚应采用符合国家有关标准规定的不燃装修材料,墙面、隔断、装饰织物应采用符合国家有关标准规定的难燃装修材料,地面、固定家具可采用可燃装修材料。

(2) 高压氧舱内的装饰材料应采用符合国家有关标准规定的不燃材料或难燃材料。医院建筑内部装修还应符合《建筑内部装修设计防火规范》和《建筑内部装修防火施工和验收规范》中的有关要求。

5. 建筑消防设施

A. 消火栓

医院应按照《建筑设计防火规范》和《人民防空工程设计防火规范》中的有关要求,设置室内外消防用水。

(1) 室外消火栓布置间距不应大于 120 m,距路边距离不应大 2 m,距建筑外墙不宜大于 5 m。

(2) 医院下列建筑应设室内消火栓系统:

① 超过五层或体积超过 10 000 m³ 的建筑;

② 体积超过 5 000 m³ 的门诊楼、病房楼;

③ 高层医院建筑;

④ 建筑面积>300 m² 的人防工程。

B. 自动喷水灭火系统

医院下列建筑应设自动喷水灭火系统：

（1）设有空气调节系统的单层、多层建筑；

（2）任一楼层建筑面积＞1 500 m² 或总建筑面积＞3 000 m² 的病房楼、门诊楼、手术部；

（3）高层建筑的公共活动用房、走道、办公室、可燃物品库房、自动扶梯底部和垃圾道顶部；

（4）建筑面积＞1 000 m² 的人防工程。

自动喷水灭火系统的设置应符合《自动喷水灭火系统设计规范》中的有关要求。

C. 火灾自动报警系统

医院下列建筑应设火灾自动报警系统：

（1）高层病房楼的病房、贵重医疗设备室、病历档案室、药品库和办公室及会议室等。

（2）多层建筑大于等于 200 床位的医院门诊楼、病房楼、手术部等。

火灾自动报警系统的设置应符合《火灾自动报警系统设计规范》中的有关要求。

D. 火灾应急照明

（1）医院建筑的下列部位应设有火灾应急照明：

① 楼梯间、封闭楼梯间、防烟楼梯间及其前室前室、合用前室；

② 建筑内的疏散走道；

③ 急（门）诊厅、集中输液室、多功能厅、餐厅等人员密集场所；

④ 建筑面积大于 300 m² 的地下室；

⑤ 消防控制室、自备发电机房、消防水泵房、防排烟机房、配电室和自备发电机房、电话总机房以及发生火灾时仍需坚持工作的其他房间。

（2）火灾应急照明的设置应符合的要求与居住建筑火灾预防中对应急照明的设置要求[见第 64 页 E(2)部分]相同。

E. 疏散指示标志

（1）安全出口或疏散出口的上方、疏散走道均应设置灯光疏散指示标志。

（2）疏散指示标志的设置应符合五个方面的要求。

① 疏散指示标志的方向指示标志图形应指向最近的疏散出口或安全出口，在两个疏散出口、安全出口之间应按不大于 20 m 的间距设置带双向箭头的诱导标志，疏散通道拐弯处、"丁"字形、"十"字形路口处应增设疏散指示标志，其间距不应大于 1 m；对于袋形走道，其间距不应大于 10 m。

② 设置在安全出口或疏散出口上方的安全出口标志，其下边缘距门的上边缘距离不宜大于 0.3 m；疏散走道两侧墙面上的安全出口，其疏散指示标志应设于走道吊顶下方指向安全出口。

③ 设置在场面上的疏散指示标志，标志中心线距室内地坪距离不应大于 1 m（该部位难以安装时，可安装在墙面上部）。

④ 疏散指示标志灯应设玻璃或其他透明、阻燃材料制作的保护罩。

⑤ 疏散指示标志灯可采用蓄电池作备用电源,其连续供电时间应不少于 30 min。工作电源断电后,应能自动接合备用电源。

F. 灭火器

(1) 一个灭火器设置点的灭火器不应少于 2 具,每个设置点的灭火器不应多于 5 具。

(2) 手提式灭火器应设置在挂钩、托架上或灭火器箱内,其顶部离地面高度应小于 1.5 m,底部离地面高度不应小于 0.15 m。

(3) 医院建筑灭火器的配置应符合《建筑灭火器配置设计规范》中的有关要求。

(二) 医院的消防安全管理要求

医院新建、改建、扩建、装修或变更房屋用途时,应当依法向当地公安消防机构申报消防设计审核或备案抽查,经审核合格后方可施工;工程竣工后,应及时向公安消防机构申报消防验收或备案,未经验收或者经验收不合格的,不得投入使用。

1. 消防安全责任

(1) 医院的法定代表人或主要负责人是医院的消防安全责任人,对本单位的消防安全工作全面负责。医院应当建立完善消防安全管理体系,落实逐级消防安全责任制和岗位消防安全责任制,明确逐级和岗位消防安全职责,确定各级、各岗位的消防安全责任人,保障消防安全疏散条件,落实消防安全措施。

(2) 应设置或者确定消防工作的归口管理职能部门,并确定专、兼职消防安全管理人员,负责日常消防管理。

(3) 实施新、改、扩建及装修、维修工程时,医院应与施工单位在订立的合同中按照有关规定明确各方对施工现场的消防安全责任。建筑工程施工现场的消防安全由施工单位负责。实行施工总承包的,由总承包单位负责。分包单位向总承包单位负责,服从总承包单位对施工现场的消防安全管理。

2. 消防安全重点部位

下列部位确定为医院的消防安全重点部位:

(1) 容易发生火灾的部位,主要有危险品仓库、理化试验室、中心供氧站、高压氧舱、胶片室、锅炉房、木工间等;

(2) 发生火灾时会严重危及人身和财产安全的部位,主要有病房楼、手术室、宿舍楼、贵重设备工作室、档案室、微机中心、病案室、财会室、大宗可燃物资仓库等;

(3) 对消防安全有重大影响的部位,主要有消防控制室、配电间、消防水泵房等。

上述重点部位应设置明显的防火标志,标明"消防重点部位"和"防火责任人",落实相应管理规定,实行严格管理。

3. 电气防火管理

(1) 电气设备应由具有电工资格的专业人员负责安装和维修,严格执行安全操作规程。每年应对电气线路和设备进行安全性能检查,必要时应委托专业机构进行电气消防安全检测。

(2) 在要求防爆、防尘、防潮的部位安装电气设备,应符合有关安全技术要求。

（3）日常管理要注意以下方面：

① 编制内部用电负荷计划表，新增电气线路、设备须办理内部审批手续后方可安装、使用，不得超负荷用电，不得私拉乱接电气线路及用具；

② 消防安全重点部位禁止使用具有火灾危险性的电热器具，确因医疗、科研、试验需要而必须使用时，使用部门应制定安全管理措施，明确责任人并报消防安全管理人批准、备案后，方可使用；

③ 配电柜周围及配电箱下方不得放置可燃物；

④ 非使用期间应关闭非必要的电器设备；

⑤ 保险丝不得使用钢丝、铝丝等替代。

4. 用火管理

（1）严格执行内部动火审批制度，及时落实动火现场防范措施及监护人。

（2）固定用火场所、设施和大型医疗设备应有专人负责，安全制度和操作规程应公布上墙。

（3）宿舍内禁止使用蜡烛等明火用具，病房内非医疗区不得使用明火。

（4）病区、门诊室、药（库）房和变配电室内禁止烧纸，除吸烟室外，不得在任何区域吸烟。

（5）处理污染的药棉、绷带以及手术后的遗弃物等物品的焚烧炉，必须选择安全地点设置，专人管理，以防引燃周围的可燃物。

5. 易燃易爆危险化学物品管理

在治疗、手术过程中，医院通常会使用乙醇、乙醚等易燃易爆危险化学物品，对此应采取下列措施，加以严格管理：

（1）严格易燃易爆危险化学品使用审批制度；

（2）加强易燃易爆化学危险品储存管理，应根据其物理化学特性分类、分区、分室存放，严禁混存，高温季节室内温度应控制在28℃以下，并加强储存场所的通风；

（3）病房、宿舍及大型医疗设备工作场所禁止带入易燃易爆危险化学品。

6. 安全疏散设施管理

疏散楼梯、安全出口及疏散走道等安全疏散设施是火灾情况下病人、医务工作人员疏散逃生的主要路径，也是消防人员进行灭火救援的通道，因此，医院必须落实有效的防火措施进行管理。

（1）防火门、防火卷帘、疏散指示标志、火灾应急照明、火灾应急广播等设施应设置齐全，完好有效。

（2）医疗用房（如门诊部、急诊部等）、病房楼应在明显位置设置安全疏散门。

（3）常闭式防火门应向疏散方向开启并设有指示文字和符号，因工作必须常开的防火门应具备联动关闭功能。

（4）保持疏散通道、安全出口畅通，禁止占用疏散通道，不应遮挡、覆盖疏散指示标志。

（5）安全出口禁止上锁，禁止在安全出口、疏散通道上安装栅栏等影响疏散的障碍物;疏散通道、疏散楼梯、安全出口处以及房间的外窗不应设置影响安全疏散和应急救援的固定栅栏。

(6)保持病房楼、门诊楼的疏散走道、疏散楼梯、安全出口的畅通,不得设置临时病床;公共疏散门不应锁闭,宜设置推闩式外开门。

(7)防火卷帘下方严禁堆放物品,消防电梯前室的防火卷帘应具备停滞功能。

7.建筑消防设施、器材日常管理

加强医院建筑消防设施、灭火器材的日常管理,并确定专职人员或委托具有消防设施维护保养资格的组织或单位进行消防设施维护保养,保证建筑消防设施、灭火器材配置齐全、正常工作。具体要求与宾馆饭店中对消防设施、器材管理的要求相同(见第88页第6部分)。

8.防火检查

医院是消防安全重点单位,应按照《机关、团体、企业、事业单位消防安全管理规定》的要求,对消防安全制度和落实消防安全管理措施的执行情况进行巡查和检查,落实防火巡查、检查人员,填写巡查、检查记录,及时纠正违章行为,妥善处置火灾危险,无法当场处置的,应当立即报告。发现初期火灾应当立即报警并及时扑救。

(1)每日应当进行防火巡查并填写防火巡查记录,巡查应以病房等消防安全重点部位为重点,病房应当加强夜间巡查。

(2)每月至少组织一次防火检查,还应根据消防安全要求,开展年度检查、季节性检查、专项检查、突击检查等形式的防火检查。

医院应当按照国家有关标准,明确各类建筑消防设施日常巡查、单项检查、联动检查的内容、方法和频次,并按规定填写相应的记录。

9.消防安全宣传、培训

医院应当通过张贴图画、广播电视、知识竞赛、培训讲座、宣传板报等多种形式,开展经常性消防安全宣传教育,并做好记录。培训程序、培训内容应考虑不同层次、不同岗位的需求。医院应当利用内部宣传工具宣传安全疏散、逃生自救等防火安全注意事项。不同季节和重大节日、活动前应开展有针对性的消防宣传、教育活动。员工经培训后,应做到懂火灾的危险性、预防火灾措施、火灾扑救方法、火场逃生方法;会报火警119,会使用灭火器材,会扑救初期火灾,会组织人员疏散。

10.灭火和应急疏散预案及演练

医院应当根据《消防法》的有关规定,制定灭火和应急疏散预案,并定期演练,以减少火灾危害。预案内容包括组织机构(指挥员、灭火行动组、通信联络组、疏散引导组、安全防护救护组等),报警和接警处置程序,应急疏散的组织程序,扑救初期火灾的程序,通信联络,安全防护的程序,善后处置程序。

属于消防安全重点单位的医院(如病床数大于50张的医院)应当按照灭火和应急疏散预案,至少每半年进行一次演练;其他单位应当按照灭火和应急方案,至少每年组织一次演练。消防演练时,应当设置明显标志并事先告知演练范围内的相关部门科室人员、病人及其家属,防止发生意外混乱。演练结束,应及时进行总结,做好记录,及时修订预案内容。

（三）相关重点部位的防火要求

1. 手术室

医院的手术室内常用设备有万能手术台、麻醉台、麻醉机、氧气瓶、输液架、吸引器、电凝器和激光刀等，常用的麻醉剂有乙醚、甲氧氟烷、环丙烷、氧化亚氮等，火灾危险性主要来自电气设备和易燃的麻醉剂。其防火要求主要包括六个方面。

（1）良好的通风。手术室内应有良好的通风设备，不得使用循环排风。乙醚、乙醇的蒸气密度比空气大，大多沉积于地面，因此，排风口应设置在手术室靠近地板的下部，进风口应设置于手术室靠近顶棚的上部。宜在给病人施行乙醚麻醉的部位，安装吸风管，实施局部吸风，以排除乙醚蒸气。

（2）控制易燃物。手术室内不得储存可燃、易燃药品；手术中使用的易燃药品，应随用随领，不应储存在手术室内；手术室内不得使用盆装酒精泡手消毒，如必须使用，则应在与手术室隔开的房间内进行；麻醉设备应完好，应按规程慎重操作，以防止乙醚与空气的混合物大量逸漏；使用过的酒精、乙醚等物应随时封口放入有盖的容器中。

（3）火源控制。手术室内禁止使用电炉、酒精灯等明火设备；电力系统的电源设备必须绝缘良好，以防短路产生电火花；在有高压氧或使用易燃麻醉剂的过程中，禁止使用电炉或火炉、电暖器、激光刀等，严禁使用酒精灯消毒器械。

（4）电气防火。由于乙醚等可燃蒸气比空气重，因此，手术室内的电气开关和插座的安装高度一般距地面不小于 15 m；手术室内的非防爆型开关、插头，应在手术麻醉前合上、插好；手术完毕后，必须待乙醚等可燃蒸气散发排净后，方可切断或拔去插头，以防发生爆炸。

（5）防静电。手术室宜铺设导电性能良好的地板；所有布类及工作人员、病员服装均采用全棉织品。

（6）应配有二氧化碳灭火器材等。

2. 理化检验和实验室

在进行理化检验和实验操作的过程中，大多会使用到醇、醚、叠氮钠、苦味酸等一些易燃易爆化学试剂及烘箱等通用设备，且主要进行的是实验操作工作，其防火要求主要包括三个方面。

A. 平面布局防火要求

（1）实验室不宜设置在门诊病人密集区域，也不宜设在医院主要通道口、锅炉房、药库、X 线胶片室等附近。应布置在医院的一侧，门应设在靠近外侧处，以便发生事故时能迅速疏散和实施扑救。

（2）实验室内的试剂橱应放在人员进出和实验操作时不易靠近的部位，且应设在实验室的阴凉之处，以免太阳光直射，同时注意自然通风；电烘箱、高速离心机等设备应摆放在远离试剂的部位。

（3）必须保持良好通风。应在室内相对两侧设置窗户自然通风，使实验操作时退出的有毒易燃气体能及时排出，同时，还应采取措施使排出的气体不致流入病房、观察室、候诊室等人员密集的区域。

B. 化学试剂存放要求

(1) 实验室使用的乙醚、乙醇、甲醇、丙酮及苯等易燃液体应存放在试剂橱的底层阴凉处,以免试剂瓶破损后渗漏出来的液体与其他试剂发生化学反应;高锰酸钾、重铬酸钾等氧化剂与易燃有机物应分开储存,不得混存;乙醚等见日光产生过氧化物的物质,应避光存放;尚未使用完的乙醚试剂瓶,不应存放在普通冰箱内,以免冰箱启动时产生的电火花引爆乙醚蒸气。

(2) 叠氮钠等防腐剂属于起爆药品,震动时会有爆炸危险,且有剧毒。包装完好的叠氮钠应放置在黄沙箱内,做到专柜保管,平衡防震,双人双锁。苦味酸有爆炸性,应当配制成溶液后存放,避免触及金属,以免形成爆炸敏感性更高的苦味酸盐。

(3) 试剂瓶标签必须齐全清楚,不得存放无标签或标签模糊、脱落的试剂瓶。

(4) 试剂瓶库(室)应有专人负责管理,定期检查清理。

C. 其他防火要求

(1) 容易分解的试剂或强氧化剂(过氧化物、重铬酸钾、高锰酸钾、氧酸盐等)加热时容易爆炸或燃烧,应在通风橱内进行操作。

(2) 实验操作完毕后,应将试剂入橱保存,不得放置在实验台上。

(3) 实验室内的电气设备,应规范安装、定期检查,以防漏电、短路、超负荷运行。

(4) 烘箱等发热体不应直接放在木台上,而应有砖块、石棉板等隔热材料衬垫。

3. 病理室

病理室的防火要求与理化检验和实验室大体相同。除此以外,还应做到以下三点:

(1) 切片制作过程中,所有的烘干工序应在真空烘箱中进行,不宜使用电热烘箱设备,以防易燃液体蒸气与空气形成的爆炸性气体混合物遇明火电热丝引起爆炸;

(2) 每项使用易燃液体的操作都应在实验橱内进行;

(3) 沾有溶剂或石蜡的物品应集中处理,不得任意乱放或与火源接触。

4. 药品仓库

药品仓库是指医院的附属药品库房。其储存的药品大多是可燃的,有的还储有乙醚、苯、丙酮、甲醇、过氧化氢、高锰酸钾等易燃易爆化学品,所以采取有效的防火措施非常重要。

A. 设置位置

药品库房一般独立设置在医院的一角,不得与门诊部、病房等人员密集场所毗连,不得靠近 X 线胶片室、手术室、锅炉房等。

B. 建筑防火

药品库房的耐火等级应为一、二级。若为三级,则可燃、易燃药品应分别放置在用不燃材料砌成的药品货架上。

地下室可储存片剂、针剂、水剂、油膏等不燃、不易挥发的药品,不应储存乙醇、乙醚等易燃物品。

C. 储存要求

(1) 可燃、易燃的化学药品如乙醇、乙醚、丙酮等与其他不燃药品应分间存放或隔开存放,不得混存,并应符合危险化学品储存的安全技术要求。

(2) 苦味酸、叠氮钠及硝化甘油片剂、亚硝异戊酸等具有爆炸性的药品,应单独存放,叠氮钠应存放在沙盘内,以防震动起爆。

(3) 重铬酸钾、高锰酸钾、过氧化氢等氧化剂不得与其他药品混存。

(4) 存放量大的中草药库房,应定期将中草药摊开,注意防潮,预防集热自燃。

(5) 库内电气设备的安装、使用应符合防火要求;不得使用 60 W 以上的白炽灯、碘钨灯、高压汞灯和电热器具。灯具 0.5 m 周边范围内及垂直下方不得有可燃物;药库用电应在库外或值班室内设置电源总开关,库内无人时应断开总开关。

5. 药房

药房是医院直接向门诊病人和病房供药的部门,防火要求主要包括六个方面。

(1) 药房宜设置在门诊部或住院部的首层。

(2) 乙醇、乙醚等易燃危险药品应限量存放,一般不得超过一天的用量。

(3) 以高锰酸钾等氧化剂进行配方时,应采用玻璃、瓷质器皿盛放,不得采用纸质包装袋。

(4) 化学性质相互抵触或相互反应的药品,应分开存放;盛放易燃液体的玻璃器皿,应放在专用的药架底层,以免破碎、脱落引发火灾。

(5) 药房内废弃的纸盒、纸屑、说明书等可燃物,应集中放在专用桶篓内,集中按时清除,不应随意乱丢乱放。

(6) 药房内严禁烟火。照明线路、灯具、开关的敷设、安装、使用应符合相关电气防火要求。

6. 高压氧舱

高压氧舱是一种载人的容器医疗设备,是抢救煤气中毒、溺水、缺氧窒息等危急病人的必备设备,治疗压力一般在 0.2～0.25 MPa。一旦失火,舱内人员很难撤离,往往造成严重伤亡事故。根据公安部消防局的记载,1923—1996 年的 74 年间,亚洲、欧洲和北美洲共发生高压氧舱火灾事故 35 起,导致 77 人死亡。我国从 1996—2004 年,共发生高压氧舱火灾事故 26 起,死亡 63 人,重伤 9 人。高压氧舱的防火应着重注意五个方面。

(1) 严禁舱内使用强电。舱内除通信及信号传感元件外,不得设置任何电器。照明采用舱外方式,光源设置在舱外观察窗部位,同时舱外应配置应急照明系统,严禁舱内采用日光灯或其他普通照明灯具。

(2) 严格控制舱内室浓度。一般不超过 23%,严禁超过 25%。

(3) 尽量减少舱内可燃物。严禁采用易燃、可燃或燃烧时能产生有毒气体的材料进行内部装饰;舱内的地板应具良好的导电性;不得使用羊毛、化纤被褥、毯子及椅垫等;舱内任何部位均不应沾有油脂。严禁将松节油、活络油、乙醇等易燃物质带入舱内。

(4) 严格控制和杜绝一切火源。病人应着统一的全棉质病员服装和拖鞋入舱。严禁穿戴能产生静电的化纤织物和携带手机、手表、玩具等物进舱。严禁将打火机、火柴、油污之物带入舱内。进入舱内的人员应事先经安全教育。

(5) 设置灭火设施。大型的医用氧舱宜设置自动喷水灭火装置和应急呼吸装置;中、小型的,可采用低毒高效的灭火器等。

7. 病房

病房区大多居住的是行动不便的病人,如发生火灾,疏散难度大,极易造成重大伤亡事故,因此,病房的防火应注意四个方面。

(1) 病房疏散通道、疏散楼梯内不得堆放可燃物品及其他杂物,不得加设病床,应保持疏散通道、楼梯畅通无阻;走道上为防火分区用的防火门平时如需常开,则发生火灾时应能自动关闭;疏散门应采用向疏散方向开启的平开门,不应采用推拉门、卷帘门、吊门、转门,疏散门不得上锁;疏散走道应设置火灾应急照明、疏散指示标志和火灾应急广播,并保持完好有效。

(2) 严禁私拉乱接电线、擅自使用电气设备。病房的电气线路和设备不得擅自改动,严禁使用电炉、液化气炉、煤气炉、电热水壶、酒精炉等非医疗用电器具,以防超负荷运行。

(3) 病房内严禁吸烟及使用明火烘烤衣服,病人及其家属加热食品的炉灶,应设在病房区以外的专门地方,并应有专人管理,不得设在病房内。

(4) 正确使用氧气(瓶)。给病人输氧时应注意氧气瓶的防火安全,输氧操作应由医务人员进行。氧气瓶应固定竖立放置,远离火(热)源,使用时应轻搬轻放,避免碰撞;氧气瓶的开关、压力表、管道应严密不漏气;氧气瓶不得沾有油污,不得用有油污的手或抹布触摸钢瓶,擦拭氧气瓶上的油污;输氧结束后,应关好阀门,将氧气瓶撤出病房存放在专用仓库内;集中输氧系统应严密不漏,输氧管道的消毒可选用 0.1% 的苯扎氯铵消毒液,不得使用酒精等有机溶剂;氧气瓶室不得堆放任何可燃物,并保持清洁。

8. 胶片室

(1) 胶片室应独立设置在阴凉、通风、干燥处,室内温度一般保持在 $0 \sim 10℃$,最高不得超过 25℃,夏季必须采取降温措施。室内相对湿度应控制在 30%～50% 以内。

(2) 胶片室是专门存放胶片的地方,不得存放其他可燃、易燃物品;除照明用电以外,室内不得安装、使用其他电气设备。

(3) 陈旧的硝酸纤维胶片容易发生霉变分解自燃,应经常检查,其中不必要的,尽量清除处理;必须保存的,应擦拭干净存放在铁箱内,与醋酸纤维胶片分开存放。

(4) 为防止胶片相互摩擦产生静电,胶片必须装入纸袋存放在专用橱架上,分层竖放,不得重叠平放。

(5) 胶片室内严禁吸烟,下班时应切断电源。吸烟,下班时应切断电源。

第六节　学校火灾的预防

一、学校火灾的原因

学校是对学生及成人进行文化教育和培训的单位,分为高等院校、中学、小学、幼儿园等,有的中、小学校和幼儿园带有住宿性质。学校既是教书育人的地方,又是人员密集的场所,其教学楼、图书馆、食堂、礼堂和集体宿舍是消防安全重点部位。根据公安部消防局公布的资料,2000—2003年的4年间,全国学校发生火灾3 700余起,共造成44人死亡、79人受伤,直接经济损失2 200余万元。因此,采取有效措施,加强学校的消防安全工作,强化师生的消防安全意识,彻底消除校园内的消防安全隐患,任务繁重,意义重大。校园内火灾常见原因包括六个方面。

(一)教职员工和学生的消防安全意识淡薄

大学是教学、科研场所,许多教职员工和学生因潜心研究学问,对其他事情关心较少,消防安全意识往往比较薄弱,消防法制观念不强,思想麻痹,缺乏防范意识和安全知识,纪律松弛,违反用火、用电等消防安全规定的情况时有发生。

(二)用火用电不遵安全规范,火灾诱发原因众多

火灾诱发原因包括:乱拉乱接电线和保险丝,因电线短路或因接触不良发热而引起火灾;因为用电经常超负荷常跳闸,图方便用铜丝或铁丝代替保险丝,使电路过载发生故障时不能及时熔断而造成电线起火;在床上点蜡烛,吸烟者乱扔未熄灭的烟头和火柴等;在宿舍内焚烧杂物,在宿舍内使用煤气、液化气不当,使用煤油炉、汽油、酒精等易燃易爆物不当等导致明火引燃;电灯泡靠近可燃物长时间烘烤起火;使用电热器无人监管而烤燃起火;长时间使用电器不检修,电线绝缘老化、漏电短路而起火;等等。

(三)老式建筑多,先天性火灾隐患多

在有着数十年甚至上百年历史的高校中,有不少木结构建筑仍在使用中。这造成了许多火灾隐患:首先,这些木结构建筑年代久远,屋面老化、破损严重,屋脊和封山脊开裂等现象随处可见;其次,由于当时建筑设计防火等方面的规范尚不完备,法制尚不健全,导致建筑留下布局不合理、消防通道不畅通、防火间距不够、大型建筑无防火分隔、内部装修和疏散走道大量使用易燃材料等许多先天性火灾隐患;最后,旧式建筑普遍存在着电源线明线铺设的现象,有的电线还被直接固定在木梁或木椽上。同时,这些老房子的电力配置也跟不上时代发展的需要,一旦房屋漏雨造成漏电或发热的电线烤燃这些已风干多年的木料,其后果不堪设想。

(四)大学校园情况复杂,人员流动性大

可能发生火灾的场所包括教学楼、办公楼、实验室、食堂、体育馆、宾馆、家属楼、学生宿舍、教职员工宿舍、校办工厂、出租门面房等,可以说涉及校园内各种场所。大学校园是一个浓缩、开放的小社会,是一个复杂的公共场所。从建筑来看,有高层、多层民用建筑,有厂房、仓库,有的还有地下人防工程。从用途来看,既有教学场所、公共娱乐场所、宾馆、饭店、商业网点,又有实验室、宿舍和办公楼。建筑物相对集中,人员相对密集。有的学校既有生活区、教学区,又有家属区,甚至还有附小、附中等附属单位,客观上形成了

大学校园内人员复杂、流动性大的特点。尤其是市场经济体制的建立,为大学校园中多种经济体制共存创造了有利条件,出租校园建筑或者沿街门面房的现象普遍,使消防安全管理工作难度进一步加大。

(五)建筑物人员密度大,安全通道少

高校因生源来自全国各地而实行在校学生集中住宿。目前学生宿舍的建筑面积一般每幢在 3 000 m² 左右,有的甚至更大,一幢楼内居住学生 1 000 人左右。大多数高校在兴建学生宿舍时,虽然已考虑到消防安全而留有消防安全通道,但不少单位从日常的防盗安全或学生人身安全考虑而关闭大多数消防安全出口或加设防盗门,只留有一两个出口用于日常进出,使"安全出口"名存实亡,一旦发生火灾,造成的人员伤亡可想而知。

(六)校方在消防安全上投入少

学校每年的经费开支主要靠各级政府的财政拨款,在国家财力有限、重点保障教育经费支出的情况下,用于消防安全方面的经费十分有限。各学校之间竞争激烈,重点将经费用在师资力量和教学硬件设备的竞争上,很难投入到人们不易看到的消防基础设施建设和火灾隐患整改上。另外,校园内保卫部门真正实施消防安全管理的人员很少,有的甚至只有一个人,有的人还身兼数职,造成精力分散。

二、学校火灾特点

(一)火灾事故突发、起火原因复杂

学校的内部单位点多面广,教学设备、物资存储较为分散,生产、生活火源多,用电量大,可燃物种类繁多。从学校发生的火灾来看,有人为的原因,也有自然的因素;从时间上看,火灾大都发生在节假日、工余时间和晚间;从发生的部位上看,火灾大多发生在实验室、仓库、图书馆、学生宿舍及其他人员往来频繁的公共场所等存在隐患的部位,以及生产、后勤部门及其出租场所,这些部位一旦发生火灾,往往具有突发性。

(二)高层建筑增多,给火灾预防和扑救工作带来巨大困难

学校因受扩招、大办各类成人高等教育等教育产业化的驱动,以及学校之间教学、科研的竞争,各个学校的建设规模都在不同程度上迅速扩大,校园内高层建筑增多,形成了火灾难防、难救、人员难于疏散的新特点,有的高层建筑还存在消防设备落后、消防投资不足等弊端,这些都给消防安全管理工作带来了一定难度。

(三)火灾容易造成巨大的财产损失

学校教学、科研、实验仪器设备众多,动植物标本、中外文图书资料多,一旦发生火灾,损失惨重。精密、贵重的仪器设备往往是国家筹集资金购置的,发生火灾后,其损失很难立即补充,既有较大的有形资产损失,直接影响教学、科研与实验的正常进行,更有

无形资产的损失。珍贵的标本、图书资料是一个学校深厚文化积淀的重要标志,须经过几十年、上百年的积累和保存,因火灾造成损失,则不可复得。

(四)容易造成人员伤亡,社会影响极大

学校是教师和学生高度集中的场所,人口密度大,集中居住的宿舍、公寓多,宿舍、公寓内违章生活用电、用火较多,电气线路私拉乱接现象较为普遍,因用电、用火不慎而发生火灾后,如火势得不到有效控制便会很快蔓延,火烧连营,影响被困人员顺利疏散逃生,难免会造成人身伤亡。同时,学校是社会稳定的晴雨表,是各类信息的集散地,一旦发生火灾,会迅速传遍社会,特别是若出现人身伤亡,会造成极为严重的社会影响。

(五)人为因素导致疏散不畅

上课的教室、开放的图书室、集会的礼堂和休息、住宿的宿舍、公寓都是典型的人员密集之处。大多数学校从防盗及学生日常人身安全出发,采取了加装防盗门、封闭安全出口等一些会影响消防安全疏散的措施,仅留一两个出口用于日常进出;有的大学和寄宿性中、小学校为防止学生夜间外出,采取封闭式管理,给宿舍的窗户、出口安装防护栏、栅栏门,学生就寝后封闭宿舍楼出口,导致疏散通道不畅,进一步加大了火灾危害性。

(六)实验室管理或操作不慎引发火灾爆炸事故

实验室由于做实验或科研的需要,通常存放、使用必要的易燃易爆甚至有毒的化学物品(或试剂),如果在实验过程中违反操作规程或管理不慎,都会引起燃烧爆炸事故。事实上,此类事故在实验室时有发生。

(七)中、小学校和幼儿园、托儿所的火灾危险

1. 部分建筑耐火等级低,电气线路陈旧老化

由于种种原因,一些中、小学校和幼儿园、托儿所的建筑耐火等级偏低,有的甚至设置在三级以下耐火等级的建筑中,消防通道不畅,防火间距不足,防火分隔设施和消防设施缺乏,电气线路陈旧老化,消防安全条件先天性不足。随着各类教学电气设备的增加,电气线路超负荷运行,极易引发火灾事故,且火灾蔓延迅速,不易扑救。

2. 幼儿园、托儿所可燃物多,生活用火用电频繁

幼儿园、托儿所的室内装饰和玩具等大多为可燃物,学习、生活中需要驱蚊、取暖、降温、使用家用电气设备(如电视机、电冰箱、电风扇等),可能因用火、用电不慎引发火灾。

【案例5-11】 2001年6月5日,江西省广播电视艺术幼儿园小(六)班因使用蚊香不当发生火灾,导致该班17名幼儿中的13名幼儿死亡。

3. 幼儿应变、保护能力差

幼儿园、托儿所是集中培养教育儿童的主要场所。其特点是孩子年龄小,遇事判断、行动、应变和自我保护、迅速撤离疏散的能力弱,火灾时,几乎全靠老师、保育员帮助才能逃生,稍有处置不妥,就会造成严重后果。

【案例 5-12】 2006 年 5 月 8 日,郑州巩义市河洛镇石关村幼儿园 21 名幼儿正在一间教室上课时,被人泼洒汽油纵火,2 名幼儿当场被烧死,另有 14 名幼儿和 1 名老师被烧伤,其中 1 名儿童在医院医治无效死亡。

4. 玩火引发火灾多

小孩正处于心智、身体的发育阶段,心智尚未健全,可能因好奇心驱使玩火而引发火灾。根据公安部消防局公布的资料,我国在"十五"期间,因小孩玩火引发的火灾多达 5.2 万余起,占同期全国火灾数的 7.7%。

5. 寄宿性学校住校生宿舍用火用电现象多

寄宿性学校在规定时间统一熄灯后,有的学生仍会点蜡烛看书学习,夏季还普遍点蚊香驱蚊虫,学生使用煤油炉、电炉、电饭煲、电吹风、电热水壶及私拉乱接电线、吸烟等现象较突出。这些行为倘若管理不善,极可能引发火灾。

三、学校火灾预防

(一) 学校消防安全技术要求

学校建筑主要包括教学楼、实验楼、图书馆、礼堂、食堂、宿舍楼等,其建筑结构、耐火等级、总平面布局、安全疏散、消防设施设备应当符合《建筑设计防火规范》《人民防空工程设计防火规范》以及《中小学校设计规范》(GB/T 50099—2011)和《托儿所、幼儿园建筑设计规范》(JGJ 39—2016,2019 年修订版)等国家消防技术规范的具体规定。

1. 建筑耐火等级和消防安全布局

(1) 学校建筑应采用一、二级耐火等级的建筑,采用一、二级耐火等级的建筑有困难时,可采用三级耐火等级的建筑,不应采用四级耐火等级的建筑。

(2) 当采用一、二级耐火等级的建筑时,托儿所、幼儿园的儿童用房不应设在四层及四层以上或地下、半地下建筑内;当采用三级耐火等级的建筑时,托儿所、幼儿园的儿童用房不应设在三层及三层以上或地下、半地下建筑内,最好布置在底层。小学教学楼不应超过四层;中学、中师、幼师教学楼不应超过五层。

(3) 托儿所、幼儿园及儿童游乐厅等儿童活动场所应当独立建造,当必须设置在其他建筑物内时,宜设置独立的出入口。工矿企业所设的托儿所、幼儿园应布置在生活区,远离生产厂房和仓库。

(4) 附设在其他建筑物内的教学用房,应采用耐火极限不低于 2 h 的不燃烧墙体和耐火极限不低于 1 h 的楼板与其他场所隔开,并宜设置独立的安全出口。

(5) 幼儿园、托儿所内部的厨房、液化石油气瓶储间、杂品库房、烧水间等应与儿童活动场所或用房分开设置;如确需毗邻建筑,应采用耐火极限不低于 1 h 的不燃烧墙体与其隔开。

2. 安全疏散设施

(1) 学校建筑的安全出口数不应少于两个,但符合下列要求的(托儿所、幼儿园除外)设一个安全出口。

① 一个房间的面积不超过 60 m²，且人数不超过 50 人时，可设一个门；位于走道尽端的房间内由最远点到房门门口的直线距离不超过 14 m，且人数不超过 80 人时，可设一个向外开启、净宽不小于 1.4 m 的门。

② 单层学校建筑，面积不超过 200 m²，且人数不超过 50 人时，可设一个直通室外的安全出口。

③ 层数为二层或三层的学校建筑，当每层最大面积不超过 500 m²，且第二和第三层人数之和不超过 100 人时，可设一个疏散楼梯。

④ 设有不少于两个疏散楼梯的一、二级耐火等级的学校建筑，如顶层局部升高时，其高出部分的层数不超过两层，每层面积不超过 200 m²，且人数不超过 50 人时，可设一个楼梯，但应另设一个直通平屋面的安全出口。

（2）安全出口或疏散出口应分散布置，相邻两个安全出口或疏散出口最近边缘之间的水平距离不应小于 5 m。

（3）学校建筑内疏散楼梯、走道及疏散门的净宽应根据《建筑设计防火规范》规定的有关疏散宽度指标和实际疏散人数计算确定。

设置在单层、多层民用建筑内的学校，其楼梯和走道最小净宽不应小于 1.1 m；设置在高层民用建筑内的学校，其楼梯最小净宽不应小于 1.2 m。首层疏散外门最小净宽不应小于 1.4 m。

（4）设置在单层或多层建筑的学校的房间门至最近安全出口的最大直线距离应符合表 5-1 的要求。

表 5-1 直接通向疏散走道的房门至安全出口的最大距离　　　　　　（单位：m）

名　　称	位于两个外部出口或楼梯间之间的房间		位于袋形走道两侧或尽端的房间	
	耐火等级		耐火等级	
	一、二级	三级	一、二级	三级
托儿所、幼儿园	25	20	20	15
学校（托儿所、幼儿园除外）	35	30	22	20

注：敞开式外廊的房间门至外部出口或楼梯间的最大距离可按本表规定增加 5 m，设有自动喷水灭火系统的，其安全疏散距离可按本表规定增加 25%；不论采用何种形式的楼梯间，房间内最远一点至房间门口距离，不应超过本表规定的袋形走道两侧或尽端的房间从房间至外部出口或楼梯间的最大距离。

设置在高层建筑内的学校的房间门至最近的外部出口或楼梯间的最大距离应符合表 5-2 的要求。

表 5-2 房间门至最近的外部出口或楼梯间的最大距离　　　　　　（单位：m）

位于两个安全出口之间的房间	位于袋形走道两侧或尽端的房间
30	15

注：房间内最远点至该房间门的直线距离不宜超过 15 m。

（5）设置合理的疏散楼梯形式。

① 下列学校建筑应设置封闭楼梯间：

a. 超过 5 层的多层教学建筑；

b. 建筑面积≥500 m²，设置在底层地坪与室外出入口高差不大于 10 m 的地下建筑内；

c. 设置在建筑高度不超过 32 m 的二类高层民用建筑或高层民用建筑裙房内；

d. 其他应设置封闭楼梯间的建筑。

② 下列学校建筑应设置防烟楼梯间：

a. 设置在一类高层民用建筑或建筑高度超过 32 m 的民用建筑内；

b. 设置在其他应设置防烟楼梯间的建筑内。

学校建筑的封闭楼梯间、防烟楼梯间的设置应符合《建筑设计防火规范》中的有关要求。

（6）高层民用建筑封闭楼梯间、防烟楼梯间的门应采用不低于乙级的防火门，多层民用建筑内封闭楼梯间可采用双向弹簧门，托儿所、幼儿园不得设置弹簧门。疏散门应向疏散方向开启，不应采用卷帘门、转门、吊门、侧拉门。

（7）疏散楼梯和走道上的阶梯不应采用螺旋楼梯和扇形踏步，疏散走道上不应设置少于 3 个踏步的台阶。安全出口处不应设置门槛、台阶、屏风等影响疏散的遮挡物。疏散门内外 1.4 m 范围内不应设置踏步。托儿所、幼儿园建筑的疏散通道上不应设台阶。

3. 建筑内部装修

A. 地下学校建筑

地下学校建筑的公共活动用房，顶棚、墙面应采用 A 级装修材料，其他部位应采用不低于 B1 级的装修材料。

B. 单层、多层学校建筑

设有中央空调系统的学校建筑的公共用房，顶棚应采用 A 级装修材料，墙面、地面、隔断应采用 B1 级装修材料，固定家具和其他装饰材料可采用 B2 级装修材料。其他学校建筑的公共活动用房，顶棚、墙面应采用 A 级装修材料，其他装饰材料可采用 B2 级装修材料。

C. 高层学校建筑

设有中央空调系统的学校建筑，顶棚应采用 A 级装修材料，墙面、地面、窗帘、床罩等装修材料应不低于 B1 级装修材料，其他装修材料可采用 B2 级装修材料。

建筑高度＞50 m 的普通学校，顶棚应采用 A 级装修材料，墙面、隔断、窗帘、床罩以及其他装饰材料应采用不低于 B1 级装修材料，地面、固定家具及家具包布可采用 B2 级装修材料。

建筑高度≤50 m 的普通学校建筑，顶棚、墙面等装修材料应采用不低于 B1 级装修材料，其他装饰材料可采用 B2 级装修材料。

D. 幼儿园、托儿所

幼儿园、托儿所的室内装修材料应采用不燃或难燃材料。

学校建筑内部装修材料燃烧性能等级还应符合《建筑内部装修设计防火规范》中的

有关要求。

4. 建筑消防设施

根据国家相关消防技术规范的要求及学校建筑的规模和性质,主要的建筑消防设施有室内外消火栓、自动喷水灭火、火灾自动报警、防排烟及应急疏散系统等。

A. 消火栓

学校应按照《建筑设计防火规范》中的有关要求设置室内外消防用水。

(1) 室外消火栓布置间距不应大于 120 m,距路边距离不应大于 2 m,距建筑外墙不宜大于 5 m。

(2) 下列学校建筑应设置室内消火栓:

① 超过 5 层或体积≥10 000 m³ 的建筑;

② 体积超过 5 000 m³ 的图书馆、书库;

③ 设置在高层民用建筑内。

B. 自动喷水灭火系统

(1) 下列学校建筑应设自动喷水灭火系统:

① 设有空气调节系统;

② 设置在建筑面积≥1 000 m² 的地下建筑内;

③ 设置在一类高层民用建筑及其裙房内,或设置在二类高层民用建筑内;

④ 藏书量超过 30 万册的图书馆。

(2) 自动喷水灭火系统的设置应符合《自动喷水灭火系统设计规范》的有关要求。

C. 火灾自动报警系统

(1) 学校建筑的下列部位应设火灾自动报警系统:

① 大中型电子计算机房,特殊贵重的仪器、仪表设备室,火灾危险性大的重要实验室,设有气体灭火系统的房间;

② 图书、文物珍藏库,每座藏书超过 100 万册的书库,重要的档案、资料库;

③ 其他场所火灾自动报警系统设置部位应按《建筑设计防火规范》规定的要求执行。

(2) 中型幼儿园、寄宿小学建筑等宜设独立式感烟火灾探测器。

(3) 火灾自动报警系统的设置应符合《火灾自动报警系统设计规范》中的有关要求。

D. 火灾应急照明

(1) 学校建筑应设有火灾应急照明的部位除宾馆饭店相应要求中的第①②④条[见第 85 页 E(1)部分]外,还包括疏散出口和安全出口。

(2) 学校建筑设置的火灾应急照明还应符合《建筑设计防火规范》《人民防空工程设计防火规范》的规定。

(3) 火灾应急照明的设置的要求与居住建筑火灾的预防中对火灾应急照明的设置要求[见第 64 页 E(2)部分]相同。

E. 疏散指示标志

(1) 学校建筑的下列部位应设置灯光疏散指示标志:

① 安全出口或疏散出口的上方;

② 疏散走道。

（2）对疏散指示标志的设置的要求除宾馆饭店相应要求中的第②③④⑤条［见第85页 F(2)部分］外，还包括：

① 疏散指示标志的方向指示标志图形应指向最近的疏散出口或安全出口；

② 对于袋形走道，间距不应大于 10 m，在走道转角区，间距不应大于 1 m。

F. 气体灭火系统

（1）建筑面积不小于 140 m² 的电子计算机房中的主机房和基本工作间的已记录磁（纸）介质库应设置气体灭火系统。

（2）藏书量超过 100 万册的图书馆的特藏库或一级纸绢质文物的陈列室应设置二氧化碳等气体灭火系统。

气体灭火系统的设置应符合《建筑设计防火规范》中的有关要求。

G. 灭火器

学校建筑灭火器的配置应符合《建筑灭火器配置设计规范》中的有关要求。灭火器的选择应符合场所的使用性质和火灾类别要求。具体要求与宾馆饭店中对灭火器选择的要求（见第 85—86 页 G 部分）相同。

学校建筑其他消防设施的设置应符合《建筑设计防火规范》《人民防空工程设计防火规范》等规范的有关要求。

（二）学校消防安全管理要求

根据《消防法》的规定，学校为人员密集场所之一，凡是学生住宿床位在 100 张以上的学校，幼儿住宿床位在 50 张以上的托儿所、幼儿园，以及按照有关规定应当列入消防安全重点单位的其他学校，均属于消防安全重点单位，应当加以严格管理。学校火灾案例表明，学校的火灾危险性主要源于重教学质量、轻消防安全工作，消防安全责任制不落实，防火安全教育不到位，师生消防安全意识淡薄，缺乏逃生自救训练等问题。学校对安全出口管理、用火用电管理、火灾自动报警和自动灭火设施管理、防火检查等方面的规定和要求常常不懂、不会，对存在的火灾隐患不能及时发现和察觉。因此，对于学校的消防安全必须充分予以重视。

凡学校有新建、改建、扩建、内部装修或变更使用性质的工程，应当依法向当地公安消防机构申报消防设计审核或备案抽查，经审核合格后方可施工；工程竣工时，应当向公安消防机构申报消防验收或备案抽查，未经验收或者经验收不合格的，不得投入使用；公众聚集场所在投入使用前应申报消防安全检查，经消防安全检查合格后方可投入使用。

1. 消防安全责任

（1）学校的法定代表人或主要负责人是学校的消防安全责任人，对本单位的消防安全工作全面负责。学校应当根据需要确定消防安全管理人，消防安全管理人对消防安全责任人负责。未确定消防安全管理人的学校，由消防安全责任人承担消防安全管理职责。消防安全重点单位的学校应当设置或者确定消防工作的归口管理职能部门，并确定专职或者兼职的消防安全管理人员。

（2）学校应当按照《机关、团体企业、事业单位消防安全管理规定》的规定，落实逐级消防安全责任制和岗位消防安全责任制，明确逐级和岗位消防安全职责，确定各级、各岗位的消防安全责任人。学校与其他单位或个人发生承包、租赁或委托管理关系时，应当明确各方的消防安全责任。

（3）学校消防安全工作的主要任务是宣传、贯彻国家有关消防安全的法律法规和方针政策，组织实施消防安全教育和其他消防安全工作活动，及时排除消防安全隐患，防止火灾事故发生，确保学校师生人身和公共财产安全。学校应将消防安全工作列入学校目标管理之中，经常检查，定期考评。

（4）学校对学生负有消防安全教育、管理和保护的责任，应按照学生不同年龄的生理、心理以及教育特点，建立和完善学校消防安全管理制度。

（5）建筑工程施工现场的消防安全由施工单位负责。实行施工总承包的，由总承包单位负责。分包单位向总承包单位负责，服从总承包单位对施工现场的消防安全管理。对建筑物进行局部改建、扩建和装修的工程，学校应当与施工单位在订立的合同中明确各方对施工现场的消防安全责任。

（6）学校举办大型集会、焰火晚会、灯会等活动，具有火灾危险的，主办单位应当制定灭火和应急疏散预案，落实消防安全措施，并向当地公安消防机构申报，经公安消防机构对活动现场进行消防安全检查合格后，方可举办。大型活动期间，学校应明确消防安全责任，对举办活动的现场应加强管理，落实消防安全措施。

2. 消防安全重点部位

学校应将宿舍、图书馆、实验室、计算机房、变配电室、消防控制中心、体育场馆、会堂、易燃易爆危险化学物品库房等容易发生火灾、火灾容易蔓延、人员和物资集中、消防设备用房等部位确定为消防安全重点部位，设置明显的防火标志，并落实责任人实行严格的管理。

3. 电气防火管理

除大型商场电气防火管理要求中已提到的内容［见第 100—101 页（二）-2 部分］外，电气设备的安装和线路敷设还应符合《建筑设计防火规范》《人民防空工程设计防火规范》等规范中的有关要求。

学校应加强电气防火管理，并采取四项措施。

（1）电气线路改造、增加用电负荷应办理审批手续，不得私拉乱接电气设备。

（2）未经允许，不得在教室、宿舍、图书馆、计算机房等场所使用电炉等具有火灾危险性的电热器具、高热灯具。

（3）非使用期间应关闭非必要的电器设备。

（4）停送电时，应在确认安全后方可操作。

4. 用火管理

学校应加强用火管理，并采取四项措施。

（1）严格执行动用明火审批制度。

（2）动用电气焊作业时，应清除周围及焊渣滴落区的可燃物，并落实现场监护人和防范措施。

（3）固定用火场所（设施）应落实专人负责。

（4）教室、宿舍、图书馆等场所禁止使用蜡烛等明火照明。

5. 易燃易爆化学危险物品管理

学校（尤其是高等院校）在实验或科研中，一般都需要用一些易燃易爆危险化学物品，应当采取四项措施加以严格管理。

（1）严格易燃易爆化学危险物品存放、使用审批制度，明确专人负责。

（2）除实验室等因教学需要而存放、使用易燃易爆危险化学物品的场所外，教室、宿舍、图书馆、计算机房等场所禁止存放、使用易燃易爆化学危险物品。

（3）易燃易爆危险化学物品应根据物理化学特性分类存放，严禁混存。

（4）地下室严禁使用液化石油气。

6. 安全疏散设施管理

学校的教学楼、图书馆、阅览室、宿舍等处是人员集中场所，火灾时有序的安全疏散很重要，其安全疏散设施应落实五项管理措施。

（1）防火门、疏散指示标志、火灾应急照明、火灾应急广播等设施应设置齐全、保持完好有效。

（2）应在明显位置设置安全疏散图示，在常闭防火门上设有警示文字和符号。

（3）保持疏散通道、安全出口畅通，禁止占用疏散通道，不应遮挡、覆盖疏散指示标志。

（4）使用期间禁止将安全出口上锁，禁止在安全出口、疏散通道上安装固定栅栏等影响疏散的障碍物。

（5）学生住宿房间的外窗不应设置影响安全疏散和施救的固定栅栏等障碍物。

7. 建筑消防设施、器材管理

建筑消防设施、灭火器材等是火灾预防、火灾扑救的重要工具，学校应建立建筑消防设施、灭火器材维护保养制度，加强日常管理，保证建筑消防设施、灭火器材完整好用。

设有自动消防设施的场所，应当确定专职人员维护保养；自身没有能力维护保养的，应当委托具有消防设施维护保养能力的组织或单位进行消防设施维护保养，并与受委托组织或单位签订合同，在合同中确定维护保养内容。维护保养应当保留记录。

具体要求与宾馆饭店中对建筑消防设施、器材管理的要求（见第88—89页第6部分）相同。

8. 防火检查

学校应遵照《消防法》和《机关、团体企业、事业单位消防安全管理规定》的有关规定，对消防安全制度的执行和消防安全管理措施落实的情况进行巡查和检查，及时纠正违章行为，妥善处置火灾危险。巡查、检查时，要落实防火巡查、检查人员，填写巡查、检查记录并存入单位消防档案。

A. 防火巡查

居于消防安全重点单位的学校应当进行每日防火巡查，巡查人员及其主管人员应在巡查记录上签字，存入单位消防档案，寄宿制的学校、托儿所、幼儿园应当加强夜间巡查。

巡查应以教室、宿舍等消防安全重点部位为重点。

B. 定期防火检查

学校应当至少每月组织一次全面防火检查，节假日放假、开学前后应当组织一次全面的防火检查，以落实火灾隐患整改工作。

C. 消防设施功能测试检查

（1）学校应明确各类建筑消防设施日常巡查部位，教学期间日常巡查应当每周至少一次，并按规定填写记录。依法开展每日防火巡查的单位和没有电子巡查系统的单位，应将建筑消防设施日常检查部位纳入巡查。

（2）学校教学期间建筑消防设施的单项检查应当每月至少一次，开学前一月内必须开展单项检查，并按规定填写记录。

（3）建筑消防设施的联动检查应当每年至少一次，主要对建筑消防设施系统的联动控制功能进行综合检查、评定，并按规定填写记录。设有自动消防系统的学校消防安全重点单位的年度联动检查记录应在每年的 12 月 30 日之前，报当地公安消防机构备案。建筑消防设施功能测试检查的内容、方法应当按照国家有关标准要求执行。

9. 消防安全宣传教育和培训

学校应加大消防宣传培训教育力度，努力营造浓厚的消防教育氛围，应当将消防知识纳入学生素质教育内容，在有条件的学校开设消防课程，每学期保证一定的课时，通过建立新生入学上消防安全教育课制度、定期举行消防宣传教育培训课和消防安全板报评比、在课外活动时间利用校园广播播放消防安全知识和逃生知识等多种形式和途径，使学生了解应知应会的消防知识，提高学生预防火灾、扑救火灾及自救逃生的能力。

每年对教职员工、学生至少进行一次消防安全知识培训。新教职员工上岗前、新生入学后应进行一次消防安全培训和教育。经培训后，应懂得火灾的危险性、预防火灾措施、火灾扑救方法、火场逃生方法、火灾扑救方法、火场逃生方法，并会报火警 119、会使用灭火器材、会扑救初期火灾、会组织人员疏散。学校还应当结合实际，定期组织教职员工和学生参观消防队（站），定期组织开展有针对性的消防宣传教育活动，大力宣传消防安全知识和火灾逃生技能。

10. 灭火和应急疏散预案与演练

为减少火灾危害、提高自防自救能力，学校应按照《消防法》和《机关、团体、企业、事业单位消防安全管理规定》的有关规定，制定灭火和应急疏散预案，并定期演练，以使发生火灾时，现场教职员工能够组织引导在场学生的疏散，并按照灭火和应急疏散预案要求履行各自职责。灭火和应急疏散预案的内容参见宾馆饭店灭火和紧急疏散预案中的相关要求（见第 90—91 页第 9 部分）。

属于消防安全重点单位的学校应当按照灭火和应急疏散预案，至少每半年进行 1 次演练。其他学校应当结合实际，参照制定相应的应急预案，至少每半年组织 1 次演练。演练时，应当设置明显标志并事先告知演练范围内的人员。演练结束，应做好记录，总结经验，根据实际修订预案内容。

（三）相关重点部位的火灾危险性及其管理要求

教室、图书（阅览）室、宿舍、食堂、实验室等场所是学校的消防安全重点部位，是防火工作的重点。

1. 教室

A. 普通教室

（1）作为教室的建筑，如耐火等级低于三级，层数不应超过一层，建筑面积不应大于600 m²。

（2）教学楼与甲、乙类火灾危险性的厂房、仓库及火灾爆炸危险性较大的独立实验室之间，应保持 25 m 以上的防火间距。

（3）课堂上实验或演示教学用的危险化学品，应严格控制用量，且演示结束后应立即清出，不得存放在教室内。

（4）疏散楼梯、疏散走道严禁占用、堵塞，安全出口禁止上锁或加装防盗设施，应确保通畅。

（5）容纳 50 人以上的教室，其安全出口数量不应少于两个，疏散门应向疏散方向开启，不得设置门槛等。

B. 电化教室

（1）演播室防火要求。演播室是进行电视录像和播放的地方，其吊顶、墙壁对吸音效果要求较高，而吸音材料通常都具有可燃性，有的还常采用碎布条、锯木及泡沫塑料制品作为填充物，加上地面铺设的地毯、安装的各类灯具等电气设备等，起火因素众多，应采取措施严格防范。

① 室内装饰材料和吸音材料应采用不燃或难燃材料。

② 吊顶内的电线应采取穿金属管、封闭式金属线槽或难燃塑料管等防火保护措施敷设；活动式灯具的电线应采用电缆线，灯具线靠近灯具 30 cm 处应采用耐高温线或加套瓷管保护。

③ 照明灯具与可燃物间的距离应大于 50 cm，或在二者之间使用石棉布等耐火隔热材料隔开；聚光灯、碘钨灯等大功率灯具前的彩光纸必须选用难燃型，同时在其下方应加设金属纱网或石英玻璃、纤维玻璃等进行保护，以防灯管碎裂掉落在可燃物上引起火灾。

④ 室内地毯应采用难燃型，且有导除静电功能。

（2）放映室防火要求。电影放映室内有放映机、扩音设备。放映机的灯箱温度较高，如发生卡片不能及时排除，就会导致影片着火；修接胶带时使用的丙酮是易燃品，遇火源极易起火，应采取相应的防火措施。

（3）磁带库防火要求。磁带库一般存放有大量的教学磁带及珍贵教学资料，遇火源极易发生火灾事故，应采取必要的防火措施。

① 磁带库除为一、二级耐火等级建筑外，还应加强通风和温度控制，以防磁带受潮。

② 磁带必须存放在金属柜中。

③ 库内的电气线路穿管敷设，灯具应与磁带可燃包装箱盒保持一定的间距。

2. 图书馆、阅览室防火要求

图书馆(室)、阅览室不仅是大量图书、珍贵文献资料的储藏地,也是教师、学生课余查阅及学习之处,人员密集。图书资料几乎都是可燃物,失火后果严重,损失较大,必须采取严格的防火管理措施。

(1) 图书及文献资料储库内的电气线路应按相关电气安全技术要求敷设,不应采用大功率灯具照明;库内应保持通风良好,以防纸质图书资料长期霉变积热而引发火灾。

(2) 图书阅览处应合理放置阅览用桌,留足通道数量和宽度,开放阅览期间,应保持安全出口畅通无阻,禁止阻塞或锁闭。

(3) 楼层设置安全疏散示意图,保持疏散通道、安全出口的疏散指示标志及火灾应急照明完好有效。

(4) 禁止在图书馆(室)吸烟、焚烧、使用明火。

3. 学生集体宿舍或公寓

严禁在安全出口上加装铁栅栏等防盗设施,学生在宿舍或公寓期间不得将安全出口上锁,楼内不得设置隔断或阻碍物影响原有疏散功能,确保一旦发生火灾,学生能够顺利疏散逃生。加强对学生宿舍用火、用电管理,严禁学生私自点蜡烛、擅自拉接电线及使用电器设备;宿舍或公寓管理人员要定时进行防火巡查。同时,学生宿舍或公寓应按规定合理配备规定数量、品种的灭火器具,并对消防器材定期检查,定时维修,做到有备无患。

4. 学生食堂

学生食堂内不得乱拉乱接临时电气线路。食堂应根据设计用餐人数摆放餐桌,留出足够的通道,且通道及出口必须保持畅通。食堂厨房的灶具应选用合格产品,并按相关规定安装;燃油、燃气管道应固定安装敷设,且应设置紧急事故自动切断装置;燃油储罐、燃气调压阀室应与其他建筑保持一定的防火间距,并保持通风良好,燃气调压阀室、燃气灶具放置处应安装可燃气体探测报警设施;灶台上方的排油烟罩宜设置厨房专用的灭火装置,排油烟罩和油烟管道应定期进行清洗,以防油垢沉积而引发火灾。

5. 实验室

A. 普通实验室

实验室内有较多的电器设备、仪器仪表、危险化学品,以及空调机、电炉、煤油灯、酒精灯、液化气等附属设备。若用火、用电不慎和对危险化学品使用不当,很容易发生火灾。因此,其防火的总要求包括五个方面。

(1) 使用的电炉必须放置在安全位置,定点使用,专人管理,周围严禁堆放可燃物,电炉的电源线必须是胶套电缆线。

(2) 通风管道应为不燃材料,其保温材料应为不燃或难燃材料。

(3) 使用的易燃易爆危险化学品,应随用随领,不应在实验现场存放;零星少量备用的危险化学品,应由专人负责,存放在金属柜中。

(4) 电烙铁要放在不燃隔热的支架上,周围不要堆放可燃物,用后应立即拔下其电源插头,下班时应切断实验室电源。

(5) 实验室的用电量不得超过额定负荷。

B. 化学实验室

化学实验室由于具有的化学物品种类繁多（大多为易燃易爆物品，有的物品能自燃，有的化学性质相互抵触），实验过程中常需进行蒸馏、回流、萃取、合成、电解等火灾危险性较大的工艺操作，用火、用电也较多，一旦操作失误，极易发生火灾。因此，它的防火还应特别采取 11 项措施。

（1）化学实验室应为一、二级耐火等级建筑，有可燃蒸气、可燃气体散发的实验室，电气设备应符合防爆要求。

（2）建筑面积在 30 m² 以上的实验室应设有两个安全出口。

（3）易燃易爆化学品总量不超过 5 kg 时，应存放在金属柜内，由专人负责管理；超过 5 kg 时，不得存放在实验室内。

（4）禁止使用没有绝缘隔热底垫的电热仪器。

（5）在实验过程中使用可燃气体作为燃料时，其设备的安装和使用都应符合有关防火安全要求。

（6）任何化学物品一经放置于容器后，必须立即贴上标签，有毒物品要集中存放或指定专人保管。

（7）实验台范围内，不应放置任何与实验无关的化学物品，尤其是盛有浓酸或易燃易爆物品的容器。

（8）往容器内装入大量易燃、可燃液体时，应有防静电措施。

（9）所用各种气体钢瓶应远离火源，放置在室外阴凉和空气流通的地方，通过管道引入室内，尤其是氢、氧和乙炔气不能混放在一处。

（10）实验室内为实验临时拉接的电气线路应符合安全要求，电加热器、电烘箱等设备应做到人走电断，电冰箱内禁止同时存放性质相抵的物品和低闪点易燃液体。

（11）阳光能照射到的房间须加装窗帘；室内阳光能照射到的地方，不应放置易挥发的物品。

第七节　大型体育场馆火灾的预防

大型体育场馆，一般是指容纳人数在 10 000 人以上，设有正规的比赛活动场地和大量观众席的大型赛事活动公共场所。由于这类大型体育场馆建筑占地面积大、人员密集、安全疏散困难，另外体育馆建筑在比赛的同时，还兼有购物、娱乐、休闲、健身馆等功能，功能多元化，而且大量应用新技术新材料，火灾隐患比较多，一旦发生火灾，如果无法及时控制，必将造成重大人员伤亡和巨大财产损失。例如：2007 年 7 月，正在修建的北京奥运会乒乓球比赛场馆北大体育馆，因施工违章操作引燃室外防水材料发生火灾，过火面积达 1 000 m²；2007 年 8 月，上海市中心南京路附近黄浦体育馆因违章施工发生火灾；2010 年 12 月，正在举办浙江卫视"2010 风尚盛典晚会"的杭州黄龙体育馆突然起火，经消防官兵奋力扑救,所幸未造成人员伤亡。

一、大型体育场馆的火灾隐患及特点

大型体育场馆是以体育活动为主要目的而建造的,所以无论在电气线路等场馆设施的布置,还是在消防设施的安装和安全疏散设施的布置上都需要严格遵守规定。体育场馆的火灾危险性较高,火灾隐患较多,短时间内聚集了大量的观众和运动员,因此,整个体育场馆的安全存在很大的隐患。

(一)空间结构大,利于火势蔓延

体育场馆容纳的人数多,建筑空间大,立体空间性强,大量空气流通在场馆内,形成了天然的燃烧条件,火灾一旦发生,就会顺势急速蔓延。大多数体育馆采用钢结构,钢结构在火灾情况下强度变化较大:温度超过 200℃时,钢结构强度开始减弱;温度达到350℃时,钢结构强度下降 1/3;温度达到 500℃时,钢结构强度下降一半;温度达到 600℃时,钢结构强度下降 2/3;温度超过 700℃时,钢结构强度耗尽,易引发坍塌事故。

(二)可燃物多,易诱发火灾事故

体育馆建筑内的可燃材料多,部分场馆采用木质结构的材料进行装修及设施配备,遇到起火点易引发猛烈燃烧。

(三)电力设施多,火灾负荷大

体育馆为了满足观看比赛和音响、屏幕等的需要,所需的电量较大,尤其是现在的体育馆已经从单纯地承办体育赛事,转向承办各种文化娱乐、文艺演出等,使得体育馆的使用功能扩大化。在文艺演出中,使用的台口灯、天幕灯、追光灯达几十种,对电力功率的要求高。电力需求的增大使得体育馆的火灾负荷增大,稍有不当,容易造成局部过载或线路短路而引起火灾。

(四)复合材料多,引发有毒气体中毒

我国体育馆的建设不断强化工艺、材料、设计,不断突破,大力研发新型复合材料,应用于体育场馆建设之中。由于复合材料的构成元素多,化学成分复杂,火灾发生时,必定产生大量有毒有害的烟气,生成一氧化碳、二氧化碳、二氧化硫、硫化氢等成分复杂的有毒气体,使得逃生人员产生气体中毒的现象。

(五)火势迅猛,扑救难度较大

由于空间大,体育馆的火灾多数火势迅猛,保障燃烧的空气充足,内部甚至形成空气对流。形成起火点后,顺势向场馆内大量的可燃物蔓延,火势呈大空间、大面积迅猛燃烧趋势,很短的时间内便可以发展到火灾猛烈阶段。由于体育馆建筑内部可燃物多、火灾荷载特别大,在没有人工照明的情况下,疏散被困人员、施救遇险人员障碍较多,很难深入建筑内部。

二、大型体育场馆的火灾危险性

(一)防火分区大,不易进行防火分隔

为了满足规范对防火分区的要求,以往设计中常采用防火墙、防火门、防火卷帘等防火分隔措施,但这往往限制了建筑物的使用功能,在科学性、合理性、经济性等方面都表现出很多弊端。由于体育馆防火分区的划分需要考虑满足使用功能的要求,这就客观地造成了比赛场地所在防火分区面积超出国家现行建筑消防设计规范要求的问题。

(二)人员密集,疏散困难

大型体育场馆内人员集中,它不仅是体育比赛的重要场地,同时也是进行大规模政治集会和文化活动的公共场所,能够容纳的人数少则数千,多则上万。这类场所一旦发生事故,要求在短时间内迅速疏散,特别是在火灾情况下,人员容易惊慌,拥堵疏散通道及出口,如果在疏散设计和管理方面出现问题,必然会造成大量人员伤亡。

(三)诱发火灾因素多

一般大型体育场馆除拥有较大面积的比赛场地及观众厅外,还设有较多的附属用房,如运动员用房、卸货区、后勤服务区、记者用房、体育馆器材室、包厢、贵宾休息室、小卖部,以及相关的设备用房等。设置的照明、音响、通信等电器设备多,临建线路较多,易引发火灾,而且场所内聚集着大量人员,给管理者带来不便,吸烟、丢弃烟头等现象十分普遍。除此之外,使用可燃材料装台、电器设备线路老化也是诱发火灾的重要原因。

(四)扑救难度较大

由于体育馆空间较大、空气充足,有的建筑内部甚至形成空气对流,一旦发生火灾,火势必将迅猛发展,很短的时间内便可以发展到火灾猛烈阶段。体育馆建筑结构内部空间大,塌落物多,给施救路线设下了不规则障碍,再加上馆内座位多、上下台阶多、路线不确定、地表情况不熟悉等,施救十分困难。

(五)建筑物易坍塌

大跨度空间钢结构、轻钢结构在体育馆建筑中被广泛应用,但是钢结构不耐火,钢结构在火灾情况下强度变化较大,具有典型的热胀冷缩特性——高温受热后急剧变形,很短的时间内其承载能力和支撑力都将下降,但当遇到水流冲击,如灭火或是防御冷却时,钢结构又会急剧收缩,转瞬间即形成收缩拉力,继而使建筑结构的整体稳定性被破坏,造成坍塌。

三、大型体育场馆的火灾防范措施

（一）提高大型体育馆的防火等级，以保证体育馆的防火安全

体育馆的耐火等级应严格按照国家有关消防法律法规和消防技术规范进行防火设计。依据使用功能要求进行设计，对大跨度、大空间的结构应采用轻质高强的钢结构或预应力混凝土结构，应该加大预应力钢筋、钢绞线的混凝土保护层厚度，防止火灾时预应力混凝土结构中钢材的预应力随温度的升高迅速损失。

钢结构的体育馆受火灾的影响更大，因为当温度为 400℃时，钢材的屈服强度将降至室温下强度的一半，当温度达到 600℃时，钢材将基本丧失全部强度和刚度。例如，1973年 5 月 5 日，天津市体育馆的钢结构屋盖在发生火灾 19 分钟后就倒塌了。因此，钢结构必须采取有效的防火保护措施。目前，我国多采用涂刷防火涂料的方法保护钢结构。钢结构防火涂料分为膨胀型和非膨胀型两大类。膨胀型防火涂料涂层薄、重量轻，比较美观，优点是可靠性强、耐久、耐老化，在高温下不产生有害气体，外涂层还具有一定保温防止结露、吸声的作用，缺点是涂层较厚，如有装饰要求时，需作饰面层。《建筑内部装修设计防火规范》（GB/T 50222—2017）提高了对公共娱乐建筑的内部装修材料的要求，应设计非燃材料的屋顶，变可燃幕布为阻燃、难燃型幕布，附设在体育馆内的其他经营场所应从严把关，杜绝采用可燃材料装修，并要坚决取缔可燃吊顶。

（二）合理设置消防设施，确保生命安全

1. 消防设施

应切合实际地设置防排烟系统，安装火灾自动报警装置及固定消防灭火设施，配置移动式灭火器材，完善自防自救设施，提高自防自救能力。

（1）良好的防排烟设施不仅能有效控制火势，而且能保证人员安全疏散。因为采光的需要，很多体育馆采用高侧窗，这就为自然排烟创造了条件。自然排烟方式的优点是不需要动力和复杂的装置，而且较经济，缺点是排烟效果受风向的影响较大，甚至有烟气倒灌的可能。机械排烟方式可有效解决排烟受风向影响较大的问题，在体育馆内安装机械排烟系统时，所有的防烟分区可共用一套排烟设备，也可分开设置，各种系统的风机和阀门之间的联动关系一定要清晰准确，对风机和阀门要定期启动和维护。对于有空调系统的体育场馆，火灾时一定要联动关闭空调机组的风机，以免空调系统的气流组织对烟气的扰动和蔓延产生不利影响。

（2）体育馆内配置相应的消防设施及器材，不仅能有效地扑救初期火灾，而且能有效地控制、分隔火源。防火的重点是防患于未然，可在体育馆内设置可靠的火灾自动报警系统，使得人们能在早期准确、及时地发现火情，把火灾扑灭在萌芽状态，或能及时指导人员疏散，为火灾扑救和人员疏散赢得宝贵的时间，最大限度地减少人员伤亡和财产损失。比赛场地及看台上方高大空间的火灾监控与扑救是体育馆消防安全中的难点问题，随着消防科技的发展，一些新型的消防设备相继出现，如吸气式早期感烟探测报警系统

和大空间洒水喷头(其安装高度可达 8～20 m),这些设备的出现为高大空间的火灾监控与扑救提供了很好的工具。移动式消防器材操作简便且价格经济,也是体育馆内必不可少的消防器材,可选用泡沫、干粉型等灭火器。灭火器的设置位置既要考虑取用方便,又要注意不要占用疏散通道的有效面积,灭火器需要定期维护管理,避免药剂失效,保证火灾时能及时有效地投入使用。

2. 安全疏散设施

合理布置安全疏散路线及出口位置,设置可靠的火灾应急照明及指示标志,确保人员安全疏散。

(1) 从平面规划考虑,观众座席布置应错落有致,设置四周均可环绕的走道,保证观众行走方便。观众座席通向室外的安全出口应根据座位及走道的布置分散进行设置,安全出口应不少于 2 个。需要特别注意的是安全出口附近的台阶或坡道,台阶的高度、长度,坡道的坡度等参数一定要设计合理,台阶过高或坡度过陡都可能导致人失足跌倒,阻塞通道,造成人员伤亡。出口的设计也要考虑人员疏散的特点,出口如果过大过宽,外面可以考虑设置人流导向设施,出口外的地形要尽量宽敞,以便于人员迅速散开。为避免二次疏散瓶颈的产生,出口附近不允许堆放可燃物,车辆、食品亭、书报亭等设施应与出口保持一定的距离,不允许出口附近有临时摊贩逗留。应为老幼病残人员、重要人员及其他特殊人群设置专门的观看区域,设置专用疏散通道,并配置特殊的救援设施,如防烟面罩、为行动不便的人准备的轮椅等。

(2) 火灾应急照明及疏散指示标志必须按照规范正确设置,并采用可靠的措施保证其正常工作。在不同防火分区的显要位置,应设置安全疏散示意图。出口处的疏散标志灯要特别明显,如果出口处的疏散标志比较容易被烟气遮挡,可以采取其他提高出口可识别性的手段,如采用火灾报警后可以闪烁的标志灯。在出口内侧和外侧附近一定要设置应急照明,以免因黑暗引起人群恐慌造成拥挤和踩踏,其他部位也要根据规范和实际情况设置应急照明和疏散指示标志。

(三) 健全消防安全管理制度,提高消防安全管理水平

(1) 认真贯彻"预防为主,防消结合""专群结合"的工作方针和路线,全面落实各部门、各岗位的消防安全责任制。在法定代表人或者主要负责人中确定一名本单位的消防安全责任人,并按照《消防法》第 14 条的规定,履行消防安全职责,建立健全消防安全管理制度和逐级防火责任制,全面落实消防安全职责。

(2) 加强对消防管理人员的定期培训,特别是防火重点部位、重点工种人员的培训教育,增强法律意识和防火责任意识,在全体员工中经常进行消防应知应会教育,熟知必要的消防常识,熟悉本岗位的火灾危险性及预防措施。重点要加强疏散诱导知识的学习培训,制定科学可行的疏散诱导计划,并定期组织疏散灭火演习,提高全员预防和抗御火灾的能力,做到平时能防,遇火能救。

(3) 开展经常性的消防安全检查,及时发现和整改火灾隐患,做到问题早发现,隐患早解决,措施早落实。所有消防检查发现的问题都要有登记,存档备案,并建立责任追究

制度。对场地租用户、演出单位等,要逐个签订防火安全责任书,明确各自的责任,并严查严管,及时堵塞漏洞,防患于未然。

(4)要根据本单位的实际情况建立义务消防组织,并定期组织学习消防常识进行灭火演练,针对体育场馆可能发生的火灾,消防部门要制定可行的灭火应急救援预案,按照"六熟悉"(熟悉辖区交通道路、消防水源情况,熟悉消防安全重点单位数量、分类和分布情况,熟悉消防安全重点单位建筑物结构和使用情况,熟悉消防安全重点单位重点部位情况,熟悉消防安全重点单位内部消防设施和消防组织情况,熟悉辖区主要灾害事故类型和处置对策、基本程序)的要求,认真开展实地、实兵、实装演练,提高灭火扑救的能力,切实做到有备无患。

第六章　初期火灾的处置

人们的生产、生活离不开火。但是如果用火不当或者管理不好,就会发生火灾,严重威胁人们的生活。"消防"的含义一是指火灾的预防,二是指火灾的扑救。因此,只有学习一些基本的消防常识,掌握火灾扑救的基本方法和技巧,才能真正提高扑灭初期火灾的能力,才能有效地控制并消灭火灾。

第一节　初期火灾及其处置的概念

初期火灾是指发生在初期阶段的火灾。此时的火灾还局限于起火部位或起火空间内燃烧,燃烧范围小,烟气流动速度缓慢,火焰热辐射量少,虽然周围的物品开始受热,但火焰并没有突破墙板、顶棚等建筑构件,火势还没有发展蔓延到其他场所,温度上升还不快。火灾初期阶段是灭火的最有利时机,如果能在火灾初期阶段及时发现并控制火势,火灾损失就会大大降低。

初期火灾处置是指发生火灾时,为把火灾对人、财、物的危害降低到最低所采取的扑救、报警、疏散及逃生等一系列的活动或行动。无数火灾案例的调查已表明,火灾发现迟、报警晚、没有及时引导疏散、初期火灾扑救失败,以至于小火酿成大灾是造成人员群死群伤的主要原因。因此,及时发现并组织有效的初期火灾扑救是非常重要的。

火灾的初期阶段,尤其是固体物质火灾的初期阶段,是扑救的最好时机。只要发现及时,用很少的人力和灭火器材就能将其扑灭。在扑救初期火灾的同时,及时发出报警信息,尽早地组织人员及物资疏散,使人员迅速撤离火灾险境,可以大大地减少火灾对人、物的危害,将火灾损失降到最低。

以下两个火灾案例就是因为初期火灾处置不当而造成了惨案。

【案例 6-1】 2010 年 8 月 28 日,辽宁沈阳市铁西万达广场售楼处因楼盘展示沙盘内电气线路接触不良,过热引燃可燃物引发火灾,造成 12 人死亡,10 人受伤,过火面积 350 m²,直接财产损失 9 万元。火灾初期,员工使用灭火器进行处置,但扑救方法不当未能奏效。在扑救力量不足的情况下,盲目打开沙盘侧面维修口,导致新鲜空气涌入发生轰然,大大缩短了人员逃生时间。火灾发生后,一楼工作人员没有及时通知二楼人员火灾情况,有效组织人员疏散,二楼工作人员及顾客得知火情后,不以为然,没有及时逃生;待烟雾蔓延到二楼后,不会选择正确的逃生自救路线,不会逃生自救的方法和程序,造成不应有的人员伤亡。

【案例6-2】 2011年1月17日23时15分,武汉市宏康实业公司侨康副食批发市场发生火灾,造成14人死亡,过火面积约2 500 m²,造成83户商户、27户居民受灾,直接财产损失591.1万元。起火原因可以排除放火嫌疑、遗留火种、烟花爆竹等起火原因,不能排除电气故障原因引起火灾的可能。主要教训有五点:① 一层市场东西两侧外立面为铁丝网,无实体墙分隔,导致火灾发生后迅速形成立体燃烧,且可燃物燃烧充分;② 一层市场与相邻建筑之间的过道上设置了摊位,且加盖铁质雨棚,火灾发生后高温烟气迅速蔓延至相邻建筑,导致相邻建筑迅速起火燃烧,建筑内人员被困无法逃生;③ 二层珊珊服装厂宿舍外楼梯出口被锁,通向一层的室内楼梯被封堵,外窗设置固定金属栅栏,导致被困人员无法及时逃生;④ 建筑内未设置室内消火栓,二层宿舍与三层生产车间上下楼梯连通,未设置自动喷水灭火系统,导致不能有效扑救初期火灾;⑤ 值班人员年龄较大且行动不便,导致发现起火后,无法对初期火灾进行扑救。

第二节　火灾报警

在火灾发生时,及时报警是及时扑灭火灾的前提,这对于迅速扑救火灾、减轻火灾危害、减少火灾损失具有非常重要的作用。因此,《消防法》第44条明确规定:"任何人发现火灾都应当立即报警。任何单位、个人都应当无偿为报警提供便利,不得阻拦报警。严禁谎报火警。"法律规定,任何单位和个人在发现火灾时都有报告火警的义务。

"报告火警",主要是指发现火灾后,应当立即拨打火警电话119。119火警电话具有优先通话的功能。

一、立即报火警的重要性

经验告诉我们,起火后的十几分钟内是灭火的关键时刻,此时能否将火扑灭、不造成大火,具有关键性影响。把握住灭火的关键时刻须做到两点:一是利用现场灭火器材及时扑救;二是同时报火警,以便调来足够的力量,尽早地控制和扑灭火灾。不管火势大小,只要发现起火,都应及时报警,即使自己认为有足够的力量扑灭的火灾,也应当向公安消防部门报警。火势的发展往往是难以预科的,如扑救方法不当、对起火物质的性质不了解、灭火器材的效用限制等种种原因,都有可能导致控制不住火势而酿成大火,若此刻才想起报警,由于错过火灾的初期阶段,即使消防队到场扑救,也必然费力费时,火扑灭了,也会造成一定损失。有时由于火势已发展到了猛烈阶段,大势已去,消防队到场也只能控制火势不使之蔓延扩大,但损失和其危害已成定局。

【案例 6-3】 2011 年 1 月 13 日 0 时 49 分,湖南省长沙市岳麓区枫林一路 303 号西娜湾宾馆发生火灾,造成 10 人死亡、4 人受伤,过火面积 150 m²,直接财产损失 60.4 万元。认定的起火原因系西娜湾宾馆一层夹层地面中部自行改装的电烤火炉引燃覆盖在炉上用作烤火保暖的棉质被套起火。火灾从初期阶段到猛烈燃烧阶段大约有 6 min 的时间,由于处置不当,丧失了扑救初期火灾的宝贵时机,导致了 10 人死亡的悲惨事故。

二、不及时报火警的原因

起火后不及时报火警而酿成火灾恶性后果的案例不胜枚举。究其原因有:不会报火警;存在侥幸心理,以为自己能灭火;错误地认为消防队扑救火灾要收费;单位发生火灾怕影响评先进、评奖金,怕消防队来影响不好,怕公安消防部门处罚和追究责任;甚至有的单位做出不成文的规定,报火警必须要经过单位领导同意。

三、报火警的对象

一是向公安消防队报警。公安消防队是灭火的主要力量,即使失火单位有专职消防队,也应向公安消防队报警,绝不可等个人或单位扑救不了再向公安消防队报警,以免延误灭火最佳时机。二是向受火灾威胁的人员发出警报,以使他们迅速做好疏散准备、尽快疏散。三是向火场周围人员报警,除让他们及早知晓火情、尽快撤离火场外,一方面可使他们利用各自的通信工具向 119 火警台报警,另一方面可及早阻止其他人员进入火场。四是向单位(地区)专职、义务消防队报警。很多单位有专职消防队员,并配置了消防车等消防装备。单位一旦有火情发生,要尽快向其报警,以便争取时间投入灭火战斗。

四、报火警的方法与内容

(一)火灾报警的方法

报火警时可根据条件分别采取三种方法进行。

(1)拨打 119 火警电话向公安消防队报警;报警之后,应派人到路口接应消防车进入火灾现场。

(2)装有火灾自动报警系统的场所,在火灾发生时会自动报警。没有安装火灾自动报警系统的场所,可以根据条件采取下列方法报警:使用警铃、汽笛或其他平时约定的报警手段报警。

(3)使用应急广播系统,利用语音喇叭迅速通知被困人员。

(二)火灾报警的内容

在拨打 119 火警电话向公安消防队报火警时,必须讲清三个方面的内容。

(1)发生火灾单位或个人的详细地址。主要包括:街道名称、门牌号码,靠近何处,附近有无明显的标志;大型企业要讲明分厂、车间或部门;高层建筑要讲明第几层。总之,地址要讲得明确、具体。

(2)火灾概况。主要包括:起火的时间、场所和部位,燃烧物的性质,火灾的类型,火势的大小,是否有人员被困,有无爆炸和毒气泄漏等。

(3)报警人基本情况。主要包括:姓名、性别、年龄、单位、联系电话号码等。

五、谎报火警违法

不少地方都发现有个别人打电话谎报火警。有的人是抱着试探心理,看报警后消防车辆是否到来;有的人是报火警开玩笑;有的甚至是为报复对自己有成见的人,用报火警的方法搞恶作剧故意捉弄对方。

《消防法》第 44 条规定:严禁谎报火警。谎报火警属于违法行为。在我国,每个城市或地区的消防力量资源是有限的,如因假报或谎报火警而出动消防车辆,必然会削弱正常的消防值勤力量。倘若正值此时某单位真的发生火灾,就会影响正常的出警和扑救,以致造成不应有的损失。按照《治安管理处罚法》第 2 条的规定,谎报火警是扰乱公共秩序、妨害公共安全的行为,视其情节严重程度受拘留并处罚款。

第三节　初期火灾扑救

初期火灾的扑救,通常指的是在发生火灾以后,专职消防队尚未到达火场以前,对刚发生的火灾事故所采取的处理措施。通常,建筑物火灾在火灾初期阶段如能及时发现、及时行动,大多能将其扑灭。一般初期火灾能被扑灭的时间大体可限定在室内的吊顶、隔断及其他物资被引燃之前。无论是公安消防队员、专职消防人员,还是志愿消防人员,或是一般居民群众,扑救初期火灾的基本对策与原则是一致的。

一、初期火灾扑救原则

(一)救人第一

"救人第一"的原则,是指火场上如果有人受到火势威胁,企、事业单位专职(或志愿)及消防队员的首要任务就是把被火围困的人员抢救出来。运用这一原则时,要根据火势情况和人员受火势威胁的程度而定。在具体施救时遵循"就近优先、危险优先、弱者优先"的基本要求。救人与救火可以同时进行,以救火保证救人工作的展开,但绝不能因为救火而贻误救人时机。在灭火力量较强时,人未救出之前,灭火是为了打开救人通道或减弱火势对人员威胁程度,从而更好地为救人脱险、及时扑灭火灾创造条件。

（二）先控制，后消灭

"先控制，后消灭"的原则，是指对于不可能立即扑灭的火灾，要首先控制火势，防止其继续蔓延扩大，在具备了扑灭火灾的条件时，再展开全面进攻，一举消灭火灾。例如：煤气管道着火后，要迅速关闭阀门、断绝气源、堵塞漏洞，防止气体扩散，同时保护受火威胁的其他设施；当建筑物一端起火向另一端蔓延时，应从中间适当部位加以控制；建筑物的中间着火时，应从两侧控制，以下风方向为主；发生楼层火灾时，应从上向下控制，以上层为主；对密闭条件较好的室内火灾，在未做好灭火准备之前，必须关闭门窗，以减缓火势蔓延。志愿消防队灭火时，应根据火灾情况和本身力量灵活运用这一原则。对于能扑灭的火灾，要抓住战机，就地取材，速战速决；如火势较大，灭火力量相对薄弱，或因其他原因不能立即扑灭，就要把主要力量放在控制火势发展或防止爆炸、泄露等危险情况发生上，为防止火势扩大、彻底扑灭火灾创造有利条件。

"先控制，后消灭"在灭火过程中是紧密相连不能截然分开的。特别是对于扑救初期火灾来说，控制火势发展与消灭火灾二者没有根本的界限，几乎是同时进行的，应该根据火势情况与本身力量灵活运用。

（三）先重点，后一般

"先重点，后一般"的原则，是指在扑救初期火灾时，要全面了解和分析火场具体情况，区分重点和一般。很多时候，在火场上，重点与一般是相对的，一般来说，要分清七种情况。

（1）人与物相比，救人是重点。

（2）贵重物资与一般物资相比，保护和抢救贵重物资是重点。

（3）火势蔓延猛烈的地带与其他地带相比，控制火势蔓延猛烈的地带是重点。

（4）有爆炸、毒害、倒塌危险的区域与没有这些危险的区域相比，处置有危险的区域是重点。

（5）火场上的下风方向与其他方向相比，下风方向是重点。

（6）易燃、可燃物资集中的区域与这类物品较少的区域相比较，这类物品集中的区域是重点。

（7）要害部位与其他部位相比较，要害部位是火场上的重点。

（四）快速准确，协调作战

"快速准确"的原则，是指在火灾初期阶段越迅速、准确地靠近着火点及早灭火，就越有利于抢在火灾蔓延扩大之前控制火势、消灭火灾。"协调作战"的原则，是指参与扑救火灾的所有组织、个人之间在扑救初期火灾的过程中应相互协作、步调一致，参与者之间应密切配合。

二、初期火灾扑救要求

一旦遇到火灾，无论是何种类型的火灾，首先要做三件事：一是及早通知他人；二是尽快灭火;三是尽早逃生。

(一) 及早通知他人

发现火情后,无论火情大小,都要尽快通知其他人,尽量不要一个人或一家人来灭火,因为火灾的突发性、多变性会导致火势随时扩大蔓延。及早地通知他人,不仅可以及早地唤起别人的警觉,及时采取应对措施,而且还可以寻求他人的帮助,更加有利于及早将火扑灭。

(二) 尽快灭火

初期火灾扑救能否成功,关键就在着火后的 3 min 内。因为着火的 3 min 内,烟淡火弱,火也只在地面等横向蔓延,在火蔓延至窗帘、隔断等纵向表面之前,扑救人员不易受烟、火的困扰,只要勇敢、沉着、不畏惧,一般都能将火扑灭。

灭初期火灾时,要有效利用室内消火栓、灭火器、消防水桶等消防设施与器材。

(1) 离火灾现场最近的人员,应根据火灾种类正确有效地利用附近的灭火器等设备与器材进行灭火,且尽可能多地集中在火源附近连续使用。

(2) 在使用灭火器具进行灭火的同时,要利用最近的室内消火栓进行初期火灾的扑救。

(3) 灭火时,要考虑水枪的有效射程,尽可能靠近火源,压低姿势,向燃烧着的物体喷射。

除利用灭火器和水进行灭火外,还可灵活运用身边的其他物品,如坐垫、褥垫、浸湿的衣服、扫帚等拍打火苗,用毛巾、毛毯盖火等灭火。

【案例 6-4】 2010 年 12 月 25 日,当家中 2 楼卧室发生火灾且浓烟滚滚时,户主夏和平赶到时用当兵学到的消防知识自救,使火势很快被控制,经随后赶到的消防队 20 min 的全力扑救,大火被扑灭。

夏和平曾当过海军,退伍后他把部队学校的消防知识带了回来。因家中是木结构老房子,他便买了两个灭火器,一个放在父母的住处,另一个放在自己的卧室,并手把手教会父母怎样使用灭火器以及着火时逃生知识。12 月 25 日中午,夏和平上楼将电热毯插头插上准备休息。没等他睡着,有朋友来叫他到附近的一户人家打牌。他想先过去看看,如果没有搭档便回家睡觉,于是没有把电热毯插头拔掉便出了门。开始打牌时,夏和平叫妻子去把电热毯插头拔掉。妻子没听清楚,仅将电热毯的电源开关关掉便出门了。下午 2 时左右,夏和平二楼卧室浓烟滚滚,邻居急忙跑去叫夏和平。夏和平拿来一条毛巾用冷水浸湿后捂住脸冲上楼去,找来卧室里的灭火器后用灭火器灭火,为随来赶到的消防队员扑救赢得了宝贵时间。

(三) 尽早逃生

当火已蔓延到吊顶、隔断或窗帘时,意味着火势已发展扩大,此时必须立即沿着疏散指示标志指引的方向尽快撤离,否则就会有生命危险。因为此时此刻火势的发展已到了非专业消防队不能扑救的地步,灭初期火灾的任务已经结束。

三、初期火灾扑救方法

初期阶段的火灾火势尚小,如果能够及时正确地采取扑救措施,完全可以将火灾消灭在萌芽状态,避免造成无法挽回的人员伤亡和财产损失。

(一)用室内消火栓灭火

几乎每幢建筑物在消防设计时都设置有室内消火栓系统,当初期火灾发展到不能用附近的手提式灭火器进行扑救时,就应考虑或寻找附近的室内消火栓来灭火。

通常,室内消火栓的使用方法如下:打开室内消火栓箱箱门;按下栓箱内的消防泵启动按钮,启动消防泵;拉出并铺好消防水带,接上消防水枪,不要弯折、缠绕;将消火栓阀门向左旋转打开至最大位置;将消防水带拉直至着火地附近出水灭火。

(二)用灭火器灭火

发生火灾时,可利用附近轻便式灭火器进行灭火。只要灭火及时、方法正确,一般都可以将火扑灭。在用灭火器灭火时,不是将灭火药剂喷在正在燃烧的火焰上,而是要瞄准火源的根部。由于灭火器的种类规格不同,灭火喷射时间也不尽相同,一般有 10～40 s 左右的时间。

因此,开始灭火时就要瞄准方向,不要被向上燃烧的火焰和烟气所迷惑,而应对准燃烧物,用灭火器扫射。

手提式干粉、清水(或水成膜)泡沫及二氧化碳灭火器的使用方法要点如下:手提灭火器;拔出保险栓;握住喷嘴压把(或手柄);用力向下压压把;对准着火物直接喷射。使用时应注意:不要被烟雾所迷惑,应尽量靠近燃烧物 5 米以内喷射;室外要站在上风侧方向;干粉灭火器使用时应先摇晃灭火器筒体数次,以使筒内干粉松动便于喷出;二氧化碳灭火器可按住压把反复喷射(点射)。

(三)无灭火器时的灭火方法

发现火情后,如果就近没有灭火器材怎么办?若是小火,则应因地制宜、就地取材,灵活运用身边立即可以拿到的其他物品进行扑火。

(1)用水杯:该方法对扑灭小火行之有效。将水桶里的水一下子泼倒出去,还不如用水杯分数次浇泼灭火方便、快捷、效果好。

(2)用灭火毯、湿被单等:用灭火毯或浸湿的被褥、衣服、毛毯等物从火源的上方慢慢捂盖灭火,盖好后,再浇上少量水。该方法对油锅、煤油取暖炉或燃气罐引起的火灾效果明显,但要防止灼伤。

(3)用扫帚等:将扫帚用水浸湿,用其拍打火焰。可能的话,一只手拿扫帚拍打火苗,另一只手向火中浇水,其灭火效果更为明显。该方法还可适用于窗帘等纵向火灾的扑救。

（4）用盆类器具等：用锅、碗、瓢、盆、小桶等物品平时盛水或在起火时可用来舀水泼灭火苗。

（四）典型初期火灾的灭火

下面就一些常见的初期小火的灭火方法做一些简单介绍。

1. 油锅起火

当其在锅内加热至450℃左右时就会发生自燃，立刻蹿起很高的火焰，气势吓人。其实，油锅起火并不可怕，因为火焰被"包围"限制在油锅内，不去触动它，一般不会蔓延扩大。此时，只要沉着镇定，迅速采取两种方法即可灭火。

（1）用锅盖或能遮盖住锅的大湿布、湿麻袋，从人体处朝前倾斜遮盖到起火的油锅上，隔绝空气即可将火扑灭；

（2）用厨房里切好的蔬菜或其他生冷食品，沿着锅的边缘倒入锅内，使油迅速降温至其燃点以下，油锅火随即熄灭。

必须特别注意的是，油锅着火时，切忌用水向锅内浇，因为冷水遇到高温热油时会形成"炸锅"现象，使油火到处飞溅，导致火势扩大，人员伤亡。

2. 燃气灶具起火

现代生活中使用的燃气一般有两种：一是天然气，二是液化石油气。天然气比空气轻，一旦泄漏会向空中扩散，而液化石油气比空气重，泄漏后会沉积在地面，然后向四周扩散，其危险性较天然气大。无论是天然气还是液化石油气，它们泄漏后都会与空气混合形成爆炸性混合气体，遇火源发生爆炸，破坏性极大。

那么，燃气灶具泄漏着火后应该怎样处置呢？

（1）应迅速关闭燃气管道上的阀门，若是液化石油气钢瓶，要迅速拧紧钢瓶角阀上的手轮，切断气源，这是最简便、最易行的有效方法。

在关闭角阀时，要戴上浸过水的布手套，或用湿毛巾、围巾、抹布包住手臂，以防被火灼伤。有的用户见到钢瓶角阀处着火时，错误地认为会发生"回火"爆炸，不敢关闭阀门，其实液化气钢瓶是不会发生"回火"的，因为一般液化气钢瓶上安装有调压器，调压器内有止回构造，故不会发生"回火"爆炸。即便没有安装调压器，由于钢瓶内的压力远大于外界大气压力，使液化气向外喷射，瓶内没有空气，形成不了爆炸性混合气体。此外，钢瓶出气口口径较小，火焰传播速度慢也是防止发生回火的重要因素。

关阀断气的速度要快，一般不应超过3~5 min，否则钢瓶角阀内的尼龙垫、橡胶垫圈和用于密封接头的环氧树脂黏合剂就会被高温熔化，以致失去阀门的密封作用，使液化气大量外泄，火势更旺。

在起火的情况下，千万不可将火扑灭，否则，火扑灭后，无法堵住大量外泄的液化气，遇火源后仍会导致爆炸燃烧。此时应将钢瓶移到屋外空旷的地面上让它直立燃烧，只要不碰倒它是不会发生爆炸的。

（2）断绝气源后，用家里的手提灭火器进行灭火。

（3）不要忘记及时报119火警,请求消防队支援。

3. 人身上衣服起火

在日常工作、生活中,常有这样的事情发生:工人在明火作业时,飞溅的火花会引燃工作服;小孩在燃放烟花爆竹时,火星飞溅到身上,烧着了衣服等。倘若处置不当,有可能造成人身伤害事故。

人身上的衣服着火后,常常出现如下情形:有的人皮肤被火灼痛,于是惊慌失措,撒腿就跑,岂不知越跑火势越大,结果被烧伤或烧死;有的人发现自己身上着火了,吓得大减大叫,胡扑乱打,却反而越扑火越旺。这是因为人身上衣服着火后,如果一味奔跑或胡乱扑打,正好鼓动了空气,风助火势,有利于氧气的助燃,因此火就越烧越旺。

那么,人身上衣服着火后应该怎样来扑灭呢? 正确而有效的方法如下:

（1）应迅速就地脱下着火的衣服。如果是带纽扣的衣服,可用双手抓住左右衣襟用力猛撕,将衣服脱下,不能像平常那样一个个纽扣解开脱下,因为时间不允许;如果是拉链衫,则要迅速拉开链锁将衣服脱下。

（2）若胸前衣服着火,则应迅速趴在地面上;若背后衣服着火,则应躺在地面上,或身体贴紧墙壁将火压灭;如果前后衣服都着火,则应立即离开火场,然后就地躺倒,来回滚动,利用身体隔离空气、覆盖火焰,但在地面上滚动的速度不能太快,否则火不容易压灭。

（3）在家里,可使用被褥、毯子或厚重衣服等裹在身上,压灭火苗;或跳进有水的浴缸中灭火。

（4）在野外,如果附近有水池、河流等,可迅速跳入浅水中。

值得注意的是,若人体已被烧伤,而且创面皮肤亦已烧破,则不宜跳入水中,更不能用灭火器直接往人体上喷射,因为这样做很容易会使烧伤的创面感染。

4. 家用电器起火

电视机、电冰箱、洗衣机或微波炉等家用电器起火时,大致的处置方法如下:

（1）沉着镇定地迅速拔出电源插头或关闭电闸,切断电源,以防止灭火时触电伤亡;

（2）用棉被、毛毯等透气较差的物品将电器包裹起来,使火因缺乏空气而熄灭;

（3）用身旁的灭火器灭火,电视机起火时,不应将灭火剂直接射向荧光屏,因为荧光屏燃烧受热后遇冷时有可能发生爆炸。

5. 固定家具、隔断或窗帘等起火

固定家具、隔断或窗帘等起火时,应立即采取四项措施灭火:

（1）应迅速将其附近的可燃、易燃物品移开,以免将它们引燃,造成火势扩大;

（2）利用家中的手提式灭火器向家具等燃烧物喷射;

（3）如果家中没有灭火器,则可用水桶、水盆、饭锅等物盛水进行扑救;

（4）可将着火窗帘撕下、屏障推倒,然后用脚将火踩灭,或用湿扫帚拍打火焰将火熄灭。

6. 家中衣服、织物及小件家具起火

当家中衣服、织物及小件家具等起火时,切忌惊慌,更不应在家中胡扑乱打,以免火星飞溅引燃其他可燃物品,应该在火尚小时,快速把起火物拿到室外或卫生间等较为安全之处,然后用水将火浇灭即可。

7. 电气线路起火

当电气线路冒火花时,应当首先关闭电源总开关,然后再进行灭火。电源切断前,千万不要盲目靠近电线,以防止触电,伤及人身。如带电灭火时,切忌用水或清水泡沫灭火器,因为含杂质的水或泡沫水是导电体。

8. 汽油、煤油或柴油起火

汽油、煤油或柴油等油品是易燃、可燃油品,其初期火灾的扑救应采取的方法如下:

(1) 利用干粉、水成膜、泡沫及二氧化碳等灭火器进行灭火;

(2) 如果无灭火器,也可用砂土掩埋扑灭,或可将毛毯、棉被浸湿,然后覆盖在着火区灭火。

特别要注意的是,上述油品着火,切忌用水扑救。因为这些油品的密度比水小,用水扑救时,水沉积在油品之下,油浮在水面之上仍会继续燃烧,并会随水到处流淌蔓延,扩大燃烧面积。

9. 酒精起火

酒精的化学名称叫乙醇,是一种易燃液体。当酒精起火时,可用砂土或湿麻袋、湿棉被等覆盖灭火,也可用干粉灭火器进行灭火。若用泡沫灭火器,一定要用抗溶性泡沫灭火药剂,因为普通泡沫灭火剂中的水可与酒精混溶,且乙醇也有消泡作用,所以普通泡沫覆盖在酒精表面上无法形成能够隔绝空气的泡沫层。

(五) 灭火小技巧

扑救初期火灾的方法简单易学、便于操作,如在扑灭初期火灾时再掌握并运用好一些小技巧,就更容易使自己在灭火中立于不败之地。

(1) 为了自身安全,灭火时应背对安全逃生出口,以便灭火失败时可顺利地从该出口快速撤离。

(2) 用灭火器灭火时,应对准火源(即燃烧物品)的根部,不应向火焰上部喷射,也不要被升腾的烟雾和火焰所迷惑。

(3) 灭火之后要用水进行浇泼,使之彻底熄灭,因为被扑灭的火灾也有可能再次"死灰复燃"。

(4) 灭火时,应站在火焰的上风侧,顺风灭火,不应站在火源的下风侧,以免被火焰燎伤。

(5) 当初期火灾扩大,以至于不能扑灭时(如煤质及顶棚等),应立即撤离火场。

(六) 家庭消防应急器材配备常识

为提高家庭扑救初期火灾和逃生自救能力,公安部消防局于 2010 年 12 月 9 日发布《家庭消防应急器材配备常识》(以下称《常识》),主要介绍了手提式灭火器、灭火毯、消防过滤式自救呼吸器、救生缓降器、带声光报警功能的强光手电等器材的配备及使用常识,其内容包括五个方面。

（1）手提式灭火器。宜选用手提式 ABC 类干粉灭火器,配置在便于取用的地方,用于扑救家庭初期火灾。注意防止被水浸渍和受潮生锈。

（2）灭火毯。灭火毯是由玻璃纤维等材料经过特殊处理编织而成的织物,能起到隔离热源及火焰的作用,可用于扑灭油锅火或者披覆在身上逃生。

（3）消防过滤式自救呼吸器。消防过滤式自救呼吸器是防止火场有毒气体侵入呼吸道的个人防护用品,由防护头罩、过滤装置和面罩组成,可用于火场浓烟环境下的逃生自救。

（4）救生缓降器。救生缓降器是供人员随绳索靠自重从高处缓慢下降的紧急逃生装置,主要由绳索、安全带、安全钩、绳索卷盘等组成,可往复使用。

（5）带声光报警功能的强光手电。带声光报警功能的强光手电具有火灾应急照明和紧急呼救功能,可用于火场浓烟以及黑暗环境下人员疏散照明和发出声光呼救信号。

《常识》提示广大群众,请根据家庭成员数量、建筑安全疏散条件等状况适量选购上述或者其他消防器材,并仔细阅读使用说明,熟练掌握使用方法。上述器材均可在消防器材商店选购。选购手提式灭火器、消防过滤式自救呼吸器、救生缓降器时,可先从中国消防产品信息网上查询拟购器材的市场准入信息,以防购买假冒伪劣产品。

第四节　火灾现场的保护

火灾扑灭后,发生火灾的单位和相关人员应当按照《消防法》的有关规定和公安消防部门的要求保护好火灾现场。

一、火灾现场保护目的

火灾现场是火灾发生、发展和熄灭过程的真实记录,是公安消防部门调查认定火灾原因的物质载体,是提取查证火灾原因痕迹物的重要场所。保护火灾现场的目的,是为了帮助火灾调查人员发现起火物和引火物,并根据着火物质的燃烧特性、火势蔓延情况,研究火灾发展蔓延的过程,为确定起火点以及提取并搜集到客观、真实、有效的火灾痕迹、物证创造条件,确保火灾原因认定的准确性。所以,保护好火灾现场对做好火灾调查工作具有十分重要的意义。

二、火灾现场保护的要求

（一）正确划定火灾现场保护范围

原则上,凡与火灾有关的留有痕迹物证的场所均应列入现场保护范围。通常情况下,火灾现场的保护范围应包括燃烧的全部场所以及与火灾有关的一切地点。遇有特殊情况时,根据需要应适当扩大保护范围。

(1)起火点位置未确定。起火部位不明显、初步认定的起火点与火场遗留痕迹不一致等情况下,应适当扩大保护范围。

(2)设备故障引起的火灾。当怀疑起火原因为设备故障时,凡与火场用电设备有关的线路、设备,如进户线、总配电盘、开关、灯座、插座、电机及其移动设备和它们通过或安装的场所,均应列入保护范围。有时电气故障引起的火灾,起火点和故障点并不一致,甚至相隔甚远,则保护范围应扩大到发生故障的那个场所。

(3)爆炸现场。建筑物因爆炸倒塌的起火场所,不论被抛出物体飞出的距离有多远,都应将抛出物体着落地点列入保护范围;同时将爆炸破坏或影响到的建筑物等列入保护区域。但并非将这个范围全部禁锢起来,只要将有助于查明爆炸原因、分析爆炸过程及爆炸威力的有关物件圈围保护即可。

保护范围确定后,禁止任何人(包括现场保护人员)进入保护区,更不得擅自移动火场中任何物品,对火灾痕迹和物证,应采取有效措施妥善保护。

(二)火灾现场保护的基本要求

1.对现场保护人员的基本要求

现场保护人员要服从统一指挥,遵守纪律、坚守岗位,有组织地做好现场保护工作,保护好现场的痕迹、物证,收集群众的反映。不准随便进入现场,不准触摸现场物品,不准移动、挪用现场物品。

2.火场保护中的要求

(1)起火后,应及时严密地保护现场。

(2)公安消防部门接到报警后,应迅速组织勘查人员前往现场,并立即开展现场保护。

(3)扑灭火灾时注意保护火灾现场。

(三)现场保护的方法

1.灭火中的现场保护

消防队员在进行火情侦察时,应注意发现和保护起火部位和起火点。在对起火部位的灭火行动中,特别是在灭扫残余火时,应尽量不要实施消防破拆或变动物品的位置,以保持燃烧后的自然状态。

2.勘查的现场保护

(1)露天现场。首先要在发生火灾的地点和留有火灾痕迹、物证的一切场所周围划定保护范围。若情况不明,可以将保护范围适当扩大些,待勘查工作就绪后,可酌情缩小保护范围,同时布置警戒。对重要部位则应绕红白相间的绳旗划警戒圈或设置屏障遮挡。当火灾发生在交通道路上时,在城市,由于行人、车辆流量大,封锁范围应尽量缩小,并由公安部门专人负责治安警戒、疏导人员和车辆;在农村,可以全部或部分封锁,重要的进出口处应设置路障并派专人看守。

（2）室内现场。室内现场的保护，主要是在室外门窗下布置专人看守，或对重点部位加封；现场的室外和院落也应划出一定的禁入区。对于私人房间要做好户主的安抚工作，讲清道理，劝其不要急于清理。

（3）大型火灾现场。可利用原有围墙、栅栏等进行封锁隔离，尽量不要影响交通和居民生活。

3. 痕迹与物证的现场保护方法

对于可能证明火灾蔓延方向和火灾原因的任何痕迹、物证，均应严加保护。在留有痕迹与物证的地点做出明显的保护标志。

（四）现场保护中的应急措施

保护现场的人员不仅限于布置警戒、封锁现场、保护痕迹物证，由于现场有时会出现一些紧急情况，所以现场保护人员要提高警惕，随时掌握现场的动态。发现问题时，负责保护现场的人员应及时对不同的情况积极采取有效措施进行处理，并及时向有关部门报告。

（1）扑灭后火场"死灰"复燃，甚至二次成灾时要迅速有效地实施扑救，酌情及时报警。有的火场扑灭后善后事宜未尽，现场保护人员应及时发现、积极处理，如发现易燃液体或者可燃气体泄漏，应关闭阀门，发现有导线落地时，应切断有关电源。

（2）遇到人命危急的情况，应立即设法施行急救；遇到趁火打劫或者二次放火的情况，思维要敏捷，对打听消息、反复探视、问询火场情况以及行为可疑的人要多加小心，纳入视线后，必要情况下应移交公安机关。

（3）危险物品发生火灾时，无关人员不得靠近，危险区域与外界实施隔离，禁止人员随意进入，人员应站在上风侧，远离地势低洼处。对于那些接触就可能被灼伤的，有毒物品、放射性物品引起的火灾现场，进入现场的人，要佩戴隔绝式呼吸器，穿戴全身防护衣。暴露在放射线中的人员及装置要等待放射线主管人员到达，按其指示处理，清扫现场。

（4）被烧坏的建筑物有倒塌危险并危及他人安全时，应采取措施使其固定，以防其倒塌造成次生灾害。倘若受条件限制不能使其固定，应在倒塌前仔细观察并记录倒塌前的烧毁情况；采取移动措施时，应尽量使现场少受破坏，并事前应详细记录现场原貌。

第七章　建筑火灾安全疏散与逃生

第一节　人在火灾中的心理与行为特征

在心理学上,人的活动被理解为心理的外部表现,人的活动方式被理解为心理的外部表现形式,这种表现形式是人与周围的社会环境和自然环境相互作用形成的。因此,人们意识的差异,使人们在相同的环境下心理活动不同;客观外界因素的变化,也必然会使人的心理活动随之变化。

大量的火灾案例和数据显示,火灾中人员的伤亡与其疏散行为密不可分。为了充分保证人员的安全,人员的疏散策略在充分考虑火灾等紧急情况下外界环境因素的同时,还必须综合其心理和行为特征。显然,这些心理和行为特征既与人员的特性、建筑结构、安全疏散设施有关,也与人员的个体特征、认知水平、社会特质、面临的不同危险局面等因素有关,同时还受火灾发展和火灾产物的影响。因此,人们早就意识到火灾中人的心理和行为对其火场安全逃生的重要性,并积极开展了大量的研究工作。

对火灾中人的疏散行为规律的有关研究源于 20 世纪初。当时采用的研究方法大多为观察描述、访问研究等定性分析的方法。20 世纪 70 年代,主要的研究方向集中于群集恐慌行为研究、人的疏散行动能力研究等方面。20 世纪 70 年代末至 80 年代初,在美国和英国分别召开了三次火灾与人的专题讨论会,并将有关论文编辑整理成《火灾与人的行为》一书出版发行。1972 年,英国学者伍德(Wood)对火灾中人的心理与行为进行了广泛深入的研究,采访了众多亲历火灾的人,总结出火灾中人的行为表现大体分为逃生、灭火、验证火灾真实性、通告他人和其他行为等五大类型(见表 7-1)。20 世纪 80 年代以后,相关研究工作取得了重大进展,不再局限于对火灾后生还者的调查、安全设施的使用与检测等方面,还借助消防演练等实验手段深入进行了火灾动力学研究及计算机仿真模拟,建立了多种建筑物发生火灾时人员有计划疏散行为规律和疏散时间的数学模型,从原来的定性分析逐步发展到随机的定量分析。由此,火灾中人的心理和行为再度成为消防研究的活跃领域。

表7-1　火灾中的人的行为

行 为 类 型	行 为 表 现	研究结果（百数分）%
逃生型	自己逃出建筑物	9.5
	帮助他人逃出建筑物	7
灭火型	采取行为灭火	15
	采取措施降低风险	10
验证火灾真实性	看是否发生了火灾	12
通告他人	向消防队报警	13
	通告他人	11
其 他	其他行为	20

　　火灾时，建筑物内的人员需要一定的可利用时间用于安全疏散，才有可能脱离危险状态。只有认识到火灾中人们所表现出来的心理与行为规律（即人员自身的作用和人与人之间的交互作用），才能了解到在有限时间的火灾危险状态下人的行为表现，进而有针对性地进行消防知识宣传培训，制定相应的应急疏散方案并演练，确保人员安全疏散。根据人的心理与行为模式，可以知道作为强烈刺激源的火灾，激化了在该场景下人"求生的原始本能"，以此为动机和目标的行为导出模式必然使人出现不同的心理反应和行为表现。人的行为是所受到的环境刺激和做出的相应心理反应二者共同作用的结果。作为外界刺激源的火灾，由于其自身具有突发性、多变性、瞬时性、高温性、毒害性等特点，使人员处于非正常状态，这种状态在心理学中被称为应激状态，对火灾中人的心理与行为会产生很大的影响，它会使处于此状态的人员在心理和行为上表现出一些特殊性。这些特殊性表现于个体和群体会存在很多差异，从而导致不同的心理反应和行为结果。

　　行为科学认为，人的行为是由动机支配的。人的行为是动机的结果、是目标的手段。一般情况下，动机、行为和目标三者的指向具有一致性。在日常生活中，人的行为遵从心理与行为模式，按照正常的模式行动。而在非正常状态的火灾场景下，人所受到的刺激是强烈的，处于强烈的求生欲望和期待逃离火场到达安全地带的焦虑心情之中，应激的火灾负性情绪反应交织在一起，对个体心理功能与行为活动产生了交互影响，使人的认知能力和自我意识变狭窄，表现为注意力不集中、判断能力和社会适应能力下降，从而使人出现异常行为，心理与行为系统发生异常和偏差。它主要有五种表现形式。

　　(1) 动机-行为的历程缩短。从感知火灾信息到做出行为反应，一般所需要的时间为5～10 s。在这一过程中，处于火灾中的人员缺乏理智的分析过程，行为具有紊乱性。

　　(2) 动机-行为-结果的不一致性。火灾发生时，常常会出现与期待结果不一致的行为，如习惯往狭窄角落或有光的地方奔跑，甚至从高处向下跳等反常行为。

　　(3) 行为的盲目性。火灾时，人们都随其他奔跑的人流或向无烟火处撤离或向自己最熟悉的出口奔跑，一旦出口受阻就只能原路返回，在返回途中有可能因被烟火封堵而遇难。

（4）行为的排他性。人们在逃生时，往往不顾及他人，全神贯注地致力于尽快逃离火灾现场，导致混乱和拥挤，即便在撤离人员不多的情况下也会如此，从而耽延逃生时间，造成不必要的伤亡。

（5）行为的无序性和多向性。由于每个人心理素质的差异，人员所选择的逃生方式会呈现如图 7-1 所示的无秩序性和多样性。

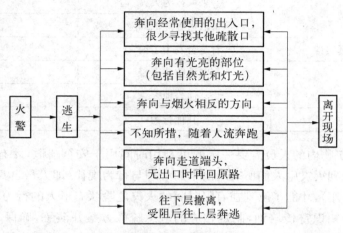

图 7-1　火灾时人的行为模式

从火灾时人员所表现出来的上述心理与行为模式分析，可以得到两个基本认识：一是通过精心的疏散设计是可以引导人们的疏散行为的；二是人行动的方向关键在于建筑内水平和垂直方向两大运动体系。由此可见，水平疏散组织，各安全出口的位置、宽度与数量，以及水平与垂直运动交会处的楼梯、电梯的平面布局、数量将成为建筑疏散设计的核心问题。

第二节　安全疏散设施与消防安全标志

建筑物内发生火灾后，首要的问题是被困人员如何及时、顺利地到达地面，并疏散至安全地带得以逃生。由于各类建筑内部具有特殊的结构和复杂的使用功能，大量火灾实践证明，人员能在火灾中安全疏散逃生是较为困难的，但能从内部进行自救和安全疏散则是避免人员伤亡最有效的途径。其中，安全疏散的通道长短、通道路径及通道层高是关键。建筑消防安全疏散设施和消防安全标志也起到相当重要的辅助作用。

一、安全疏散设施

安全疏散楼梯、疏散通道等安全疏散设施是火灾条件下，建筑物内部人员在允许的时间内疏散至安全区域或室外的场所,是火灾条件下一条比较安全的救生之路。它一般上通楼顶,下到底层,楼顶可直通屋顶平台,底层有直通楼外的出口。疏散楼梯间在各楼层的位置基本一致不变,一般情况下不需要通过换道就可以撤离着火区域。疏散通道上设有明显的逃生指示标志,通道内路面平坦,路线简捷无交叉,安全出口的疏散门通常向外开启,便于内部人员向外逃生。

(一)安全疏散设施概念及种类

安全疏散是指建筑物内发生火灾时,为了减少损失,在火灾初期阶段,建筑内所有人员和物资及时撤离建筑物到达安全地点的过程。从消防安全的角度来看,主要针对人员的疏散,当然,也包括物资的疏散。安全疏散设施是指建筑物中与安全疏散相关的建筑构造、安全设施。它主要包括安全出口、疏散出口、疏散走道、疏散楼梯、消防电梯、阳台、避难层(间)、屋顶直升机停机坪、大型地下建筑中设置的避难走道等。与安全疏散直接相关的设施主要有防火门、防排烟设施、疏散指示标志、火灾事故照明等;与安全疏散间接相关的设施主要有自动喷水灭火系统、火灾探测、声光报警、事故广播等;特殊情况下的辅助疏散设施有呼吸器具、逃生软梯、逃生绳、逃生袋、逃生缓降器、室外升降机、消防登高车等。我国现行国家标准《建筑设计防火规范》明文规定,自动扶梯和普通电梯不应作为安全疏散设施,但现实的研究探讨中有持不同意见者。如现行国家标准《地铁设计规范》(GB/T 501570—2013)中规定,采取一定安全措施的自动扶梯是可以作为安全疏散设施的,并计入安全出口数量、疏散宽度。普通电梯在火灾早期未受火灾烟气影响的情况下能否用于人员快速疏散,目前在学术界还存在争议。

一般情况下,绝大多数的火灾现场被困人员可以安全地疏散或自救,脱离险境。因此,建筑火灾发生时必须坚定自救意识,不惊慌失措,冷静观察,采取可行的措施进行疏散自救。平时应当针对各种可能发生的火灾事故或突发事件制定建筑火灾人员应急疏散预案,并加强演练,以此来熟悉各种安全疏散设施。

(二)安全疏散设施及其设置要求

安全疏散设施主要包括安全出口、疏散出口、疏散走道、疏散楼梯、消防电梯及其辅助设施,如阳台、避难层(间)、屋顶直升机停机坪、大型地下建筑中设置的避难走道等。我国现行国家防火规范(标准)对其设置有着严格的要求。

1. 安全出口及疏散出口

对于安全出口的定义,在不同的国家标准中有些微差异:《建筑设计防火规范》中将其定义为"供人员安全疏散用的楼梯间、室外楼梯的出入口或直通室内外安全区域的出口";《人民防空工程设计防火规范》中则将其定义为"通向避难走道、防烟楼梯间和室外的疏散出口"。

通常认为建筑物的外门、着火楼层楼梯间的门、直接通向室内避难走道或避难层等安全区域的门、经过走道或楼梯能通向室外安全区域的门等都是安全出口。对于不能直通安全区域或直接通向疏散走道的房间门、厅室门则统称为疏散出口(门),与安全出口有区别,但疏散出口有时也是安全出口。《人民防空工程设计防火规范》定义疏散出口是"用于人员离开某一区域至另一区域的出口"。安全出口、疏散出口在日常建筑设计、施工、消防管理中不能混为一谈。

(1)安全出口布置的原则。建筑物内的任一楼层上或任一防火分区中发生火灾时,其中一个或几个安全出口被烟火阻挡,仍要保证有其他出口可供安全疏散和救援使用。为了避免安全出口之间设置的距离太近,造成人员疏散拥堵的现象,民用建筑的安全出口在设计时要从人员安全疏散和救援需要出发,遵循"分散布置、双向疏散"的原则进行布置,即建筑物内常有人员停留的任意地点,均应保持有两个方向的疏散路线,使疏散的安全性得到充分的保证。不同疏散方向的出口还可避免烟气的干扰。大量建筑火灾表明,在人员较多的建筑物或房间内如果仅有一个出口,一旦出口在火灾中被烟火封住,易造成严重的伤亡事故。因此,通常建筑物内的每个防火分区、一个防火分区的每个楼层至少应设有两个安全出口,且其相邻两个安全出口最近边缘之间的水平距离不应小于5米,并使人员能够双向疏散,如果两个出口或疏散门布置位置邻近,则发生火灾时实际上只能起到1个出口的作用。

安全出口应易于寻找,并且有明显标志。直通室外的安全出口的上方,应设宽度不小于1米的防护挑檐,以保证不会经底层出口部位垂直向上卷吸火焰。

(2)安全出口的数量。建筑物的安全出口数量既是对一幢建筑物或建筑物的一个楼层,也是对建筑物内一个防火分区的要求。足够数量的安全出口对保证人员和物资的安全疏散极为重要。火灾案例中常有因出口设计不当或在实际使用中部分出口被封堵,造成人员无法疏散而伤亡惨重的事故。从方便疏散、快速疏散的角度出发,安全出口的数量越多,越有利于人员和物资的疏散,但是,从经济角度和功能布局出发,安全出口设置的数量越多,也许所花费的经济代价就越大,同时建筑物的功能布局也会受到影响。通常来说,每个防火分区、一个防火分区的每个楼层,其安全出口的数量除经计算确定外,不得少于两个。如医院的门诊楼、病房楼等病人聚集较多、流量较大的医疗场所和疗养院的病房楼或疗养楼、门诊楼等慢性病人场所以及老年人、托儿所、幼儿园等老、弱、幼等人数较多的场所(或建筑)不允许只设置1个安全出口或疏散楼梯。因为病人、产妇和婴幼儿需要别人护理,他们在安全疏散时的速度和秩序与一般人不同,因此,其疏散条件要求较为严格。此外,设置两部疏散楼梯或两个安全出口也有利于确保他们的安全。但对于人员较少、面积较小的防火分区以及消防队能从外部进行扑救的范围,由于其失火概率相对较低,疏散与扑救较为便利,故也不完全强调设置两个安全出口。

2.疏散门

疏散门是指包括设置或安装在建筑内各房间直接通向疏散走道、疏散出口的门和安全出口上的门。为了避免在发生火灾时由于人群惊慌、拥挤而压紧内开门扇,使门无法开启,保证人员顺利疏散撤离,对疏散门的开启方向及形式有一定的要求。

(1)疏散门开启方式和形式。为了保证人员的安全疏散和物资的顺利撤离,我国相关现行国家防火规范对建筑内疏散用门的开启方式及其形式做了规定,主要内容有:民用建筑和厂房的疏散用门应向疏散方向开启;民用建筑及厂房的疏散用门应采用平开门,不应采用推(侧)拉门、卷帘门、吊门、转门;由于电动门、推(侧)拉门、卷帘门或转门等在人群紧急疏散情况下无法保证安全、迅速疏散,不允许作为疏散门使用;仓库的疏散用门应为向疏散方向开启的平开门,首层靠墙体的外侧可设推拉门或卷帘门,但甲、乙类仓库不应采用推(侧)拉门或卷帘门;考虑到仓库内的人员一般较少且门洞通常都较大,因此,门设置在墙体外侧时可允许采用推拉门或卷帘门,但不允许设置在仓库墙体的内侧,以防止因货物翻倒等原因压住或阻碍而无法开启。对于甲、乙类仓库,因火灾时的火焰温度高、蔓延迅速,甚至会引起爆炸,故不应采用推(侧)拉门或卷帘门;公共建筑中一些通常不使用或很少使用的门,可能需要处于锁闭状态,但无论如何,设计时应考虑采取措施使其能从内部方便打开,且在打开后能自行关闭。

(2)疏散门的数量。公共建筑和通廊式非住宅类居住建筑中各房间疏散门的数量应根据有关现行国家防火规范经计算确定,且不应少于两个,该房间相邻两个疏散门最近边缘之间的水平距离不应小于5米。特殊情形时,可设1个疏散门。

3. 疏散走道

建筑物内疏散走道是人员从房间内至房间门,或从房间门至疏散楼梯、外部出口或相邻防火分区的室内通道。在火灾情况下,人员要从建筑功能区向外疏散,首先要通过疏散走道,所以,疏散走道是人员疏散撤离的必经之路,通常作为人员疏散的第一安全地带,是救援人员"内攻近战"的立足点。建筑物疏散走道的设置应能保证疏散路线连续、快捷、便利地通向安全出口,到达室外安全区域。

(1)疏散走道设置要求。疏散走道设置的主要要求有:疏散走道要简明直接,尽量避免弯曲,尤其不要往返转折;不应设置阶梯、门槛、门垛、管道,在疏散方向上疏散通道宽度不应变窄,在人体高度内不应有突出的障碍物;疏散走道的墙面、顶棚、地面应为不燃材料装修;疏散走道内应有防排烟措施;疏散走道内应有疏散指示标志和事故应急照明。

(2)疏散走道宽度要求。建筑中的疏散走道宽度应经计算确定,一般要求疏散走道净宽不应小于1.1米。

4. 疏散楼梯间

疏散楼梯间是指具有一定的防火、防烟能力,且能作为竖向紧急疏散使用的楼梯间。建筑物中的楼梯间是建筑物主要的垂直交通空间,是火灾条件下人员竖向安全疏散的主要和重要通道。楼梯间防火和疏散能力的大小,直接影响着人员的生命安全和消防队员的灭火及救灾工作。因此,进行建筑防火设计时,应根据建筑物的使用性质、高度、层数,正确运用防火规范,选择符合防火要求的疏散楼梯间,为安全疏散创造有利条件。

根据防火要求,疏散楼梯间可分为敞开楼梯间、封闭楼梯间、防烟楼梯间、剪刀楼梯及室外楼梯间等五种。

疏散用楼梯设置的一般要求是:一般布置在标准层或防火分区的两端,便于消防队救援利用;楼梯间应能天然采光和自然通风,宜靠外墙设置;楼梯间内不应设置烧水间、可燃材料储藏室、垃圾道;不应有影响疏散的凸出物或其他障碍物;不应敷设甲、乙、丙类液体管道;公共建筑的楼梯间内不应敷设可燃气体管道;居住建筑的楼梯间内不应敷设可燃气体管道和设置可燃气体计量表。当必须设置在住宅建筑的楼梯间内时,应采用金属套管和设置切断气源的阀门等保护措施;除与地下室相连和通向避难层的楼梯外,楼梯间竖向设计要保持上下连通,在各层的位置不应改变,首层应有直通室外的出口,以保证人员疏散畅通、快捷、安全;疏散用楼梯和疏散通道上的阶梯不宜采用螺旋楼梯和扇形踏步;居住建筑的楼梯间宜通至平屋顶,通向平屋面的门或窗应向外开启。商住楼中住宅的疏散楼梯应独立设置,不得与商业部分合用或相互影响。

5. 消防电梯

电梯是建筑物竖向联系最主要的交通工具之一,主要应用于具有一定高度的建筑中。消防电梯是指设置在建筑的耐火封闭结构内,具有前室和备用电源,在正常情况下为普通乘客使用,在建筑发生火灾时,其附加的保护、控制和信号等功能能专供消防员使用的电梯。

高层建筑发生火灾时,要求消防队员迅速到达起火部位,扑灭火灾和救援遇险人员。如果消防队员从楼梯登高,往往因体力消耗很大和运送器材而贻误灭火战机,难以有效地进行灭火战斗,而且还要受到疏散人流的冲击。一般工作电梯在发生火灾时常常因为断电和没有防烟火功能等而停止使用,因此,设置消防电梯有利于扑救队员迅速登高,消防电梯前室还是消防队员进行灭火战斗的立足点和救治遇险人员的临时场所。消防电梯平时可兼做工作客梯。在建筑防火设计中,应根据建筑物的重要性、高度、建筑面积、使用性质等情况设置消防电梯。发生火灾时,消防电梯可强制停在首层,其他楼层对其的外部呼唤无效,救援人员只能在消防电梯内部操控其运行状态。紧急情况下,按下首层的消防电梯紧急按钮,也可将消防电梯迅速置于首层供救援人员使用。

6. 消防应急照明和疏散指示系统

消防应急照明和疏散指示系统是为人员疏散、消防作业提供照明和疏散指示的系统,也是安全疏散设施之一。它由各类消防应急灯具、指示标志及相关装置组成。消防应急照明和疏散指示系统应急工作时间不应小于 90 min。

7. 火灾应急广播系统

在宾馆、饭店、办公楼、综合楼、医院、商业建筑、体育场馆、影剧院等建筑中,一般人员都比较集中,发生火灾时影响面很大。为了便于火灾疏散统一指挥,凡场所设有火灾控制中心报警系统时应设置火灾应急广播。在条件许可时,集中报警系统也应设置火灾应急广播。这样一旦发生火灾,通过应急广播可以及时通报火灾现场情况,并辅以适当的疏散指令,可以使建筑物内部人员的情绪得以稳定,应急疏散得以有序进行。火灾应急广播系统可与火灾报警系统联动。

8. 疏散辅助设施

除了上述安全疏散设施以外,火灾紧急状况下,尚有其他一些安全疏散的辅助设施,主要包括阳台、避难层(间)、避难走道及屋顶直升机停机坪等。当然,逃生梯(袋)、逃生绳、逃生援降器、呼吸器具也属于此类设施。

（三）安全疏散距离

安全疏散距离是指建筑物内疏散最不利点到外部入口或楼梯的最大允许距离。它直接影响疏散时间和建筑物内人员的生命安全。因此,必须根据建筑的使用性质、功能用途,对不同的建筑物提出具体的要求。

为确保人员安全疏散,同时又能做到合理经济地布置疏散出口、安全出口,我国现行的有关防火规范对不同建筑的安全疏散距离进行了严格的规定。高层建筑内的观众厅、展览厅、多功能厅、餐厅、营业厅和阅览室等,其室内任何一点至最近的疏散出口的直线距离,不宜超过 30 m;其他房间内最远一点至房门的直线距离不宜超过 15 m。

二、消防安全标志

消防安全标志作为国家的一种强制性标志早在 1992 年就由国家技术监督局公告执行。它是一种指示性标志,由带有一定象征意义的图形符号或文字,并配有一定的颜色所组成。在消防安全标志出现的地方,它警示人们应该怎样做,不应该怎样做,人们看到这些标志时,马上就可以确定自己的行为。

(一)安全色的含义

组成消防安全标志的颜色称为安全色,它是表达传递安全信息的颜色,表示禁止、警告、指令、提示等意义。1952 年,国际标准化组织成立了安全色标准技术委员会,专门研究制定了国际统一安全色彩,规定红、蓝、黄、绿为国际通用的安全色。我国现行国家标准《安全色》(GB/T 2893—2008)中也规定红、黄、蓝、绿四种颜色作为全国通用的安全色。安全色是表达传递安全信息的颜色,不同色彩对人的心理活动产生不同的影响,同时也使人的生理行为产生不同的反应,目的是使人们能够迅速发现或分辨安全标志,提醒人们注意安全事项,以防事故发生。

在安全色中,红色表示禁止、停止或危险的意思。它在人们心理上产生很强的兴奋感和刺激性,易使人的神经紧张、血压升高、心跳和呼吸加快,从而引起高度警觉。因此,红色被用于各种警灯、机器、交通工具上的紧急手柄、按钮或禁止人们触动的部位,以及消防车辆、器材和消防警示标志。

黄色表示警告、注意的意思。它对人眼能产生比红色更高的明亮度,注目性、视觉性都非常好,特别能引起人的注意。因此,黄色一般充当警告性的色彩,如行车中线、安全帽、信号灯、信号旗、机器危险部位和坑池周围的警戒线,以及体育比赛中对严重犯规的运动员出示的警告牌等均采用黄色。

蓝色表示指令、严肃和必须遵守的规定。它在太阳光直射下色彩显得鲜明,使人如同面对一望无际的大海或遥望万里碧空时一般心旷神怡。蓝色一般被用在指引车辆和行人行驶方向的交通标志上。它会使司机在行车时感到精神舒畅,不易疲劳,提高安全效率。

绿色则表示提示、安全状态、通行的意思。它在心理上能使人们联想到大自然的一片翠绿,由此产生舒适、恬静、安全感,因而在安全通道、太平门、行人和车辆通行标志、消防设备和其他安全防护设置等位置被广泛使用。

安全色被广泛应用于消防、工业、交通、铁路、建筑等各种行业。因此,我们在日常生活中,如发现安全色的颜色有污染或有变化、褪色时,须及时清理或更换,以保持其颜色的安全效能。同时,应自觉遵守各种安全色彩的提示,保障自身及他人的安全。

（二）消防安全标志及其重要性

1. 消防安全标志的含义

消防安全标志是由安全色、边框、以图像为主要特征的图形符号或文字构成的标志,用以表达与消防有关的安全信息。目前,国家公布的消防安全标志有 28 种之多,分为火灾报警和手动控制装置标志、火灾疏散途径标志、灭火设备标志、具有火灾和爆炸危险的地方或物质标志、方向辅助标志、文字辅助标志等六个方面。悬挂消防安全标志是为了引起人们对不安全因素的注意,更好地预防事故发生。我国参照国际标准《火灾防护措施 安全标志》(ISO 6309—1987),于 1992 年制定、1993 年施行了我国现行国家标准《消防安全标志》。该标准中规定了与消防有关的安全标志及其标志牌的制作、设置。消防安全标志广泛地应用于需要或者应该设置的一切场所,以向公众表明火灾报警和手动控制装置、火灾时的疏散途径、灭火设备和具有火灾、具有爆炸危险的地方或物质的位置和性质等。

2. 消防安全标志的重要性

消防安全标志是没有国界,不为文字、语言所限制的一种世界性标志。它是国家消防监督中很容易与世界接轨的一项工作。消防安全标志的普及和使用,其意义不仅在于它本身,更在于由它所产生的一系列积极的作用。

（1）消防安全标志的普及和使用有利于提高消防管理规范程度。消防安全标志作为强制性的标志来推行,本身就是一种规范行为,因此,它设置得越广泛,消防管理也就越规范。如果都按照国家的规定、规范设置了,它就会成为一种社会现象,大家会逐渐知道"这是为消防而设"或者"消防需要设置这样的标志"。这样,标志就统一了消防秩序并进入了生产和生活,以规范人们的消防行为。

（2）消防安全标志的普及和使用有利于消防文化的广泛宣传。随着社会的发展和文明程度的提高,人们对"斑马线""红绿灯"不断认识和重视,消防安全标志的普遍设置,也将被越来越多的人所重视。消防安全标志作为一种静态的文化,不断向人们进行"不厌其烦"的宣传,与广播、电视、报纸等大众传播工具一样,尽着传播文化的职能。

（3）消防安全标志的普及和使用有利于减少消防违章行为的发生。人们通过对消防安全标志的使用,会逐渐读懂、理解其含义:一个"禁烟火"的警戒标志,会提醒人们不要抽烟;一个"禁止穿带钉鞋"的警告标志,会促使人们提防可能发生的危险等。这会使人们在消防安全标志的监督下自觉遵章守纪,逐步养成维护消防安全的良好习惯。

（4）消防安全标志的普及和使用有利于有效地预防火灾事故的发生。现在大多数火灾都是由于人们疏忽大意或缺乏消防安全常识而造成的,而消防安全标志在这方面给了人们很好的提示。它告诫人们应该注意的消防安全事项,从而避免人们的盲目性和随意性,使不正确的消防安全行为得到及时纠正,火灾事故也得到有效避免。

消防安全标志的普及和使用具有广泛的实用效果,应当正确认识它的重要作用。

（三）消防安全标志类型

消防安全标志按照主题内容与适用范围分为六大类，分别为火灾报警和手动控制装置标志、火灾疏散途径标志、灭火设备标志、具有火灾和爆炸危险的地方或物质标志、方向辅助标志，以及文字辅助标志。

1. 火灾报警和手动控制装置标志

图 7-2 是火灾报警和手动控制装置标志的图形。

图 7-2　火灾报警和手动控制装置标志

消防手动启动器标志用于指示火灾报警系统或固定灭火系统的手动启动装置，其形状为正方形，背底为红色，符号为白色。发声警报器标志用于指示该手动启动装置是用来发出声响警报器的装置，可以单独使用，也可与手动启动装置标志一起使用，其形状为正方形或长方形，背底为红色，符号为白色。火警电话标志用于指示或显示在发生火灾时，专供报警的电话及电话号码，其形状为长方形，背底为红色，符号为白色。

2. 火灾疏散途径标志

图 7-3 列出了火灾疏散途径标志的图形。

图 7-3　火灾疏散途径标志

紧急出口标志用以指示在遇有突发事件等紧急情况下,可供使用的一切出口。在远离紧急出口的地方,通常与一个箭头标志联用,以指示到达出口的方向,其形状为正方形或长方形,背底为绿色,符号为白色。

滑动开门、推开、拉开等标志置于门上,用以指示门的开启方向,其形状为正方形或长方形,背底为绿色,符号为白色。

击碎板面标志可用于指示以下内容:① 必须击碎玻璃板才能拿到钥匙或拿到开门工具;② 必须击碎玻璃才能报警;③ 必须击开板面才能制造一个出口。

禁止阻塞、禁止锁闭标志可用来指示疏散通道、紧急出口、房门等如阻塞或上锁会导致危险,其形状为圆形,背底为白色,符号为黑色,圆圈和斜线为红色。

3. 灭火设备标志

图 7-4 列出了灭火设备标志的图形。

图 7-4　灭火设备标志

灭火设备标志用于表示灭火设备各自存放或存在的位置,以告诉人们如果发生火灾,这些灭火设备可供随时取用,其形状为正方形或长方形,背底为红色,符号为白色。

4. 具有火灾和爆炸危险的地方或物质标志

在生产、储存、运输和使用易燃易爆危险化学品的过程或场所中,火灾危险性较大,致燃致爆因素较多,一旦疏于防范而引发火灾爆炸,造成的危害极大。为有效预防和减少易燃易爆危险化学品发生火灾爆炸事故,在易燃易爆危险场所,都应设置各种类型的消防安全标志。图 7-5 列出了具有火灾爆炸危险的地方或物质标志的图形。

图 7-5　具有火灾和爆炸危险的地方或物质标志

174

当心火灾类标志的作用主要是警示和告诫。如易燃物质标志用以警告人们有易燃物质存在,要当心火灾;氧化物标志用以警告人们有易氧化的物质存在,要当心因氧化而着火;当心爆炸标志用于警告人们有可燃气体、爆炸物或爆炸性混合气体,要当心爆炸。这类标志形状为正三角形,背底为黄色,符号和三角形边框为黑色。

禁止用水灭火标志用以表示该类物质不能用水灭火,或用水灭火会对灭火者及周围环境产生一定的危害或危险,其形状为圆形,背底为白色,符号为黑色,圆圈和斜线均为红色。

禁止吸烟和禁止烟火标志用来表示吸烟或使用明火会引起火灾爆炸,通常用于吸烟或使用明火能引起火灾、爆炸危险的地方,其形状为圆形,背底为白色,符号为黑色,圆圈和斜线均为红色。

禁止放易燃物标志表示此处严禁存放易燃物质;禁止带火种标志表示此处危险;禁止燃放鞭炮标志表示此地严禁燃放烟花爆竹。其形状、颜色与禁止吸烟、禁止烟火标志相同。

从以上消防安全标志中,我们不难看出,消防安全标志的主标志能较好地满足消防安全标志"视认性、识别性、可读性和诱目性"的色彩要求。

(四)消防安全标志设置原则和要求

1. 设置原则

根据现行国家标准《消防安全标志设置要求》的规定,下列场所或部位应当设置相应的消防安全标志。

(1) 商场(店)、影剧院、娱乐厅、体育馆、医院、饭店、旅馆、高层公寓和候车(船、机)室大厅等人员密集的公共场所的紧急出口、疏散通道处、层间异位的楼梯间(如避难层的楼梯间)、大型公共建筑常用的光电感应自动门或360°旋转门旁设置的一般平开疏散门,必须相应地设置"紧急出口"标志。在远离紧急出口的地方,应将"紧急出口"标志与"疏散通道方向"标志联合设置,箭头必须指向通往紧急出口的方向。

(2) 紧急出口或疏散通道中的单向门必须在门上设置"推开"标志,在其反面应设置"拉开"标志;紧急出口或疏散通道中的门上应设置"禁止锁闭"标志;疏散通道或消防车道的醒目处应设置"禁止阻塞"标志;滑动门上应设置"滑动开门"标志,标志中的箭头方向必须与门的开启方向一致。

(3) 需要击碎玻璃板才能拿到钥匙或开门工具的地方或疏散中需要打开板面才能制造一个出口的地方,必须设置"击碎板面"标志。

(4) 各类建筑中的隐蔽式消防设备存放地点,应设置相应的"灭火设备""灭火器"和"消防水带"等标志;室外消防梯和自行保管的消防梯存放点,应设置"消防梯"标志;远离消防设备存放地点的地方,应将灭火设备标志与方向辅助标志联合设置。

(5) 手动火灾报警按钮和固定灭火系统的手动启动器等装置附近,必须设置"消防手动启动器"标志;在远离装置的地方,应与方向辅助标志联合设置。

(6) 设有火灾报警器或火灾事故广播喇叭的地方,应设置相应的"发声警报器"标志;

设有火灾报警电话的地方,应设置"火警电话"标志;对于设有公用电话的地方(如电话亭),也可设置"火警电话"标志。

(7) 设有地下消火栓、消防水泵接合器和不易被看到的地上消火栓等消防器具的地方,应设置"地下消火栓""消防水泵接合器"和"地上消火栓"等标志。

(8) 在下列区域应设置相应的"禁止烟火""禁止吸烟""禁止放易燃物""禁止带火种""禁止燃放鞭炮""当心火灾——易燃物""当心火灾——氧化物"和"当心爆炸——爆炸性物质"等标志:

① 具有甲、乙、丙类火灾危险的生产厂区、厂房等的入口处或防火区内;

② 具有甲、乙、丙类火灾危险的仓库的入口处或防火区内;

③ 具有甲、乙、丙类液体储罐、堆场等的防火区内;

④ 可燃、助燃气体储罐或罐区与建筑物、堆场的防火区内;

⑤ 民用建筑中燃油、燃气锅炉房,油浸变压器室,存放、使用化学易燃、易爆物品的商店、作坊、储藏间内及其附近;

⑥ 甲、乙、丙类液体及其他化学危险物品的运输工具上;

⑦ 森林和矿山等防火区内。

(9) 存放遇水爆炸的物质或用水灭火会对周围环境产生危险的地方应设置"禁止用水灭火"标志。

(10) 在旅馆、饭店、商场(店)、影剧院、医院、图书馆、档案馆(室)、候车(船、机)室大厅、车、船、飞机和其他公共场所,有关部门规定禁止吸烟,应设置"禁止吸烟"等标志。

(11) 其他有必要设置消防安全标志的地方。

2. 设置要求

(1) 消防安全标志应设在与消防安全有关的醒目的位置;标志的正面或其邻近不得有妨碍公共视读的障碍物。

(2) 除必须外,消防安全标志一般不应设置在门、窗、架等可移动的物体上,也不应设置在经常被其他物体遮挡的地方。

(3) 设置消防安全标志时,应避免出现标志内容相互矛盾、重复的现象;尽量用最少的标志把必需的信息表达清楚。

(4) 方向辅助标志应设置在公众选择方向的通道处,并按通向目标的最短路线设置。

(5) 设置的消防安全标志,应使大多数观察者的观察角接近 90o。

(6) 消防安全标志的尺寸由最大观察距离确定。

(7) 在所有有关照明下,标志的颜色应保持不变。

(8) 疏散标志牌应采用不燃材料制作,否则应在其外面加设玻璃或其他不燃透明材料制成的保护罩;其他用途的标志牌,其制作材料的燃烧性能应符合使用场所的防火要求;对室内所用的非疏散标志牌,其制作材料的氧指数不得低于 32;消防安全标志牌应无毛刺和孔洞,有触电危险场所的标志牌应当使用绝缘材料制作。

(9) 消防安全标志牌应按国家标准的制作图来制作。难以确定消防安全标志的设置位置,应征求地方公安消防部门的意见。

第三节　火场疏散与逃生自救方法

随着现代经济社会的快速发展,城市化进程不断加快,城市规模迅猛发展,高层、超大型高层建筑日益增多,建筑物的现代化程度不断提高,由此产生的安全隐患也不断增加,重大火灾事故频繁发生,火灾防控压力逐年增大,火灾已成为城市中最为严重的公共灾害之一。火灾事故表明,预防火灾固然重要,但有时候火灾会防不胜防。因此,发生火灾后,除积极采取灭火行动外,还有一个至关重要的问题就是如何快速地安全疏散逃生。

一、火场安全疏散

在人类居住的地方,由于人们对防火的疏忽大意,难免会发生火灾,而火灾的发生与发展有时是难以预测的。在火灾状况下,当大火威胁着在场人员的生命安全时,保存生命、迅速逃离危险境地也就成为人的第一需要。此时,火场上人员的正确引导、安全疏散成为关键。

（一）疏散与逃生的概念

疏散是指火灾时建筑物内的人员从各自不同的位置做出迅速反应,通过专门的设施和路线撤离着火区域,到达室外安全区域的行动。它是一种有序地撤离危险区域的行动,有时会有引导员指挥疏导。

建筑物失火后,首要的问题是被困人员应能及时、顺利地到达地面的安全区域。

火灾中人的疏散流动过程一般遵循三个规则。

（1）目标规则。即疏散人员可以根据火灾事故状态的变化,克服疏散行动过程中所遇到的各种障碍的约束,及时调整自己的行动目标,不断尝试并努力保持最优的疏散运动方式,向既定的安全目标移动。

（2）约束规则。即人员将不断调整自己的行为决策,以使受到的约束和障碍程度最小,争取在最短的时间内达到当前的安全目标。

（3）运动规则。即疏散人员会根据疏散过程中所接受和反馈的各种信息,不断调整自己的疏散行动目标和疏散运动方式,以最快的疏散速度、在最短的时间内向最终的目标疏散。图7-6为发生火灾时人员疏散的行为过程示意图。

逃生是为了逃脱危险境地,为了保全生命或生存所采取的行为或行动。例如,某女出租车司机夜间搭载了3名乘客,乘客在车行至一偏僻处突然对司机施以暴行将女司机击倒,为保护自己不再受歹徒的袭击,女司机假装被击晕而死,以至于歹徒以为其死亡便劫其钱物、车辆扬长而去,待歹徒走后,女司机起身报警才得以脱离危险,死里逃生。再

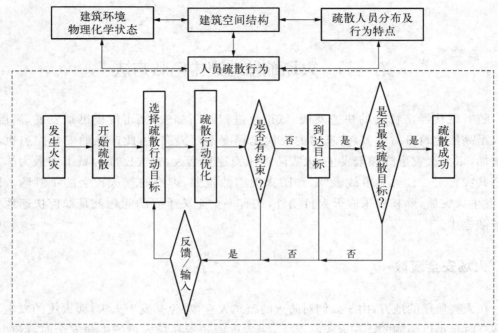

图 7-6 火灾时人员疏散的行为过程

如,某 5 层的办公大楼第 4 层发生火灾,大火和烟雾封住了其内的疏散通道和安全出口,由于被困人员经受不住火场热辐射的灼烤及烟气的熏呛,他采取了夺窗而跳的极端行为。以上这些都是逃生行为。

一般而言,疏散是一种有序的、人群流动的行为,目的性、方向性、路线性、秩序性、群体性很强,而不是盲目、杂乱无章的。通常,这种行动要事先制定疏散预案并多次演练才能在实战中达到预期效果。建筑安全疏散的路线设计通常是根据建筑物的特性设定火灾条件,针对火灾和烟气流动特性的预测及疏散形式的预测,采取一系列符合防火规范的防火措施,进行适当的安全疏散设施的设置和设计,以提供合理的疏散方法和其他安全防护方法,保证人员具有足够的安全度;而逃生行为则通常具有目的性,但不一定具有有序性、方向性,多半是指个体或为数很少的几个人的行为,很少指人群流动的集体行为。有时人员为了逃脱险境,所采取的逃生路线多种多样,不是固定不变的。在火灾场景下,通常的疏散也包含着逃生的意味。

（二）火灾时人员安全疏散判据

1. 火灾时人员安全疏散的条件

2001 年发生在美国纽约的"9·11"事件,进一步引起了国内外各级政府部门、科研人员、建筑物管理人员、消防人员以及建筑物使用者对于建筑物安全疏散性状的深入讨论。一旦发生火灾等紧急状态或诸如"9·11"这样的重大灾难时,建筑物的安全疏散性状必须保证两项基本要求,即:① 建筑物内所有人员在可利用的安全疏散时间内,均能撤离到达安全的避难场所;② 疏散过程中不会由于长时间的高密度人员滞留和通道堵塞等引起群集事故。

为此，所有建筑物都必须满足四个保证安全疏散的基本条件：① 限制使用严重影响疏散的建筑材料等；② 制定妥善的疏散及诱导计划；③ 保证安全的疏散通道；④ 保证安全的避难场所。

2. 火灾时人员安全疏散的判据

A. 特征时间

建筑物发生火灾后，如果人员能在火灾达到危险状态之前全部疏散到安全区域，便可认为该建筑物的防火安全设计对火灾中的人员疏散是安全的。而人员能否安全疏散主要取决于两个特征时间：一是从起火时刻到火灾对人员安全构成危险的时间，即可用安全疏散时间（Available Safe Egress Time，ASET）；二是从起火时刻到人员疏散至安全区域的时间，即必需安全疏散时间（Required Safe Egress Time，RSET）。

$ASET$ 大致由可燃物被点燃、火灾被探测到以及火灾发展到下列火灾危险临界条件的时间构成：

（1）当烟气层界面高于人眼特征高度（通常为 112～118 cm）时，上部烟气层的热辐射强度对人体构成危险（一般烟气温度取 180℃）；

（2）当烟气层界面低于人眼特征高度时，人体直接接触的烟气温度超过 60℃；

（3）当烟气层界面低于人眼特征高度时，有害燃烧产物的临界浓度达到对人体构成伤害的危险浓度，典型的是一氧化碳（CO）的浓度达到 0.25%；

（4）减光度达到影响人员行动速度的极限值，参见表 7-2。

表 7-2　适用于小空间和大空间的最低减光度

位　　置	小空间（5 m）	大空间（10 m）
与可视度等值的减光度/m^{-1}	0.2	0.1

$RSET$ 可由火灾发展与人员疏散的时间线模型（见图 7-7）来推算。

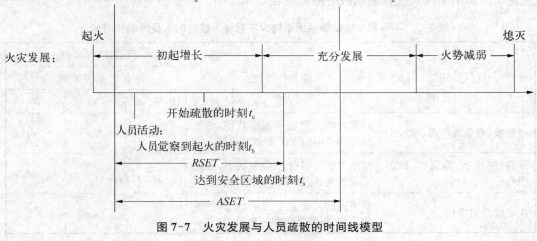

图 7-7　火灾发展与人员疏散的时间线模型

在火灾过程中,探测到火灾并给出报警的时刻和火灾对人构成危险的时刻具有重要意义。在消防安全工程分析中,一般将人员的安全疏散过程大致分为觉察火灾、疏散行动准备(这两个阶段称为疏散行动开始前的人员决策反应过程)、逃生行动、到达安全区域(这两个阶段称为疏散行动开始后的人员疏散流动过程)等阶段。觉察到火灾的时刻可从发出火灾报警信号的时刻算起,但前者要略迟于后者。因此,RSET 应包括火灾探测报警时间(t_{alarm})、预动作时间(t_{pre})和人员疏散运动时间(t_{move}):

$$RSET = t_{\text{alarm}} + t_{\text{pre}} + t_{\text{move}} \tag{7-1}$$

设觉察到起火的时刻为 t_b,开始疏散的时刻为 t_c,到达安全区域的时间为 t_s,火灾对人体构成危险的时刻为 t_h,则:

必需安全疏散时间 $\qquad RSET = t_s - t_d \tag{7-2}$

可用安全疏散时间 $\qquad ASET = t_h - t_b \tag{7-3}$

因此,保证人员安全疏散的必要条件应为:

$$ASET > RSET \tag{7-4}$$

火灾安全涉及整个建筑物,因此建筑物内每个可能受到火灾威胁的区域均应满足(7-4)式的要求。

在消防安全工程分析与设计中,RSET 可通过人员疏散模型模拟计算得到。ASET 可通过火灾模型得到烟气运动特性来确定,也可根据国内外统计资料及经验来规定。我国相关防火规范规定,高层建筑的 ASET 为 5～7 min;普通民用建筑,一、二级耐火等级的 ASET 为 6 min,三、四级耐火等级的 ASET 为 2～4 min;人员密集的公共建筑,一、二级耐火等级的 ASET 为 5 min,三级耐火等级的 ASET 为 3 min;地铁的 ASET 为 6 min。

人员预动作时间(t_{pre})是指从火灾报警系统报警到人员开始疏散的这段时间,不同场所的人员预动作时间是有差别的。有关统计结果表明,火灾时,人员的响应时间与建筑物内所采用的火灾报警系统类型有直接关系。表 7-3 给出了根据经验总结出的不同用途建筑内采用不同火灾报警系统时的人员预动作时间。

表 7-3 不同用途建筑物采用不同火灾报警系统时的人员预动作时间

建筑物用途	建筑物特性	预动作时间/min		
		报警系统类型		
		W_1	W_2	W_3
办公楼、商业或厂房、学校	建筑内的人员处于清醒状态,熟悉建筑物及报警系统和疏散措施	<1	3	>4
商店、展览馆、博物馆、休闲中心等	建筑内的人员处于清醒状态,不熟悉建筑物、报警系统和疏散措施	<2	3	>6
住宅或寄宿学校	建筑内的人员处于睡眠状态,熟悉建筑物、报警系统和疏散措施	<2	4	>5

建筑物用途	建筑物特性	预动作时间/min		
		报警系统类型		
		W_1	W_2	W_3
旅馆或公寓	建筑内的人员处于睡眠状态,不熟悉建筑物、报警系统和疏散措施	<2	4	>6
医院、疗养院及其他社会公共福利设施	有相当数量的人需要帮助	<3	5	>6

注：W_1 为现场广播,来自闭路电视系统的消防控制室；
　　W_2 为事先录制好的声音广播系统；
　　W_3 为采用警铃、警笛或其他类型警报装置的报警系统。

B. 安全疏散判断标准

对于人员密集场所及疏散通道,当烟气层界面低于火灾危险高度时,如果还有人员处于烟气中而没有及时疏散,则一般认为整体疏散方案是失败的。因此,根据上述分析,在火灾可利用安全疏散时间内,建筑火灾中要保证人员整体安全疏散的成功时的判断标准如下。

(1) 起火房间的判断标准。

① 烟气超过人的忍受极限的部分在人眼特征高度之上,人可在烟气层下疏散且热辐射不超过人体的忍耐极限。

② 在安全高度以下的有烟区域,烟气的温度、浓度、毒性和减光度等参数不超过人的忍耐极限,即人眼特征高度以上空间平均温度不大于180℃,人眼特征高度以下空间烟气的温度不超过60℃且减光度小于0.1 m^{-1}。

(2) 非起火房间的判断标准。

① 烟气保持在危险临界高度之上,烟气层的热辐射不超过人体的忍耐极限。

② 安全出口及出口前室以及疏散楼梯前室,不允许烟气进入。即烟层高度至少在人眼特征高度以上,烟气温度不大于180℃。

(三)影响人员安全疏散的主要因素

1. 烟气层的高度

火灾中的烟气层伴有一定热量、胶质物、固体颗粒及毒性分解物等,是影响人员疏散行动和救援行动的主要障碍。在人员疏散过程中,烟气层只有保持在疏散人群头部以上一定高度,才能使人在疏散时不但不会受到热烟气流热辐射的威胁,而且还能避免从烟气中穿过。对于大空间建筑,其定量判据之一是烟气层高度应能在人员疏散过程中满足下列关系：

$$H_S \geqslant H_C = H_P + 0.1 H_B$$

式中：H_S 为烟气层高度；
　　　H_P 为人员平均高度；
　　　H_B 为建筑物内部高度；

H_C 为危险临界高度。

2. 热辐射

人体对辐射热忍耐的实验结果见表 7-4。根据测试研究数据，人体对烟气层等火灾环境下的热辐射忍耐极限为 $2.5\ kW/m^2$，此时的烟气层温度大致在 $180\sim200℃$

表 7-4 人体对辐射热的忍耐极限

热辐射强度/(kW/m^2)	<2.5	2.5	10
忍耐时间/s	>300	30	4

3. 热对流

有关实验表明，人体呼吸或接触过热的空气会导致热冲击和皮肤烧伤。空气中的水分含量对这两种危害都有显著影响，见表 7-5。对于大多数建筑环境而言，人体承受 $100℃$ 环境的热对流仅能维持很短的一段时间。

表 7-5 人体对热对流的忍耐极限

温度与湿度	<60℃，水分饱和	60℃，水分含量<1%	100℃，水分含量<1%
忍耐时间/min	>30	12	1

4. 毒性

火灾中的燃烧产物及其浓度因燃烧物的不同而有所区别。各组分的热分解产物生成量及其分布也比较复杂，不同的组分对人体的毒性影响也有较大差异，在消防安全分析预测中很难较为准确地定量描述。因此，在实际工程应用中通常采用一种有效而简化的处理方法：若烟气中的减光度不大于 $0.1\ m^{-1}$，则视为各种毒性产物的浓度在 30 min 内将不会达到人体的忍受极限。

5. 能见度

通常情况下，火灾中烟气浓度越高则可视度越低，疏散或逃生时人员确定疏散或逃生途径和做出行动决定所需的时间就会延长。大空间内为了确定疏散或逃生方向需要视线更好、看得更远，则要求减光度更低。

6. 人流密度

火灾时，人流密度也是影响人员安全疏散行为和过程的一个至关重要的因素。根据疏散人流密度的不同，人员疏散流动状态可概括为两种状态：离散状态和连续状态。

离散状态，即疏散人流密度较小（$\rho<0.5$，单位：人/米^2）、个人行为特点占主导作用的流动状态，人与人之间的互相约束和影响较小，疏散人员可以根据自己的状态和火灾物理状态，主动地对自己的疏散行为及其行动路线、行动速度和目标等物理过程进行调整。人员疏散行动呈现出很大的随机性和主动性。离散状态常常发生或出现在整个建筑物疏散行动的初始阶段和最后阶段，占主导地位，并且将对整个建筑物的安全疏散性状起到一定的制约作用。

连续状态，即约束规则占主导作用（$0.5<\rho<3.8$，单位：人/米^2）的流动状态。因为人

流密度较大,人与人之间的间距非常小,疏散人员呈现"群集"的特征。除个别比较有影响力和权威的人士之外,个人的行为特征对整个人员流动状态的影响可以忽略不计,整个疏散行动呈现出连续流动状态,群集人员连续不断地向目标出口移动。

若将向目标出口方向连续行进的群集称作群集流,在群集流中取一基准点 E,则向 E 点流入的群集称为集结群集,单位时间集结群集人流中的总人数称为集结群集 F_1。自 E 点流出的群集称为流出群集,单位时间流出群集人流中的总人数可称为流出群集 F_2。当集结群集 F_1 与流出群集 F_2 相等($F_1 = F_2$)时,称为定常流,此时流动稳定而不会出现混乱;当集结群集人数大于流出群集人数($F_1 > F_2$)时,将有一部分人员在 E 点处滞留,在该点处滞留的人群称为滞留群集(如图 7-8 所示)。

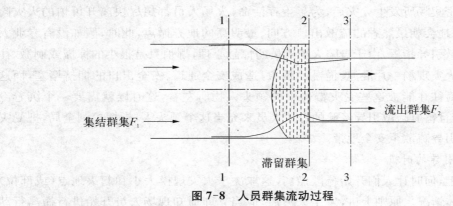

图 7-8　人员群集流动过程

一般地,滞留群集出现在容易造成流动速度突然下降的空间断面收缩处或转向突变处,如出口、楼梯口等处。如果滞留持续时间较长,则滞留人员可能争相夺路而出现混乱。空间断面收缩处,除了正面的人流外,往往有许多人从两侧挤入,阻碍正面流动,使群集密度进一步增加,形成拱形的人群,谁也无法通过。滞留群集和成拱现象会使人员流动速度和出口流动能力下降,造成人员从建筑物空间完成安全疏散所需的行动时间出现迟滞现象,最终导致群集伤害事故的发生。许多重大恶性火灾事故调查案例表明,火灾中之所以会造成群死群伤,大多是由于火灾时人员疏散、逃生拥挤,堵塞疏散通道或安全出口等缘故。

（四）火场疏散引导方法

近十多年来,我国人员密集场所因发生火灾导致群死群伤的恶性事故接二连三,给人民的生命、生活和财产带来了巨大损失。

【案例 7-1】　2018 年 8 月 25 日凌晨 4 时 36 分,哈尔滨市消防支队指挥中心接到报警,称哈尔滨市松北区太阳岛风景区平原街 18 号北龙温泉休闲酒店发生火灾。接警后,消防指挥中心随即调派太阳岛、世茂、爱建、道外、利民消防中队及大吨位水罐车到场处置。5 时 03 分,太阳岛中队率先到场进行灭火和抢险搜救工作,共计疏散人员 80 余人,搜救被困人员 20 人。6 时 30 分,火灾得到有效控制,7 时 50 分火灾全部扑灭。经组织多

次搜救和排查,现场发现死亡人员 18 人

【案例 7-2】 2018 年 5 月 29 日,印尼泗水一居民楼发生火灾,造成 8 人死亡,另有 4 人受伤。火情最早是在 1 楼一个靠近走廊的厨房里发生的,当时有人正在厨房里做饭。火灾发生后,2 楼的居民被大火困住,无法逃生而遇难。

大量火灾案例表明,火灾中发生人员群死群伤的一个重要原因就是,火灾时现场没有人员进行正确的疏散引导。

1. 火场疏散引导的概念

顾名思义,火场疏散引导是指在场所发生火灾的紧急情况下,场所工作人员正确引导火灾现场人员向安全区域疏散撤离的言语和行为。

当人员密集场所发生火灾后,为了生存活命,火场人员都想尽快离开可怕的火灾险境,且下意识地会朝最熟悉的疏散出口方向、最明亮的地方撤离,此时,假如没有专业人员的正确疏散引导指挥,由于身陷火场人员的惊恐心理,哪怕只是很小的惊慌或刺激,往往都会导致火灾现场一片混沌、慌乱的现象,造成安全通道、安全出口的拥挤堵塞,而这种刺激或惊慌往往能被这些受灾群体中的领头人物所左右,这时候就需要一个沉着冷静、思维敏捷且富有疏散引导经验的专业人员来充当这个领头人,指挥控制全局,把受灾人员安全地引导疏散至安全地带。

2. 疏散引导的时机

在火场上,何时让人们开始疏散撤离,这取决于火灾规模大小和起火地点(或部位)的远近等具体情况。原则上讲,发生火灾后,应当立即通知现场人员开始进行撤离行动和疏散引导,但对于商场、市场、影剧院及宾馆饭店、公共娱乐场所等人员高度密集场所的火灾,究竟何时开始疏散合适,则必须综合考虑起火场所或部位、火灾程度、烟气蔓延扩散情况及灭火施救状况等诸多因素,并在短时间内果断做出判定。一般情况下,火场疏散引导时机的判定标准如表 7-6 所示。

表 7-6　火场疏散引导时机判定标准

火 灾 状 况		着 火 层		
		地上二层及以上	地上一层	地下层
1	火灾初期	疏散着火层及相邻上、下层人员	疏散着火层、二层及地下各层所有人员	疏散地上一层及地下各层所有人员
2	用灭火器不能扑灭或正在用室内消火栓扑救	疏散着火层及以上楼层人员	疏散全体人员	
3	用室内消火栓不能扑灭	疏散着火层及其上、下各层所有人员		

注:不清楚能否灭火的情况即视为不能灭火。

火灾现场负责人负有命令指挥火场实施疏散引导的职责。负责人在疏散引导行动开始的同时,还应积极地组织初期火灾的扑救工作。如果现场工作人员不够,除非是取用轻便灭火器材即可扑灭的火灾,否则应当优先实施疏散引导撤离行动。

3. 疏散引导的总原则

（1）利用消防控制室火灾应急广播系统按其控制程序发出疏散撤离指令。

广播喊话应沉着镇定，其语速不宜过快；广播内容应简单、通俗及易懂，并应循环反复多次播放；应说明广播的单位及人员，以提高置信度；应一人广播，并提醒疏散人员不要使用普通电梯。

（2）优先配置着火层及其相邻上、下层疏散引导员，其位置最好在楼梯出入口和通道拐角。

（3）普通电梯进出口前应配置疏导人员，以阻止撤离人员使用电梯。

（4）应选择安全的疏散通道，引导人们到达安全地带。

（5）应及时打开疏散楼层的各楼梯出口。

（6）应首先使用室内外楼梯等既安全，疏散人流量又大的疏散设施进行疏散，这些设施无法使用时，可利用其他方法另行疏散。

（7）如果着火层在地上二层及其以上楼层，应优先疏散着火层及其相邻上、下层人员。

（8）撤离人员较多时，应采用分流疏散方法，以防拥挤混乱，并优先疏散较大危险场所的人员。

（9）当楼梯被烟火封锁不能使用，或短时间内无法将所有火场人员疏散至安全区域时，应将人员暂时疏散至阳台等相对安全场所，等待消防救援人员的救援。

（10）火灾时，商场等场所疏散撤离时，不要拘泥于顾客是否付钱；不要让到达安全区域的人员重返火灾现场；疏散引导员撤离时，应确认火灾现场已无其他人员，并在撤离时关闭防火门等。

及时正确的疏散引导是火场人员安全逃生的重要环节，也是减少火场人员伤亡的重要举措。每个工作人员只有平时加强消防知识的学习与培训，制定确实可靠的应急疏散方案并经常性演练，才能真正掌握正确的疏散引导方法和技巧，才能在火灾紧急情况下将现场人员安全地撤出危险区域。

二、火场逃生自救

公众聚集场所以及高层建筑的日益增多、消防基础设施建设的相对滞后和广大群众消防安全意识的淡漠，造成火灾隐患日益突出，发生火灾的概率也在不断上升。大量的火灾事故案例都证明了这一点。

（一）火灾事故案例评析

火灾中多数的死亡人员是因不懂疏散逃生知识，选择了错误逃生方法或者错过逃生时机而造成的。

【案例7-3】 2010年11月7日，南京市栖霞区迈皋桥南地国宾馆一室发生火灾。消防人员先后在宾馆内搜救疏散群众26人，其中从一房间（与起火房间不在同一直线通道上,相距 10 余米)搜救出的一名昏迷男子,经抢救无效死亡。经调查发现,该名男子在被大火和浓烟围困的情况下,没有采取任何防护措施,用被褥裹着身体躲在床下,向女友发求救短信。如果他具备一般的火灾逃生知识,如打开窗户呼吸新鲜空气、站在窗口大声呼救、用湿被褥堵上门的缝隙等,都有逃生活命的可能性。

在现实人群中,绝大多数人缺少逃生的基本知识和技巧,一些人甚至凭道听途说和主观想象形成了简单而错误的火灾逃生的认识。

【案例 7-4】 据当地媒体 2012 年 11 月 25 日报道,孟加拉国首都达卡市郊一家制衣厂 24 日晚发生火灾,已经造成至少 121 人死亡。报道援引警方的话说,消防员已在火灾现场发现 121 具遇难者遗体。另有报道援引不同消息源称,火灾造成 103 人死亡。据报道,这座制衣厂为一栋 9 层建筑,大火在一楼仓库燃起。很多在楼上的工人由于躲避火势跳楼而死亡。

类似的错误逃生的例子还可以列举许多,但貌似不同的种种事实,都在诉说一个道理:火场逃生要有科学的理论作为指导,而不是受本能驱动,身处火海之中,只有采取理智、有效的逃生方法,才能在险象环生的死亡深渊上架起生命之桥。

(二)火场逃生自救方法

人,最宝贵的是生命。俗话说"天有不测风云,人有旦夕祸福",人们应该有面对灾害的准备,并应增强自我防范意识。在相同的火灾场景下,同为火灾所因,有的人显得不知所措;有的人慌不择路,跳楼丧生或造成终身残疾;也有的人化险为夷,死里逃生。这固然与起火时间,起火地点,火势大小,建筑物内报警、排烟、灭火设施的运行状况和周围环境等因素有关,然而还要看被火围困的人员,在灾难降临时是否具备避难或逃生自救的本领和技能。

那么,在火场中如何逃生自救呢?下面归纳和介绍一些方法和应注意的事项。

1. 保持冷静

陷入灾难的人可以分为三类:大约 10% 到 15% 的人能够保持冷静并且动作迅速有效;另有 15% 或者更少的人会哭泣、尖叫,甚至阻碍逃生;剩下占多数的人什么也不干,完全惊呆了,脑子一片空白。

在火灾突然发生的情况下,由于烟气及火的出现、高温的灼烤,场面会发生混乱,多数人因此心理恐慌,这是人最致命的弱点。不同的人在事故中会表现出不同的反应,一些人处于良好的应激状态下,其大脑运转异常活跃,表现在行为上则是以积极的态度对待眼前的火情,采取果断措施保护自身;也有的人在危境之中会变得意识狭窄、思维混乱,发生感知和记忆上的失误,做出异常举动。例如,火灾中一些人只知推门而不知拉门,将墙当门猛敲、猛击等。

在某市的一幢高层建筑火灾中,部分人员已从着火的楼层下到一层,本已脱离危险,然而,由于一人发现楼道外门打不开,便折身上楼,其他人竟也跟上楼,被烟火逼下后,门不开,又上楼,如此往返折腾,最后大部分人都遇难了,其实只要转身通过一层楼道水平逃向大厅便可脱险。因此,保持冷静的头脑对防止惨剧的发生至关重要。

突遇火灾,面对浓烟和烈火,首先要强令自己保持镇静,保持清醒的头脑,不要惊慌失措,快速判明危险地点和安全地点,决定逃生的路线和办法,千万不要盲目地跟从人流,相互拥挤,乱冲乱撞。逃生前宁可多用几秒钟的时间考虑一下自己的处境及火势发展情况,再尽快采取正确的脱身措施。

【案例 7-5】 1994 年 11 月 27 日,辽宁阜新市艺苑歌舞厅发生特大火灾,233 人死于非命。某选煤厂工人戴军在舞厅的另一侧,当惊慌夺路的人群挤成一团时,他明白再挤过去只能死路一条,他没有乱跑,看见老板娘打开南面疏散门出去,也随着几步逃到外面,他只有面部的额头和鼻子受到轻度烧伤。

2. 熟悉环境

熟悉环境就是要了解和熟悉我们经常或临时所处建筑物的消防安全环境。平时要有危机意识,对经常工作或居住的建筑物,哪怕对环境已很熟悉,也不能麻痹大意,在事先都应制定较为详细的火灾逃生计划,对确定的逃生出口(可选择门窗、阳台、安全出口、室内防烟或封闭楼梯、室外楼梯等)、路线(应明确每一条逃生路线及逃生后的集合地点)和方法,要让家庭、单位所有的人员都熟悉掌握,并加以必要的逃生训练和演练。

有时候人的本能并不能使他们在灾难中幸存,而成功逃生的关键就是为人们的大脑及时补充进"逃生数据",只有依靠平时的逃生演练才有可能获得这些"数据"。当我们冷静的时候,大脑一般需要 8~10 s 处理一段新信息。压力越大,所花费的时间就越长。当灾难发生时,外界信息涌进大脑的速度和流量明显增大,大脑无法有时也来不及反应,因此只有采取快速行动,此时大脑就依赖于习惯了。

A. 社会与单位

在日本,有关部门每年都安排计划,组织全社会的公民分批参加防火、灭火、逃生等方面的系统训练,以提高应付突发事件的能力。

【案例 7-6】 1985 年 4 月 18 日深夜,哈尔滨市天鹅宾馆发生特大火灾,起火的楼层住着一位日本人。他在 18 日住进 11 层时,进房前在门口察看了周围的环境,发现北边有亮光,认定那是疏散出口。当天夜里失火后,他出了房门穿过烟雾弥漫的过廊,直往北摸去,打开走廊北端的门,见是一阳台便顺着阳台和两边墙壁间的"U"形条缝滑到 10 层,得以死里逃生。这就是日本客人事先熟悉环境的益处。

我国消防法律法规明确规定,单位应制定灭火和应急疏散预案,并至少每半年进行一次演练(对于消防安全重点单位)或至少每年组织一次演练(对非消防安全重点单位);单位应当通过多种形式开展经常性的消防安全培训教育。消防安全重点单位对每名员工应当至少每年进行一次消防安全培训,学校、幼儿园应当通过寓教于乐等多种形式进行消防安全常识教育。

B. 家庭

在美国,公民的安全意识非常浓厚,每个家庭都制定有火场逃生计划,每年都要举行由全家成员参加的火灾预案演习。

一般来说,家庭"火场逃生计划"大致可分为以下四个部分。

(1)提前做好计划。首先,每个家庭都应安装烟感探测器,并保持其处于良好的运行状态。因为感烟探测器能够发现早期火灾，提前报警。许多火灾都发生在深夜人们熟睡时，烟感探测器报警可避免人们在熟睡中走向死亡。消防部门希望每个家庭成员（尤其是孩子）都要熟悉烟感探测器报警的声音。尽管目前我国的防火规范尚未要求所有居住建筑的每个家庭都安装火灾探测报警设施，但从预防火灾危害、安全疏散逃生的角度来看，提倡每家每户都要安装此类设施。其次，与家庭成员一起确定逃生路线。再次，让每个家庭成员睡觉时都关严房门。实验表明，如果房门关闭，火灾中需要 10～15 min 才能将木门烧穿，因此，关闭房门会在紧急关头为家人争取宝贵的逃生时间。最后，制定的逃生计划应尽量做到无论家人在哪个房间、处于哪个位置，都应有至少两个逃生出口：一个是门，另一个可以是窗户或阳台等。

（2）设计逃生路线。每个家庭都应绘制一张房屋格局平面布置图，制定出两条通向出口的逃生路线，并在图中标明至少两条从每个房间逃向户外的路径，使每个家人一目了然，并将其张贴在每个房门口、楼梯口、窗户边和大门口。全家每个成员都要参与该图的绘制，并练习火灾时如何开门、开窗。家长们必须教导孩子牢牢记住每个通往室外的出口。图中最好把邻居家的位置或离自家最近的大路的位置标示出来，以便逃出火场的人能及时向其他人呼叫求救。

现代家庭中，人们的防盗意识远远超过了防火意识。在人们心目中，防盗门、防盗窗可以保护自己的人身和财产安全。然而火灾中，防盗门、防盗窗并不"安全"，一旦大火或是高温烟气封闭了楼道，人们就无法通过安装有防盗设施的窗户进行逃生，消防人员也难以通过防盗设施进行救助。因此，在做防盗门、窗时，不要将其全部焊死，可采取预留一个可从内开启的活动小门、窗等方法，起到平时能防盗，火灾时又能提供一条逃生通道的功效。

（3）牢记烟气危害。每个家庭成员都应牢记在烟层下疏散逃生的重要性。家长们要教会孩子们一些逃生知识，包括教会孩子们如何避免烟中毒或被火烧伤。火灾中的烟气和热气都聚集在室内的上层，较新鲜凉爽的空气都在地面附近。因此，如果室内充满烟气，每个家庭成员都应知道赶紧趴下，爬到附近出口逃生。

（4）实地演习。有效的家庭逃生计划需要靠演练来完成，因此，逃生计划的演练非常重要，家庭的每个成员都应参加。父母必须保证每个孩子都要参与且每年至少要进行两次，如果近期内小孩子自己待在家里的时间较多（如学校放寒、暑假等），也要安排进行一次实地演习。有时这种演习可以在晚上进行，目的就是让孩子们适应黑暗环境，帮助他们克服害怕黑暗的心理。

C. 公共场所

大多数建筑物内部的平面布置、道路出口一般不为人们所熟悉，一旦发生火灾时，人们总是习惯地沿着进来的出入口和楼道进行逃生，当发现此路被封死时，才被迫去寻找其他出入口，殊不知，此时已失去最佳的逃生时间。因此，公众聚集场所要绘制安全疏散示意图，并张贴在每个房间的明显位置，一旦发生火灾，人员就可以按安全疏散示意图的指引路线顺利逃出火场。

【案例 7-7】 2005 年 6 月 10 日，汕头市华南宾馆发生特大火灾，造成 31 人死亡。大楼一共有三个出口,除了中间的主楼梯之外,在南北两头分别还有一个紧急出口,而且这三个出口都能够直接通向楼顶的天台。有些人对内部结构不熟悉,不敢跑出来,或者跑出来找不到疏散通道。得以逃生的人当中,有不少就是因为熟悉环境,迅速跑到天台上暂时避开了浓烟的侵袭,最后得到营救。

因此,当人们因出差、旅游或购物等进入陌生或不太熟悉的场所,尤其是商场、市场、宾馆、饭店、影剧院、歌舞厅等公共场所时,都应留心看一看周围环境及灭火器、消火栓、报警器的设置地点,寻找安全疏散楼梯、安全门的位置,并注意查看其有无锁闭,熟悉逃生路径,以便临警遇火时能及时疏散、逃脱险境,将初期火灾及时扑灭,或在被困时及时向外报警。这种对环境的熟悉是非常必要的,并非多余。大量火灾的经验教训告诉我们:身处一个陌生环境时,只有养成熟悉环境、了解通道这样的好习惯,做到警钟长鸣、居安思危,才能遇火不惊、临危不乱、有备无患。

3. 迅速撤离

意识到火灾发生的人们习惯于认为火灾的严重性并不大,而且会花一些时间去寻求证实火灾的严重程度。在证实火灾发生之后,人们依然要救护自己的同伴、亲友、子女或寻找财物。

但火场逃生是争分夺秒的行动。一旦听到火灾警报或意识到自己被烟火围困、生命受到烟火威胁时,千万不要迟疑,要立即放下手中的工作或事务,动作越快越好,设法脱险,切不可为穿衣服或贪恋财物贻误逃生良机。要树立"时间就是生命""逃生第一"的观念,要抓住有利时机就近利用一切可以利用的工具、物品想方设法迅速逃离火灾危险区域,要牢记此时此刻没有什么比生命更宝贵、更重要。

【案例7-8】 2010年7月27日,位于南京市鼓楼区北京西路2-2号的南京海宁休闲饭庄有限公司4楼宾馆发生火灾。消防救援力量先后从4楼救出5名被困人员,其中从404室(未过火)救出的两名南京大学天文系大三学生,经抢救无效死亡。事后经调查,起火点位于该楼403室,过火面积约20 m²,起火原因认定为王某在卧室对电动自行车电瓶充电过程中,因电气故障引发火灾。在调查中还发现,两名学生明显缺乏火灾逃生意识,火灾发生后,没有第一时间逃离火灾现场,而是忙于整理、携带个人物品,错过最佳逃生时机,最终造成悲剧发生。

在火场上,经常会发生有人为顾及财物等而贻误逃生时机的案例。一般地说,火灾初期,烟少、火小,只要迅速撤离,是能够安全逃生的。已经逃离险境的人员,也要切忌重回险地。

【案例7-9】 2009年9月6日,吉林省通化市梅河口市中心农贸蔬菜批发市场发生火灾,造成11人死亡,4人受伤,过火面积2 300 m²,直接财产损失177.7万元。该起火灾是因为该市场南门通道顶部临时照明线路连接接触故障,引燃周围可燃物蔓延成灾。发生火灾后,单位没有及时组织人员疏散,错过了逃生的最佳时机,有的群众逃出后为抢救个人财物重返火场而造成伤亡。

楼房着火时,应根据火势情况,优先选用最便捷、最安全的通道和疏散设施逃生,如首选更为安全可靠的防烟楼梯、封闭楼梯、室外疏散楼梯、消防电梯等。如果以上通道被烟火封堵,又无其他救生器材,则可考虑利用建筑的阳台、窗口、屋顶平台、落水管及避雷线等脱险,但应查看落水管、避雷线是否牢固,防止人体攀附后断裂脱落造成伤亡。

【案例 7-10】 2015 年 11 月 24 日 8 时许,新民晚报新民网接网友爆料,杨浦区市光一村内一高层住宅发生火灾。屋内小伙从 9 楼爬窗至 8 楼逃生。火灾未造成人员伤亡。在事发小区的 75 号楼,市民看到,火从窗口冒出,随后转为浓烟。这是一栋高层住宅楼,事发在 9 楼。消防队员赶到后展开扑救,上午 9 时左右,火灾被扑灭。另据小区居民称,事发时屋内有人,一名年轻人更是从窗口爬出,顺落水管滑至 8 楼逃生,当时情况十分惊险。小伙现在已安全。

火场逃生时不要乘普通电梯。道理很简单:① 普通电梯的供电系统采用的是普通动力电源,非消防电源,火灾时会随时断电而导致电梯停止运行或卡壳;② 因烟火高温的作用电梯的金属轿厢壳会变形而使人员被困其内;③ 由于电梯井道犹如上下贯通的烟囱般直通各楼层,电梯井道的"烟囱效应"会加剧烟火的蔓延,有毒的烟雾会通过井道从电梯轿厢缝隙进入,直接威胁被困人员的生命。因此,火场上不能乘普通电梯进行逃生。

【案例 7-11】 2010 年 11 月 15 日,在上海"11·15"特大火灾中,第一个被送进华东医院的伤者名叫杨安,来自湖南,27 岁。由于伤势严重,他被送入重症监护病房抢救。他的室友蔡先生向记者描述了从杨安处得到的情况。"杨安发现火情之后,立刻在棉被上浇了冷水,披在身上。因为逃命心切,他就打开窗户爬到了距离窗户较近的铁质脚手架,虽然铁管已经被烧得火烫,但是他仍然紧抓管道顺着往下爬。"从 16 楼到 10 楼,杨安紧紧抓着灼热的脚手架往下爬,直至双手都被管道的金属表面烤成焦黑。在 10 楼,消防人员发现了他,将他救下后送往华东医院。由于管道的高温,杨安的双手和腿部受到严重灼伤,尤其是双手上的大部分肌肉组织完全烤焦、损坏,已经看不到完整的皮肤。

在选择逃生路线时,要注意在打开门窗前,必须先用手背触摸门把手、窗框(门把手、窗框一般用金属制作,导热快)或门背是否发热。如果感觉门不热,则应小心地站在门背后侧慢慢将门打开少许并迅速通过,然后立即将门关闭;如门已经发热,则不能打开,应选择窗户、阳台等其他出口进行逃生。

火场逃生时,不要向狭窄的角落退避,如墙角、桌子底下、大衣柜里等。因为这些地方可燃物多,且容易聚集烟气。在无数次清理火灾现场的行动中,常常可以找到死在床下、屋角、阁楼、地窖、柜橱里的遇难者。有一场火灾被扑灭后,发现一小孩失踪,人们在清理火场时竟然在烧坏的电冰箱中发现了他的尸体,他是在慌乱中躲进冰箱内窒息而亡的。

4. 标志引导

发生火灾时,人们在努力保持头脑冷静的基础上,要积极寻找逃生出口,切忌盲目跟随他人乱跑。在现代建筑物内,一般均设有比较明显的安全逃生标志。如在公共场所的墙壁、顶棚、门顶、走道及其转弯处,都设置有"紧急出口""疏散通道"及逃生方向箭头等疏散指示标志,受灾人员看到这些标志时,即可按照标志指示的方向寻找到逃生路径,进入安全疏散通道,迅速撤离火场。

5. 有序疏散

人员在火场逃生过程中,由于惊恐极易出现拥挤、聚堆、盲目乱跑甚至倾倒、践踏的无序现象,造成疏散通道堵塞,酿成群死群伤的悲剧。相互拥挤、践踏,既不利于自己逃生,也不利于他人逃生。因此,火场中的人员应采取一种自觉自愿、有组织的救助疏散行为,做到有秩序地快速撤离火场。疏散时最好应有现场指挥或引导员的指引。

在火场人流之中,如果看见前面的人倒下去了,应立即上前帮助扶起,对拥挤的人应及时给予疏导或选择其他疏散方法予以分流,以减轻单一疏散通道的人流压力,竭尽全力保持疏散通道畅通,最大限度地减少人员伤亡。

【案例 7-12】 2001 年美国东部时间 9 月 11 日上午 8 点 18 分,恐怖分子劫持了美国4 架民航客机,第一架撞上了美国纽约的世界贸易大厦双子座的北塔,引发了一连串爆炸事故,并且起火,十多分钟后,第二架撞击了该大厦南塔,引起了更大的爆炸和燃烧。一小时内,两座摩天大厦相继倒塌。这是一次人类历史上空前的恐怖袭击活动,共有 6 000余人死亡及失踪,其中 60 多人是我们的华人同胞。

最令人难以想象、也可以说是一种奇迹的便是,在火灾中,从世贸大楼里逃出来的成千上万的人群里,没有一个人说在逃离过程中大厦内部出现过次序混乱的现象,或发生有人夺路而逃,抢别人的生路,或有人被踩伤的事件。在事后清理废墟得到的录音里可知,纽约消防队员中,有人爬到了七八层的高度,那里同样没有惊叫、哭喊或其他任何混乱的声音。一位怀有 7 个月身孕的印度孕妇魏雅斯,自南楼第 78 层安全走到地面,母女均平安无事。事后她说,最令她感动的是,在那样危急的情况下竟没有人互相推挤或失态地哭喊,大家都沉默地彼此搀扶着一步步往下走。不少逃难中的同伴看到这位身怀有孕的妇女,都停下脚步来帮助她。

互相救助是指处于火灾困境中的人员积极帮助他人脱离险境的行为,它彰显了人类的崇高美德和道德品质。发生火灾时,最先知晓火灾的人应先叫醒熟睡中的人们,并且尽量大声喊叫或敲门报警,以提醒其他人尽快逃生,不应只顾自己逃生。年轻力壮和有行动能力的人应积极救人、灭火,帮助年老体弱者、妇女和儿童以及受火势威胁最大的人员首先逃离火场,避免混乱现象的发生。要利用喊话、广播通知,引导被火围困人员逃离险境。当疏散通道被烟火封堵时,要积极协助架设梯子、抛绳索、递竹竿等,帮助被困人员逃生。有时还应在楼下拉救生网、放置席梦思、棉被、救生气垫等软体物质救助从楼上往下跳的人员。

【案例 7-13】 2005 年 6 月 10 日,汕头市华南宾馆特大火灾造成 31 人死亡。服务人员阿美在宾馆二楼 KTV 上班,死里逃生的她向记者介绍:"我们住在宾馆的 4 楼,起火时我们很多姐妹都在房间里睡觉,客房的服务员根本没有通知我们。还是一个在宾馆外面的朋友打电话告诉我宾馆失火的,但当我打开房门时,满楼道里都是烟了。我们很多人都来不及穿衣服就往外逃!"据阿美介绍,当时她们的房间睡着 10 多个女孩,最后逃出 6个人。宾馆 2 楼 KTV 上班的女孩共有 100 多人,她们多数都在夜间上班,白天则在宾馆内睡觉。火灾发生时,她们中大多数人都在房间里睡觉。阿美说:"如果客房的服务员早给我们打个电话,死的人肯定会少很多。"

6. 注意保护

【案例 7-14】 2014 年 1 月 14 日 14 时 40 分,位于台州温岭市城北街道杨家渭村的台州大东鞋业有限公司发生火灾。火灾过火面积约 1 080 m²,造成 16 人死亡、5 人受伤,直接财产损失 1 620 万元。经查,该起火灾起火原因系台州大东鞋业有限公司东侧钢棚北半间电气线路故障引燃周围可燃物。起火的厂房用于鞋类制造,存放有大量的塑料、橡胶、布料、黏合剂(主要成分为树脂、苯甲烷、乙二醇等)等易燃可燃物品。建筑中部的敞开式楼梯,导致底层发生火灾后,产生烟囱效应,高温烟气迅速向上蔓延扩大。违章搭建的铁皮棚内部存有大量的成品鞋和制鞋用的塑料、橡胶、面料、黏合剂等原材料,极易燃烧并产生大量浓度极高的有毒烟气和热量,浓烟和毒气在极短时间内充斥整个建筑,致使人员无法逃生,也给进攻搜救带来极大的困难。

对于现代建筑,无论是用于家庭居住还是宾馆饭店、商场市场,人们总喜欢追求装饰豪华,但几乎所有装潢材料,如塑料壁纸、化纤地毯、聚苯乙烯泡沫板、人造宝丽板等均为易燃可燃物品,而且这些高分子化学装饰材料一旦燃烧,就散发出大量有毒有害气体,并随着浓烟沿走廊蔓延,通过楼梯、电梯井道、垃圾道、电缆竖井等,形成"烟囱效应",迅速蔓延至楼上各层。

据有关统计,火灾的死亡者大部分是因吸入有毒有害气体窒息而死。因此,烟雾可以说是火灾的第一杀手,如何防烟是逃生自救的关键。研究表明,烟雾的主要成分是游离碳、干馏物粒子、高沸点物质的凝缩液滴等,火灾中的烟雾不仅妨碍了人们从火灾中逃生的视觉,还会对人的呼吸系统造成损伤。

火灾中会产生大量的二氧化碳、一氧化碳、硫化氢等有毒有害气体。当火灾中一氧化碳含量达到 30 mg/m³、硫化氢的含量达到 20 mg/m³ 时可使人中毒。同时,燃烧中产生的热空气被人吸入,会严重灼伤呼吸系统的软组织,也会造成人员窒息死亡。实验表明:一座燃烧中的房子距地面 2 英尺(约 0.61 m)的地方温度为 200℉(约 93.33℃),5 英尺(约 1.5 m)处为 500℉(约 260℃),而天花板处温度为 800℉(约 426.67℃),也就是说,接近地面的温度仅是天花板温度的 1/4。

在火场疏散撤离过程中,逃生者多数或许要经过充满浓烟的走廊、楼梯间才能离开危险区域。因此,在逃生过程中应采取正确有效的防烟措施和方法。通常的做法有:可把毛巾等物浸湿拧干后,叠起来捂住口鼻来防烟;无水时用干毛巾也行,紧急情况下可用尿代替水;如果身边没有毛巾,则用餐巾、口罩、帽子、衣服、领带等也可以替代。要多叠几层,将口鼻捂严。穿越烟雾区时,即使感到呼吸困难,也不能将毛巾从口鼻上拿开,否则就有立即中毒的危险。

实验表明,一条普通的毛巾如被折叠了 16 层,烟雾消除率可达 90% 以上,考虑到实用性,一条普通毛巾如被折叠了 8 层,烟雾的消除率也可达到 60%。在这种情况下,人在充满强烈刺激性烟雾的 15 m 的走廊里缓慢行走,一般没有烟雾强烈刺激性的感觉。同时,湿毛巾在消除烟雾和刺激物质方面比干毛巾更为优越实用,其效果更好。但要注意毛巾过湿会使人的呼吸力增大,造成呼吸困难,因此,毛巾含水量通常应控制在毛巾本身重量的 3 倍以下为宜。

从浓烟弥漫的通道逃生时,可向头部、身上浇凉水,或用湿衣服、湿棉被、湿床单、湿毛毯等将身体裹好,低姿势行进或匍匐爬行穿过烟雾险区,在火场中,因为受热的烟雾较空气轻,一般离地面约 50 cm 处的空间内仍有残存空气可以呼吸,因此,可采取低姿势(如匍匐或弯腰)逃生,爬行时应将手心、手肘、膝盖紧靠地面,并沿墙壁边缘逃生,以免迷失方向。火场逃生过程中,要尽可能一路关闭背后的门,以便降低火和浓烟的蹿流蔓延速度。如果房内有防毒面罩,逃生时一定要将其戴在头上。

如果身上衣服着火,千万不可惊跑或用手拍打,因为奔跑或拍打时会形成风势,加速氧气的补充,促旺火势。应迅速将衣服脱下,如果来不及脱掉衣服应就地翻滚(但注意不应滚动过快),或用厚重衣物覆盖压灭火苗。

如附近有水池、河塘等,可迅速跳入其中。如果人体已被烧伤,则应注意不要跳入污水中,以防止受伤处感染。

7. 借助器材

在大火中,当安全疏散通道全部被浓烟烈火封堵时,可利用结实的绳子拴在牢固的暖气管道、窗框、床架等物体上,然后顺绳索沿墙缓慢下滑到地面或下面的楼层而脱离险境。如没有绳子也可将窗帘、床单、被褥、衣服等撕成布条,用水浸湿,拧成布绳。

【案例 7-15】 2018 年 5 月 15 日晚,广州市白云区人和镇鸦湖村一出租屋发生火灾,多人被困。消防部门接到报警后迅速调派辖区相关力量到场,最终成功将被困人员救出,事故未造成人员伤亡。消防官兵到场时发现,起火建筑一楼整个楼梯间已经被大火包围。三楼位置有一条用衣服捆绑的简易救生绳,一名男子正在进行自救,当时已快滑降至一楼。而此前已经有一对夫妇利用该简易救生绳索逃生。

【案例 7-16】 2016 年 8 月 11 日凌晨 5 时 50 分,广西南宁长堽路四里虎楼岭 77 号居民房 1 楼电动车充电引发火灾,住在该栋楼 2 楼 50 多岁的居民姚华中最先发现了火情,经过与邻居在窗口沟通得知,原来是停放在 1 楼的电动车着火了,浓烟顺着楼道往楼顶飘。发现火情的居民立刻拨打了报警电话。姚华中的儿子和孙子住在同一栋楼的 4 楼,也陷入了危险当中。平时姚华中非常喜欢看法制类节目,镇静的姚华中想到了一套自救的方法:先是用湿毛巾将门缝堵住,防止浓烟扩散;随后与紧挨着自己窗户的隔壁邻居老张取得联系,从他那借来了麻绳;最后利用铁锤将 3 楼的防盗网砸开一个缺口。此时姚华中还安慰 4 楼的儿子,告知他们要镇定,同时还让其将防盗网砸开一个缺口。凭借着顽强的求生意志,姚华中带着绳子爬到 4 楼,找到了儿子和孙子,随后一家三口结绳从 4 楼逃生。

一般地,利用绳索逃生时应满足下列要求:① 绳结间长度方面,每隔 20~25 cm 打个结,以便逃生时能握紧绳索;② 绳索长度方面,不一定非要接到底楼;③ 绳索材质方面,棉麻质地为佳,确保牢固;④ 绳索固定点方面,应牢固,并绑牢;⑤ 防磨损方面,窗台的着力点处应垫一块防磨物品。绳索逃生时应注意动作要领:手脚借力,手先往下,然后脚再往下。

在发生火灾时,要利用一切可利用的条件逃生,建筑物内或室内备有救生缓降器、逃生滑道的,要充分利用这些器具逃离火场。逃生滑道是指使用者靠自重以一定的速度下滑逃生的一种柔性通道。逃生滑道的长度可依据建筑物的高度来设计,适用于60 m高度内的任何场所及任何建筑物;逃生滑道操作方便,不限使用人数,老弱妇孺均可使用;逃生滑道外部用防火材料制成,逃生时可延缓火舌侵袭;逃生时逃生者看不到地面景物,无恐惧感;逃生滑道占地小,使用时不用电力,操作简便,安全性高。如无其他救生器材,可考虑利用建筑的阳台、屋顶、落水管等脱险。可通过窗户或阳台逃向相邻建筑物或寻找没着火的房间。

8. 慎重跳楼

跳楼是造成火场人员死亡的又一重要原因。无论怎么说,从较高楼层跳楼求生,都是一种风险极大,不可轻取的逃生选择。但当人们被高温烟气步步紧逼,实在无计可施、无路可走时,跳楼也就必然成为挑战死亡的生命豪赌。

在开始发现火灾时,人们会立即做出第一反应。这时的反应大多还是比较理智的分析与判断。但是,当按选择的路线逃生失败,发现事先的判断失误而逃生之路又被大火封死,而且火势愈来愈大、烟雾愈来愈浓时,人们就很容易失去理智。此时万万不可盲目采取跳楼等危险行为,以避免未入火海而摔下地狱。例如,美国"9·11"世贸大厦火灾,出现部分跳楼逃生者,但却无一生还。

如果被烟火围困在3层以上的楼房内,千万不要急于跳楼。三四层的楼高或更高处,因为距地面太远,在没有任何保护手段的情况下往下跳,人死亡的风险是相当大的。只要有一线生机,就不要冒险跳楼。

【案例7-17】 2008年11月14日早晨,上海商学院徐汇校区宿舍楼602寝室内起火,因寝室内烟火过大,陈睿和张燕苹等4名女生被逼到阳台上,后分别从阳台跳下逃生,4人均当场死亡。

【案例7-18】 1985年4月18日夜,哈尔滨市当时最高、最豪华的15层高楼天鹅饭店,因美国旅客安德里克酒后卧床吸烟引燃被褥而发生火灾,重伤7人(其中外宾4人)、死亡10人(其中外宾6人)。这10名死者中,有9人是跳楼摔死的。当时,他们都住在起火层11楼。起火后,楼梯通道已被烟火封锁,房间也侵入了大量浓烟,9名旅客慌乱中来不及思索,就从窗口跳出,落下的垂直高度约28米,如此高度,生望渺茫。而被逼到窗外的还有9名中外旅客,他们同样受不了高温浓烟的侵袭,但他们却没有仓皇地选择跳楼,而是从窗子爬到窗外,手攀窗台,脚踩突出墙面仅10 cm的窗沿,壁虎般地贴在墙体上。此时此刻,他们头顶上的窗口还在向外喷吐着浓烟,但他们始终没有松手,没有跳楼,一直坚持到消防队员冲进火海,强行攻入房间的时候。这些被浓烟逼到窗外但坚持到最后一刻的人,终于捡回了生命。

身处火灾烟气中的人,精神上往往陷于极端恐怖和接近崩溃,惊慌的心理下,极易不顾一切地采取跳楼逃生等伤害性行为。应该注意的是,只有消防队员准备好救生气垫并指挥跳楼或楼层不高(一般4层以下)、非跳楼即烧死的情况下,才可考虑采取跳楼的方法。即使已没有任何退路,若生命还未受到严重威胁,也要冷静地等待消防人员的救援。如果被火困在楼房的2层、3层等较低楼层,若无条件采取其他自救方法或短时间内得不到救助就有生命危险,在此种万不得已的情况下,才可以跳楼逃生。跳楼虽可求生,但会对身体造成一定的伤害,所以要慎之又慎!

　　跳楼求生的风险极大,要讲究方法和技巧。在跳楼之前,应先向楼下地面扔一些棉被、枕头、床垫、大衣等柔软物品,以便身体"软着陆",减少受伤的可能性;然后再手扒窗台或阳台,身体自然下垂,以尽量降低垂直距离,头朝上脚向下,自然向下滑行,双脚落地跳下,以缩小跳落高度,并使双脚首先着落在柔软物上。如有可能,要尽量抱些棉被、沙发垫等松软物品或打开大雨伞跳下,以减缓冲击力。如果可能的话,还应注意选择水池、软雨篷、草地等地方跳。落地前要双手抱紧头部身体弯曲卷成一团,以减少伤害。

　　9. 暂时避难

　　在无路可逃的情况下,应积极寻找避难处所,如到阳台、楼顶等待救援,或选择火势、烟雾难以蔓延的房间暂时避难。当实在无法逃离时便应退回室内,设法营造一个临时避难间躲避。

　　【案例 7-19】 2017 年 9 月 7 日凌晨,一处民房突发大火,金堂县金龙镇街道上的街坊邻里们都从睡梦中醒来了,被困在事发地点 3 楼的小女孩牵动了大家的心,直到消防队员从房间里救出小女孩,大家才松了口气。据当天晚上赶往现场的消防队员介绍,救援人员戴着空气呼吸器,从隔壁的房间翻到小女孩所在的 3 楼位置,在这个约 50 m² 的空间里,救援人员看到打湿的被子有一个小堆,掀开后,发现里面就是惊慌失措的玲玲。小女孩躲在打湿的被子里,等到了救援。那天晚上,玲玲睡到半夜突然咳嗽起来,迷迷糊糊中,听到爸爸在叫喊自己的名字,站在窗前,外面火光和灯光她已经分不清了。"我在上面喊爸爸,但没人回应。"玲玲说,隔壁水果店的叔叔们用水龙头从窗外喷射进来,打湿了床单被褥。玲玲看到楼道也全是烟雾弥漫,火光开始闪烁,她只好躲进打湿的被子中,趴在床上。救援人员介绍说,玲玲利用湿被子来隔绝这些有毒气体的做法是正确的,不过,在当时的情况下,她应该尽量选择一个通风的地方,这样才能争取到更多生还机会。玲玲说,用湿被子盖住头的方法是学校老师教的。玲玲所在小学的一位负责人说,学校有开设安全教育的培训,其中包括火灾逃生培训。

　　如果烟味很浓,房门已经烫手,说明大火已经封门,再不能开门逃生。正确的办法应是关紧房间邻近火势的门窗,打开背火方向的门窗,但不要打碎玻璃,当窗外有烟进来时,要赶紧把窗户关上。将门窗缝隙或其他孔洞用湿毛巾、床单等堵住或挂上湿棉被、湿毛毯、湿麻袋等难燃物品,防止烟火入侵,并不断地向迎火的门窗及遮挡物上洒水降温,同时要淋湿房间内的一切可燃物,也可以把淋湿的棉被、毛毯等披在身上。如烟已进入室内,要用湿毛巾等捂住口鼻。

　　【案例 7-20】 2010 年 11 月 15 日 14 时,上海余姚路胶州路一栋高层公寓起火。起火点位于 10~12 层,整栋楼都被大火包围着,李先生今年 60 多岁,他和病友两人躺在偌大的病房里,眼睛紧闭。在回忆火灾过程的时候,他始终把一只手搭在额头上。当时他和老伴在家里,听见窗外轰轰的响声,"感觉就像是推土机。"他本没在意,突然大门响了。"不得了了!失火了!"楼上的老太冲下来求救。"她头发烧焦了,脸上都是灰。"李先生回忆道。李先生家朝南,由于西北面的火一时并未波及他家,烟雾还没有蔓延进来。十几分钟过后,朝南的脚手架上走来两三个年纪大的邻居,看到窗子开着,就爬进了房间。李先生拿了一些湿毛巾给邻居们，还拿脸盆浇灭家中窗帘冒起的火，"当时想着没那么严重，我还不想走。"又过去十几分钟后，四处的烟都窜进了房间，邻居们决定离开，"他们就躲在消防通道那里，大概因为太黑了，都没下楼。"而李先生和老伴则四处寻找空气新鲜的地方，"我拿手机打了点光，看到家门口的水表间，我们就钻了进去，里面相对空气比较好。"之后的一个多小时，对这对老夫妻来说是如此漫长，只能听见门外隆隆的声音，"当时真的什么都不去想了。"幸运的是，随着门外消防员大叫寻人，李先生应声得以脱险，夫妻两人随着消防员一路从17楼沿通道走下楼。

【案例7-21】 2004年2月15日11时许，吉林省吉林市中百商厦发生特大火灾。火灾造成54人死亡，70人受伤，直接经济损失426万元。在这起火灾中，78岁的毛凤久活了下来。火灾发生时，他正在商场4楼。火灾发生后，毛凤久没有像其他人那样楼上楼下跑，或者从楼上跃下企图逃生，而是趴在地上，爬着寻找可以呼吸的地方。就这样，毛凤久在楼上坚持了2个多小时，直至被消防队员救下后送到医院进行治疗。毛大爷自我保护最关键的地方，就是他采取低姿，减少呼吸，呼吸进来的空气温度较低、毒气较少，对呼吸道的损害最小，这是他活下来的最主要原因。

避难间或避难场所是为了救生而开辟的临时性避难的地方，因火场情况不断发展、瞬息万变，避难场所也不可能永远绝对安全。因此，不要在有可能疏散逃生的条件下，不疏散逃生而创造避难间避难，从而失去逃生的时机。避难间应选择在有水源及便于与外界联系的房间。一方面，水源能降温、灭火、消烟，利于避难人员生存；另一方面，又能与外界联系及时获救。

在被烟火围困时，被困人员应积极主动与外界联系，呼救待援。如房间有电话、对讲机、手机等通信工具，要利用其及时报警。如没有这些通信设备，则白天可用各色的旗帜或衣物摇晃，或向外投掷物品，夜间可摇晃点着的打火机、划火柴、打手电向外报警示意。

在因烟气窒息失去自救能力时，应努力爬到墙边或门边躲避。一是便于消防人员寻找、营救，因为消防人员进入室内通常都是沿着墙壁摸索前进的；二是也可防止房屋塌落时掉落的物体砸伤自己。

10. 生还者忠告

[忠告1] 鲁正直——西安某招待所火灾中死里逃生者。他谈道："起火时楼内乱成一锅粥，我开门一看，走道里楼梯口到处是红烟，就赶紧关上房门。这时只有少量烟雾从门缝里渗进来。同住一个房间的其他人主张跳楼，我不让跳。因为过去我亲眼见过一个供销社着火，火不大却把一些人胆子吓破了，有人抓住床单当降落伞跳楼，当场就摔死几个。隔壁房间的李习敏从4楼窗口就跳了下去，幸亏被一楼的遮阳棚挡了一下，没丢命，可他从额角到脑后头皮撕裂，事后缝了十几针。楼梯被烟封，跳楼又行不通，怎么办？天无绝人之路，猛地我灵机一动，让同伴们赶紧动手，将床单、被罩等都撕成宽布条结结实实系成一条由窗口到达地面的长绳，准备拉着绳子滑落，刚准备好，消防车到了，于是我们就守在房内，不到万不得已决不从窗户出去，结果不一会火就灭了，烟也慢慢小了下来。事后我们看到楼面上竟搭着几十条这种长长短短、花花绿绿的绳子，它们使140多名旅客安然脱险。"

[**忠告 2**] 2007 年 2 月 4 日 1 时 40 分,浙江省台州市黄岩区一家店铺发生火灾,17 人遇难。36 岁的范非夫妇没有受到任何烫伤。初中毕业的范非说,儿时他无意中从一本小人书上看到的一句宣传语,最后救了他的命:"家里起火不要怕,大人小孩顺地爬"。当他明白他们已陷入一场可怕的火灾中时,烈火和浓烟到处都是,已无任何退路。"蹲下来,才有空气。"范非说。他先是在底下吸了口气,然后憋了一口气,拽了老婆疯狂地往楼梯口跑,大概 10 多秒后,到了烟比较淡的地方,又继续吸了口气,就这样,憋一口气跑一段,直到街上。

[**忠告 3**] 1999 年 12 月 26 日 3 时许,长春市夏威夷大酒店地下一层的洗浴中心发生火灾,造成 20 人死亡。1999 年 12 月 25 日 21 时,从鞍山到长春出差的高先生一行 5 人在洗浴中心沐浴、过夜。沉睡中听见有人大喊:"着火了!"高先生醒后,第一个动作是唤醒其余 4 位同伴。他看了看手表,指针指在 4 时 02 分。此时他们休息的大厅没有火也没有烟。同伴们醒后,大家一起冲向更衣室,每个人以最快的速度穿上衣服,刚想穿上鞋时,浓烟已扑进了更衣室,随即室内一片黑暗,灯灭了。40 多岁的高先生此时分外冷静,他抓住同伴们说:"快往浴室里跑。"更衣室和浴室仅一门之隔,他们跑了进去。浴室里面没有火,但也进了不少烟。几乎同时,一名女服务员点着一支蜡烛跟了进来。跑进浴室的共有 9 人。大家关紧了浴室的门,开始有序地自救,即快速把浴巾用水浸湿,堵在门缝上,然后找来一根圆珠笔,用笔尖一点一点地把缝隙塞严实。两个人"留守",不停地用水冲淋门,其余人寻找出口。地板被掏了个洞,天花板也被撬开了,终于发现有一个排气扇的通风口。大家相互搀扶着爬进天花板,可是被焊得牢牢的排气扇所阻,费尽九牛二虎之力也没能拆卸下来。这时大家大汗淋漓,感觉到呼吸不畅。高先生忙提醒:"少说话,慢呼吸。"烟越来越浓了,高先生一直没有停止用手机四处求救,他先后拨打电话 119、120、110 和市长公开电话,告知情况和方位。一直坚守在门口向门冲水的小伙子被浓烟逼得无法忍受,不得不退了回来。大部分人躲进了浴室中最里侧的蒸汽浴房,因为它的门由耐高温玻璃钢制作,较之另一间桑拿浴房的木门密封性强,但是大家仍没有忘记,继续用浸湿的浴巾塞紧门缝。这时已是凌晨 5 时 30 分。大家相互鼓励着、等待着。6 时 10 分,消防队员冲进来,把他们背了出去,9 个人大多已神志恍惚,但是他们都活了下来。高先生说,以后去一些陌生的公共场所,一定有必要先察看一下疏散的路径,当发生险情时,一不能慌,二不要乱,要想办法自救,坚持到最后一刻就是胜利。这是劫后余生的人们总结的经验。

在同一起火灾中逃生的刘姓电工说,带一个手电筒真是太重要了,以后不管去任何地方,他都不会忘记带上它。在日本宾馆的每个房间里,都备有一个手电筒,旅客一旦碰上火灾、地震等灾难,可以用此照明逃生。

俗话说得好,"知术者生,乏术者亡。""只有绝望的人,没有绝望的处境。"在火灾中能否安全自救,固然与起火时间、火势大小、建筑物结构形式、建筑物内有无消防设施等因素有关,但还要看被大火围困的人员在灾难到来之时有没有选择正确的自救逃生方法。"水火无情",许多人由于缺乏在火灾中积极逃生自救的知识而被火魔夺去了生命,一些人也因丧失理智的行动加速了死亡。反之,只要具有冷静的头脑和火场自救逃生的科学知识,生命就能够得到安全保障。

(三)火场逃生误区

在突发的火灾面前,有的人往往不知所措,常常不假思索就采取逃生行动,甚至是错误的行动。下面介绍一些在火灾逃生过程中经常出现的错误行为,防微杜渐,以作为警示。

1. 手一捂,冲出门

火场逃生时,许多人尤其是年轻人通常会采取这种错误行为。其错误性表现在两个方面:① 手并非是良好的烟雾过滤器,不能过滤掉有毒有害烟气。平时在遇到难闻的气味或沙尘天气时,人们常常情不自禁地用手捂住口鼻,以防气味或沙尘侵入,其实作用或效果并不十分明显,有点自欺欺人、自我安慰之意。因此,火险状态下应采取正确的防烟措施,如用湿毛巾等物捂住口鼻。② 在烟火面前,人的生命非常脆弱。俗话说,"水火无情",亲临烟火时切忌低估其危害性。多数年轻人缺乏消防常识及火灾经验,认为自己身强力壮、动作敏捷,不采取任何防护措施冲出烟火区域也不会有很大危险。但诸多火灾案例表明,人在烟火中奔跑两三步就会吸烟晕倒,为数不少的人"生"和"死"也就一步之遥,可这一步就是生与死的分界线。因此,千万不要低估烟火的危害而高估自己的能力。

2. 省时间,乘电梯

面临火灾,人们的第一反应应是争分夺秒地迅速离开火场。但许多人首先会想到搭乘普通电梯逃生,因为电梯迅速快捷,省时省力。其实这完全是一种错误行为,其理由包括六个方面。

(1)电梯的动力是电源,而火灾时所采取的紧急措施之一就是切断电源,即使电源照常,电梯的供电系统也极易出现故障而使电梯卡壳停运,处于上下不能的困境,其内人员无法逃生、无法自救,极易受烟熏火烤而伤亡。

(2)电梯井道好似一个高耸庞大的烟囱,其"烟囱效应"的强大抽拔力会使烟火迅速蔓延扩散至整个楼层,使电梯轿厢变形,行进受阻。

(3)电梯轿厢在井道内的运动,使空气受到挤压而产生气流压强变化,且空气流动越快,产生的负压就越大,从而火势就越大。因此,火灾中行驶的普通电梯自身难保,切忌乘坐。

(4)电梯轿厢内的装修材料有的具有可燃性,热烟火的烘烤不仅会使轿厢金属外壳变形,而且会引起内部装饰燃烧碳化,对逃生人员构成危险。

(5)一般电梯停靠某处时,其余楼层的电梯门都是联动关闭的,外界难以实施灭火救援。即便强行打开,恰好又为火灾补交了新鲜空气,拓展了烟火蔓延扩散的渠道。

(6)电梯运载能力有限,一般一部普通客梯承载能力在 $800 \sim 1\,000\,\mathrm{kg}$(约 $10 \sim 13$ 人)。公共场所人员密集,一旦失火时惊慌的人群涌入其内更易造成混乱,耽误安全逃生的最佳时机。

3. 寻亲友,共同逃

遭遇火灾时,有些人会想着在自己逃生之前先去寻找自己的家人、孩子及亲朋好友一起逃生,其实这也是一种不可取的错误行为。倘若亲友在眼前,则可携同一起逃生;倘若亲友不在近处,则不必到处寻找,因为这会浪费珍贵的逃生时间,结果谁也逃不出火魔爪牙。明智的选择是各自逃生,待到安全区域时再行寻找,或请求救援人员帮助寻找营救。

4. 不变通,走原路

火场上另一种错误的逃生行为就是沿进入建筑物内的路线、出入口逃离火灾危险区域。这是因为人们身处一个陌生境地,没有养成首先熟悉建筑内部布局及安全疏散路径、出口的良好习惯,一旦失火,人们就下意识地沿着进入时的出入口和通道进行逃生,只有当该条路径被烟火封堵时,才被迫寻找其他逃生路径,然而此时火灾已经扩散蔓延,人们难以逃离脱身。因此,每当人们进入陌生环境时,首先要了解、熟悉周围环境、安全通道及安全出口,做到防患于未然。

5. 不自信,盲跟从

盲目跟随是火场被困人员从众心理反应的一种具体行为。处于火险中的人们由于惊慌失措,往往会失去正常的思维判断能力,总认为他人的判断是正确的,因而第一反应会本能地盲目跟从他人奔跑逃命。该行为还通常表现为跳楼,跳窗,躲藏于卫生间、角落等,而不是积极主动寻找出路。因此,只有平时强化消防知识的学习和消防技能的训练,树立自信心,方能临危或处危不乱不惊。

6. 向光亮,盼希望

一般而言,光、亮意味着生存的希望,它能为逃生者指明方向,避免瞎摸乱撞而更便于逃生。但在火场上会因失火而切断电源或因短路、跳闸等造成电路故障而失去照明,或许有光亮之处也是火魔逞强之地。因此,黑暗之下,只有按照疏散指标引导的方向逃向太平门、疏散楼梯间及疏散通道才是正确可取的办法。

7. 急跳楼,行捷径

火场中,当发现选择的逃生路径错误或已被大火烟雾围堵,且火势越来越大、烟雾越来越浓时,人们往往很容易失去理智而选择跳楼等不明智之举。其实,与其采取这种冒险行为,还不如稳定情绪、冷静思考、另谋生路,或采取防护措施、固守待援。只要有一线生机,切忌盲目跳楼求生。

三、典型火灾逃生方法

火灾发生时,其发展瞬息万变,情况错综复杂,且不同场所的建筑类型、建筑结构、火灾荷载、使用性质及建筑内人员的组成等都存在着相当大的差异。因此,火场逃生的方法、技巧也不是千篇一律、一成不变的。不同类型建筑的逃生原则和方法虽然有共同之处,但它们仍有各自的特性,下面介绍几种典型建筑火灾的逃生方法。

(一)高层建筑火灾逃生方法

我国建筑设计防火的有关规范规定,高层建筑是指建筑高度超过 24 m 且 2 层及 2

层以上的公共建筑,或者 10 层及 10 层以上的住宅建筑。高层建筑具有建筑高、层数多、建筑形式多样、功能复杂、设备繁多、各种竖井众多、火灾荷载大及人员密集等特点,以至于火灾时烟火蔓延途径多、扩散速度快、火灾扑救难,极易造成人员伤亡。由于高层建筑火灾时垂直疏散距离长,因此,要在短时间内逃脱火灾险境,人员必须具有良好的心理素质及快速分析判断火情的能力,冷静、理智地做出决策,利用一切可利用的条件,选择合理的逃生路线和方法,争分夺秒地逃离火场。

1. 利用建筑物内的疏散设施逃生

利用建筑物内已有的疏散逃生设施进行逃生,是争取逃生时间、提高逃生效率的最佳方法。

(1) 优先选用防烟楼梯、封闭楼梯、室外楼梯、普通楼梯及观光楼梯进行逃生。高层建筑中设置的防烟楼梯、封闭楼梯及其楼梯间的乙级防火门,具有耐火及阻止烟火进入的功能,且防烟楼梯间及其前室设有能阻止烟气进入的正压送风设施。有关火灾案例证明,火灾时只要进入防烟楼梯间或封闭楼梯间,人员就可以相对安全地撤离火灾险地,换言之,高层建筑户的防烟楼梯间、封闭楼梯间是火灾时最安全的逃生设施。

(2) 利用消防电梯进行逃生。消防电梯因为其采用的动力电源为消防电源,火灾时不会被切断,而普通电梯或观光电梯采用的是普通动力电源,火灾时是要切断的。因此,火灾时千万不能搭乘普通电梯或观光电梯。

(3) 利用建筑物的阳台、有外窗的通廊、避难层进行逃生。

(4) 利用室内配置的缓降器、救生袋、安全绳及高层救生滑道等救生器材逃生。

(5) 利用墙边的落水管进行逃生。

(6) 利用房间内的床单、窗帘等织物拧成能够承受自身重量的布绳索,系在窗户、阳台等的固定构件上,沿绳索下滑到地面或较低的其他楼层进行逃生。

2. 不同部位、不同条件下的人员逃生

当高层建筑的某一部位发生火灾时,应当注意收听消防控制中心播放的应急广播通知,它将会告知你着火的楼层,以及安全疏散的路线、方法和注意事项,不要一听到火警就惊慌失措,失去理智,盲目行动。

(1) 如果身处着火层之下,则可优先选择防烟楼梯、封闭楼梯、普通楼梯及室内疏散走道等,按照疏散指示标志指示的方向向楼下逃生,直至室外安全地点。

(2) 如果身处着火层之上,且楼梯、通道没有烟火时,可选择向楼下快速逃生;如烟火已封锁楼梯、通道,则应尽快向楼上逃生,并选择相对安全的场所(如楼顶平台、避难层)等待救援。

(3) 如果身处着火层,则应快速选择通道、楼梯逃生;如果楼梯或房门已经被大火封堵,不能顺利疏散,则应退避房内,关闭房门,另寻其他逃生路径,如通过阳台、室外走廊转移到相邻未起火的房间再行逃生;或尽量靠近沿街窗口、阳台等易于被人发现的地方,向救援人员发出求救信号,如大声呼喊,挥动手中的衣服、毛巾或向下抛掷小物品,或打开手电、打火机等求救,以便让救援人员及时发现并实行施救。

(4) 如果在充满烟雾的房间和走廊内逃生时,则不要直立行走,最好弯腰使头部尽量接近地面,或采取匍匐前行姿势,因为热烟气向上升,离地面较近处烟雾相对较淡,空气相对新鲜,呼吸时可少吸烟气。注意做好防烟保护,如佩戴防毒面具,或用毛巾、口罩或其他可利用的东西做成简易防毒面具。

（5）如果遇到浓烟暂时无法躲避,切忌躲藏在床下、壁橱或衣柜及阁楼、边角之处。一是这些地方不易被人发现;二是这些地方也是烟气聚集之处。

（6）如果是晚上听到火警,首先应赶快滑到床边,爬行至门口,用手背触摸房门。如果房门变热,则不能贸然开门,否则烟火会冲进室内;如果房门不热,说明火势可能还不大,则通过正常途径逃离是可能的,此时应带上钥匙打开房门离开,但一定要随手关好身后的门,以防止火势蔓延扩散。如果在通道上或楼梯间遇到了浓烟,则要立即停止前行,千万不能试图从浓烟里冲出来,应退守房间,并采取主动积极的防火自救措施,如关闭房门和窗户,用湿潮的织物堵塞门窗缝隙,防止烟火的侵入。

（7）如果身处较低楼层（3层以下）且火势危及生命又无其他方法自救,只有将室内席梦思、棉被等软物抛至楼下后,才可采取跳楼行为。

3. 自救、互救逃生

（1）利用建筑物内各楼层的灭火器材灭火自救。在火灾初期,充分利用消防器材将火消灭在萌芽阶段,可以避免酿成大火。从这个意义上讲,灭火也是一种积极的逃生方法。因此,在火灾初期一定要沉着冷静,不可惊慌无措,贻误灭火良机。

（2）相互帮助,共同逃生。对老、弱、病、残、儿童及孕妇或不熟悉环境的人要引导疏散,帮助其一起逃生。

（二）商场、市场火灾逃生方法

向社会供应生产、生活所需要的各类商品的公共交易场所常被称为商场或市场,如百货大楼、商业大楼、购物中心、贸易大楼及室内超市等。商场、市场内的商品大多为易燃可燃物,且摆放比较密集。现代商场、市场功能多元化、结构复杂化、商品齐全化、装修豪华化,这些虽然最大化地满足了顾客的需求,但也增加了商场、市场的火灾荷载及火灾危险性,加之其内人流密集,火灾时人员疏散较为困难,甚至会发生烟气中毒而造成群死群伤的恶性事故。商场、市场火灾有别于其他火灾,其逃生方法也有其自身的特点。那么,商场、市场火灾逃生应当注意什么呢?

1. 熟悉安全出口和疏散楼梯位置

进入商场、市场购物时,首先要做的事情应是熟悉并确认安全出口和疏散楼梯的位置,不要把注意力首先集中到琳琅满目的商品上,而应环顾周围环境,寻找疏散楼梯、疏散通道及疏散出口位置,并牢记。如果商场、市场较大,一时找不到安全出口及疏散楼梯,应当询问商场、市场内的工作人员。这样相当于为火灾时成功逃生准备了一堂预备课。

2. 积极利用疏散设施逃生

建筑物内的疏散设施主要包括防烟楼梯、封闭楼梯、室外楼梯、疏散通道及消防电梯等,在建设商场、市场时,这些设施都按照建筑设计防火规范的相关要求进行了设置,具有相应的防火隔烟功能。在初期火灾时,它们都是良好的安全逃生途径。进入商场、市场后,如果你已熟悉并确认了它们的位置,那么火灾时你就能很容易地找到就近的安全疏散口,从而为安全逃生赢得宝贵的时间。如果你没有提前熟悉并确认它们的位置,那么千万不要惊慌,应积极地按照疏散指示标志指示的方向逃生,直至寻找到安全疏散出口。

3. 秩序井然地疏散逃生

惊慌是火灾逃生时一个可怕而又不可取的行为,是火场逃生时的障碍。由于商场、市场是人员密集场所,惊慌只会使其他人员更加惊慌,造成逃生现场一片混乱,进而导致拥挤、摔倒、踩踏,使疏散通道、安全出口严重堵塞,人员死伤。因此,无论火灾多么严峻,都应当保持沉着冷静,一定要做到有序撤出。在楼梯等候疏散时切忌你推我挤、争先恐后,以免后面的人把前面的人挤倒,而其他的人顺势而倒,形成"多米诺骨牌"效应,倒下一大片。

4. 自制救生器材逃生

商场、市场中商品种类繁多、高度集中,火场逃生时可利用的物资相对较多:衣服、毛巾、口罩等织物浸湿后可以用来防烟;绳索、床单、布匹、窗帘及五金柜台的各种机用皮带、消防水带、电缆线等可制成逃生工具;各种劳保用品,如安全帽、摩托车头盔、工作服等可用来避免烧伤或坠落物的砸伤。

5. 充分利用各种建筑附属设施逃生

火灾时,还可充分利用建筑物外的落水管、房屋内外的突出部分和各种门、窗及建筑物的避雷网(线)等附属设施进行逃生,或转移到安全楼层、安全区域再行寻找机会逃生。这种方法仅是一种辅助逃生方法,利用时既要大胆,又要细心,尤其是老、弱、病、残及妇、幼者要慎用,切不可盲目行事。

6. 切记注意防烟

商场、市场发生火灾时,由于其内商品大多为可燃物,火灾蔓延快,生成的烟量大,因此,人员在逃生时一定要采取防烟措施,并尽量采取低行姿势,以免烟气进入呼吸道。在逃生时,如果烟浓而且感到呼吸困难,可贴近墙边爬行。倘若在楼梯道内,则可采取头朝上、脚向下、脸贴近楼梯两台阶之间的直角处的姿势向下爬,如此可呼吸到较为新鲜的空气,有助于安全逃生。

7. 寻求避难场所

在确实无路可逃的情况下,应积极寻找室外阳台、楼顶平台等避难处等待救援,或者选择火势、烟雾难以蔓延到的房间关好门窗,堵塞缝隙,并利用房内水源将门窗和各种可燃物浇湿,以阻止或减缓火势、烟雾的蔓延。不管是白天还是晚上,被困者都应大声疾呼,不间断地发出各种呼救信号,以引起救援人员的注意,帮助自己脱离险境。

8. 禁用普通电梯

火灾现场疏散时,万万不能乘坐普通电梯或自动扶梯,而应从疏散楼道进行逃生。因为火灾时会切断电源而使普通电梯停运,同时火灾产生的高热会使普通电梯系统出现异常。

9. 切忌重返火场

逃离火场的人员千万应记住,不要因为贪恋财物或寻找亲朋好友而重返火场,而应告诉消防救援人员,请求帮助寻找救援。

10. 发现火情应立即报警

在大商场市场购物时,如果发现如电线打火、垃圾桶冒烟等异常情况,应立即通知附近工作人员,并立刻报火警,不要因延误报警而使小火形成大灾,造成更大的损失。

(三) 公共娱乐场所火灾逃生方法

公共娱乐场所一般是指歌舞娱乐游艺场所等。近年来,国内外公共娱乐场所发生火灾的案例数不胜数,其火灾的共同特点是易造成人员群死群伤。

【案例 7-22】 2015 年 6 月 27 日晚间,台湾新北市八仙乐园发生粉尘爆炸,大批游客受伤。有游客说,爆炸时有人全身都是火,现场惨叫声四起,相互推挤,犹如人间炼狱。据报道,八仙乐园 27 日晚间举办"彩虹趴",正当数百名游客在舞台下的摇滚区,随着五光十色的灯光与音乐摇动时,舞台上突然向摇滚区喷发出大量的粉尘,之后又从舞台上传出疑似爆炸的火势。游客们说,当大量粉尘环绕在他们周边时,舞台上的火势就随粉尘窜入,整个摇滚区数百名游客顿时陷入火海中,大家受到惊吓,拼命向后逃命,相互推挤着向摇滚区后方跑,尖叫声、哀号声、惨叫声四起。"都来不及跑! 太突然了!"回想起事发当时,许多人心有余悸。一名游客表示,爆炸时他们以为是声光效果,没想到大家都遭灼伤,还有人全身都是火,现场十分可怕。

【案例 7-23】 2015 年 10 月 25 日凌晨,印度尼西亚北苏拉威西省首府万鸦老一家 KTV 突发火灾,造成至少 12 人死亡、71 人受伤,死伤者全部是印尼人。警方发言人威尔逊·达马尼克说,这家 KTV 二楼一间包房的电线短路后引发大火,正在独立包房内唱歌的顾客随后惊惶逃离。"火灾导致包房和楼道内满是浓烟,人们在黑暗中开始逃离。一些人因吸入浓烟(而受伤),一些人则在跳窗逃生时(骨折),"他说,"迄今已有 12 人丧生,大多是因吸入浓烟窒息而亡。"大火扑灭后,伤者全部被送往附近医院接受治疗。按达马尼克的说法,出事 KTV 没有疏散楼梯间,这可能是顾客没能迅速逃生的主要原因。

现代的歌舞厅、卡拉 OK 厅等娱乐场所一般都不是"独门独户",大多设置在综合建筑内,人员密集,歌台舞榭,装修豪华。为了满足功能的需要,有的场所故意布置得像个"迷宫",通道弯曲多变,一旦失火,人员难以脱身。因此,掌握其火灾逃生方法非常重要。

1. 保持冷静,明辨出口

歌舞厅、卡拉 OK 厅等场所一般都在晚上营业,并且顾客进出随意性大、密度高,加上灯光暗淡,火灾时容易造成人员拥挤混乱、摔伤踩伤。因此,火灾时一定要保持冷静,不可惊恐。进入时,要养成一个良好的习惯:事先查看安全出口的位置,确认出口是否通畅。如发现有锁闭情况,应立即告知工作人员要打开并说明理由。失火时,应明辨安全出口方向,并采取避难措施,这样才能掌握火灾逃生的主动权。

2. 寻找多种途径逃生

发生火灾时,应冷静判断自己所处的位置,并确定最佳的逃生路线。首先应想到通过安全出口迅速逃生。如果看到大多数人都同时涌向一个出口,则不能盲目跟从,应另辟路径,从其他出口逃生。即使众多人员都涌向同一出口,也应当在场所引导员的疏导下有序疏散。

在疏散楼梯或安全出口被烟火封堵实无逃生之路时,对于设置在3层以下的娱乐场所,可用手抓住阳台、窗台往下滑,且让双脚首先着地;设置在高层建筑中的娱乐场所,则应首先选择屋顶平台、阳台逃生或选择落水管、窗户逃生。从窗户逃生时,必须选用窗帘等自制逃生自救安全滑绳,绝不可急于跳楼,以免发生不必要的人员伤亡。

3. 寻找避难场所

公共娱乐场所发生火灾时,如果逃生通道被大火和浓烟封堵,又一时找不到辅助救生设施,被困人员只有暂时逃向火势较轻、烟雾较淡处寻找或创建避难间,向窗外发出求救信号,等待救援人员营救。

4. 防止烟雾中毒

歌舞娱乐场所的内装修大多采用了易燃可燃材料,有的甚至是高分子有机材料,燃烧时会产生大量的烟雾和有毒气体。因此,逃生时不要到处乱跑,应避免大声喊叫,以免烟雾进入口腔,应采用水(一时找不到水时可用饮料)打湿身边的衣服、毛巾等物捂住口鼻并采取低姿势行走或匍匐爬行,以减少烟气对人体的危害。

5. 听从引导员的疏导

我国《公共娱乐场所消防安全管理规定》明文规定,公共娱乐场所的"全体员工都应当熟知必要的消防安全知识,会报火警,会使用灭火器材,会组织人员疏散"。因此,火灾逃生人员一定要听从场所工作人员的疏散引导,有条不紊地撤离火场,切不可推拉拥挤,堵塞出口,造成伤亡。

(四)影剧院、礼堂火灾逃生方法

影剧院、礼堂也是人员密集场所,其主体建筑一般由舞台、观众厅、放映厅三大部分组成,属于大空间、大跨度建筑,内部各部位大多相互连通,电气、音响设备众多,且幕布、座椅、吸音材料多具可燃性,一旦失火,烟气会迅速弥漫整个室内空间,火势迅猛发展,极易造成群死群伤,1994年12月8日夺取325条生命的新疆克拉玛依友谊馆火灾就是一个典型例子。

下面是影剧院、礼堂等场所火灾逃生的方法和应注意的事项。

1. 选择安全出口逃生

影剧院、礼堂一般都设有较为宽敞的消防疏散通道,并设置有门灯、壁灯、脚灯及火灾事故应急照明等设备,标有"太平门""紧急出口""安全出口"及"疏散出口"等疏散指示标志。火灾时,应按照这些疏散指示标志所指示的方向,迅速选择人流量较小的疏散通道撤出逃生。

(1)注意对你座位附近的安全出口、疏散走道进行检查,主要查看出口是否上锁,通道是否堵塞、畅通,因为有的影剧院、礼堂为了便于管理会把部分出口锁闭。

(2)当舞台发生火灾时,火灾蔓延的主要方向是观众厅,此时人员疏散不能选择舞台两侧出口,因为舞台上幕布等可燃物集中、电气设备多,且舞台两侧的出口也较小,不利于逃生,最佳方法是尽量向放映厅方向疏散,等待时机逃生。

（3）当观众厅失火时,火灾蔓延的主要方向是舞台,其次是放映厅。火场逃生人员可利用舞台、放映厅和观众厅各个出口迅速疏散,总的原则是优先选用远离火源或与烟火蔓延方向相反的出口。

（4）当放映厅失火时,此时的火势对观众厅的威胁不大,逃生人员可从舞台、观众厅的各个出口进行疏散。

2.逃生时的注意事项

（1）要听从工作人员的疏散指挥,切勿惊慌、互相拥挤、乱跑乱撞,堵塞疏散通道,影响疏散速度。

（2）逃生时应尽可能贴近承重墙或承重构件部位行走,以防坠落物击伤。

（3）烟雾大时,应尽量弯腰或匍匐前进,并采取防烟措施。

（五）住宅火灾逃生方法

除了时刻注意做好家庭火灾预防之外,还应熟悉并掌握科学的家庭住宅火灾逃生方法。

1.住宅火灾逃生的总体要求

现代家庭住宅有高层和多层住宅之分,其火灾时的逃生方法包括10个方面。

（1）事先编制家庭逃生计划,绘制住宅火灾疏散逃生路线图,并明确标出每个房间的逃生出口（至少两个:一个是门,另一个是窗户或阳台等）。

（2）在紧急情况下,确保门、窗都能快速打开。

（3）充分利用阳台进行有效逃生,当窗户和阳台装有安全护栏时,应在护栏上留下一个逃生口。

（4）家住二层及二层以上时,应在房间内准备好火灾逃生用的手电筒、绳子等。

（5）住宅各层及室内每个房间应安装感烟探测报警器,且应每月检查一次,保证其运行状态良好。

（6）睡觉时尽量将房门关严,以便火灾时尽量推迟烟雾进入房间的时间;建议将房门钥匙放在床头等熟悉且容易拿取的地方,以便火灾时容易找到并开门逃生。

（7）火灾时在开门之前,首先用手背贴门试试是否发热,如发热,则切忌开门,而应利用窗户或阳台逃生;当烟火封锁了房门时,应用毛毯、床单等物将门缝堵死,并泼浇冷水。

（8）当室内充满烟气时,应用毛巾、衣服或其他织物浸湿后捂住口鼻防烟,并低行走向出口;如被烟火困在室内,则应靠窗户口或在阳台挥舞手中色彩鲜艳的床单、毛巾或手电筒等物品疾声呼叫,等待救援;充分利用室内一切可利用的东西逃生,如用床单、布匹等自制的逃生绳索等。

（9）要正确判明火灾形势,切忌盲目采取行动;逃生时不要乘坐普通电梯。

（10）逃生、报警、呼救要结合进行,切勿只顾自己逃生而不顾他人死活;一旦撤出火场逃到安全区域,谨记不要重返火场取拿钱财或寻找亲人等。

利用门窗进行火场逃生时,应注意的前提是:室内火势并不大,没有蔓延至整个家庭角落,且被困人员熟悉被烧区内的通道。具体方法是:将被褥、浴巾及衣服等用水淋湿裹在身上,低身冲出火场区;或用绳索(或床单、窗帘做成的布绳)一端系于室内固定构件牢固处,另一端系于人体的两腋和腹部,沿窗或阳台下至地面或下层窗口、阳台等,然后从其他通道疏散逃生。

利用阳台逃生时,应从相邻单元的互通阳台(有的高层单元式住宅从第七层开始每层相邻单元有互通阳台)进行,可拆除阳台间的分隔物,从阳台进入另一单元的疏散通道或楼梯;当无连通阳台而相邻两阳台距离较近时,可将室内的床板、门板或宽木板置于两阳台之间搭桥通过。

除了以上讲述的方法外,还可视情况采取另外两种方法。

(1) 利用时间差逃生。一般住宅建筑的耐火等级为一、二级,其承重墙体的耐火极限在 2.5～3.0 h,只要不是建筑整体受火烧烤,局部火势一般在短时间内难以使其倒塌。利用时间差逃生的具体方法是:人员先疏散至离火势较远的房间,再将室内被子、床单等浸湿,然后采取利用门窗逃生的方法进行逃生。

(2) 利用空间逃生。其具体做法是:将室内的可燃物清除干净,同时清除与此室相连的室内其他部位的可燃物,清除明火对门窗的威胁,然后紧闭与燃烧区相连通的门窗,以防烟气的进入,等待明火熄灭或消防救援人员的救援。此法仅适用于室内空间较大而火灾区域不大的情况。

2. 家庭火灾逃生计划的制定与演练

在国外,如美国、日本、澳大利亚等国,人们非常重视火灾时家庭逃生计划的制定和演练,他们认为各种火场逃生方法具有一定的普遍性,熟悉家庭火灾逃生方法的人就会同样知晓其他建筑火灾的逃生方法和技能,这样可以大大降低火灾时的死亡率。那么,家庭火灾逃生计划应该怎样制定呢?

一个较完整的家庭火灾逃生计划内容应包括以下七个方面:

(1) 提前做好火灾逃生计划;

(2) 设计逃生路线:

(3) 牢记烟气危害:

(4) 确定一个安全的集合地点;

(5) 如何帮助特需照顾的家庭成员;

(6) 火灾逃生计划的演练;

(7) 从建筑物中安全逃生。

其中,(1)(2)(3)以及(6)四个方面的内容在这里就不再阐述。

"确定一个安全的集合地点",即在制定家庭火灾逃生计划时,应确定一个较为安全、固定、容易找到且全家庭人员都知道的室外地点,火灾逃生后,全家人都应在此地集中,以免家人逃出火场后相互寻找,同时也可避免家人重返火场寻找,重新带来危险。

"如何帮助特需照顾的家庭成员",即在制订火灾逃生计划时,应当充分考虑到家庭中的老、弱、病、残、幼等需要特别照顾的人的特殊情况,研究讨论共同逃生的办法,最好将责任分摊到家中年轻力壮的人身上,使其在火灾险境中知道自己应做什么。要教会小孩熟练开、关门窗或从梯子安全上下,千万不要藏身于衣柜或床底,或可在大人逃出之前,先用绳子将小孩滑到地面。

"从建筑物中安全逃生"指的是火灾逃生时的安全注意事项,包括:不要盲目跳楼;逃离高层住宅时,切忌乘坐普通电梯;应尽量为每个房间准备一根救生绳,或者父母可指导小孩利用窗户附近的柱子、落水管及屋顶等进行逃生或等待救援;应带领全家人员熟悉建筑的每个部位和设施(如防烟及封闭式楼梯间、安全疏散指示标志、安全出口标志、灭火器材、室内消火栓、火灾报警等设施),特别是每个安全出口,这样在建筑的一个出口被烟火封挡后,家人才可以凭借记忆寻找其他出口逃生。

如果夜间发生家庭火灾,建议可采取如图 7-9 所示的方法和步骤进行逃生。

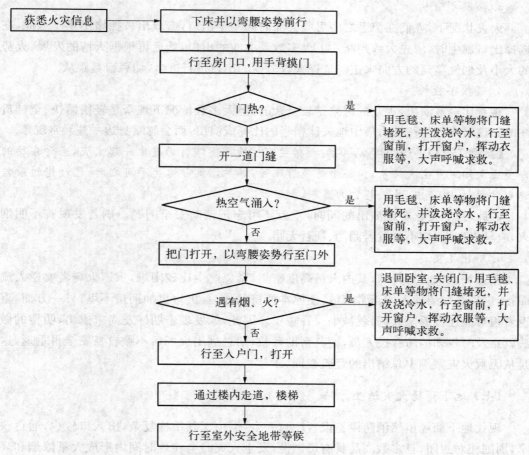

图 7-9 夜间家庭火灾疏散逃生流程图

(六)大型体育场馆火灾逃生方法

大型体育场馆属于人员密集场所,其内部结构与其他人员密集场所有所不同,其共享空间特大、功能齐全、电气设备复杂,故火灾危险性大。因此,观看演出或比赛的观众必须掌握必要的火灾逃生方法和技能。大型体育场馆火灾的逃生应注意五个方面。

1. 谨记出入口

大型体育场馆内结构多样、功能复杂,不少观众不经常来此类空间,对其内部环境不一定熟悉,火灾时容易迷失方向。因此,观众在进入体育馆时,应记住进出口,并在找到自己座位后,再熟悉座位附近的其他出入口,这样在火灾时能根据大体方向找到安全出口。

2. 冷静勿惊慌

体育馆观众众多,看台多数呈阶梯形式,如在火灾时惊慌失措、你推我挤或狂呼乱叫,不但会使现场更多人员变得惊恐,造成踩死踏伤的意外事故,影响有序疏散,而且还有可能吸入有毒烟气,导致中毒伤亡。因此,一旦发生火灾,应立刻离开座位,以最快的方式寻找最近的出口逃生。

3. 跟随不盲从

火灾状况下,人们在惊恐之中可能会涌向同一个出口,造成出口拥堵不堪。因此,在选择出口逃生时,应先大致判断一下大多数人逃向的出口,然后再根据火情的发展、火势的大小及烟气蔓延的方向来正确选择人数较少的出口进行逃生,切忌盲目跟从。

4. 轻松不放松

观看比赛或演出,观众的情绪是较复杂的,但大多数情况下观众是轻松愉快、全神贯注的。这时人们往往精力集中地关注精彩的比赛或演出,而会忽略身边一些异常现象。

【案例7-24】 1985年,英国的英格兰布拉德福德体育场发生一起火灾,当时在场的许多观众知道发生火灾了,但还坐着观看球赛,等意识到非逃生不可之时,已经错过最佳逃生时间,结果酿成56人死亡的惨剧。

因此,在欣赏比赛或演出的同时,千万不可忘记消防安全问题。倘若发现有不明烟火,应马上逃生,切不可置若罔闻、视若无睹。

5. 逃出不重返

体育场火灾较为特殊,其内人员高度密集,紧急逃生比较困难,重返火场者要逆人流而行,这样会妨碍他人的正常疏散,使原本拥挤的通道、出口更加拥挤不堪;另一方面,重返者很可能还没返至火场,就被烟火吞噬了。因此,如发现亲朋好友尚未逃出,明智的做法就是及时告知消防救援人员,请其帮助营救,切忌逃出火场后不顾自身安全再重返,这是从无数火灾案例中总结出的经验教训。

(七)地下商场火灾逃生方法

现代地下商场虽然消防设施设置比较齐全,但由于其结构复杂,出入口较少,通道狭窄,周围相对封闭,且多数商品具有可燃性,发生火灾时会在短时间内形成大量浓烟和高温热气的集聚,缩短火灾轰燃的时间,加之通风条件差、空气不易对流,产生的大量浓烟和有毒气体易导致疏散能见度下降,使人员窒息、中毒。因此,应尤为重视地下商场发生火灾时的人员逃生。

发生地下商场火灾时,逃生应注意六个方面。

(1)应事先观察其内部主要结构和设施总体布局,熟悉并牢记疏散通道、安全出口及消防设施、器材位置。

（2）火灾时，地下商场工作或管理人员应进行如下操作：关闭空调系统，停止向地下商场送风，以免火势通过空调送风设施蔓延扩大；开启排烟设备，迅速排出火灾时产生的烟雾，以提高火场能见度，降低火场温度。

（3）立刻向附近的安全出口逃生，逃到地面安全地带，或避难间、防烟间或其他安全区域，绝对不能停滞观望，贻误逃生良机。

（4）应按照疏散指示标志引导的方向有序撤离，切勿你推我攘，蜂拥而逃，阻塞通道和出口，造成摔伤，要听从地下商场工作人员的疏导指挥。

（5）当出口被烟火堵塞而被困人员又因不熟悉环境寻找不到出口、因烟雾看不清疏散指示标志时，可选择顺烟雾流动蔓延方向快速逃生（因烟雾流动扩散方向通常是出口或通风口所在处），并采取低姿及防烟措施贴墙行走。

（6）实在没有逃生方法时，则应创造临时避难设施，尽量延长生存时间，拨打119电话报警，等待消防救援人员的救援。

（八）交通工具火灾逃生方法

1. 地铁火灾逃生方法

地铁和地下商场均属于地下建筑，火灾逃生时有其共性，但由于其建筑结构的不同，地铁火灾也有其独特的逃生方法。

地铁火灾逃生时应注意五个方面。

（1）地铁火灾大致有三种情况：一是列车停靠在站台；二是列车刚离开或将进入站台；三是列车在两站之间的隧道中。不管是哪种情况，乘客一定要保持冷静，不可随意拉门或砸窗跳车。要倾听列车广播的指导，听从地铁工作人员的疏导指挥，迅速有序地朝着指定的方向撤离。

（2）当停靠在站台的列车起火时，应立即打开所有的车厢门，及时向站台疏散乘客，并在工作人员的组织下向地面疏散，与此同时应携带灭火器组织灭火。

（3）当行驶中的列车发生火灾时，要从火势规模和火灾地点两方面进行考量。当列车内部装饰、电气设备和乘客行李发生火灾时，这种火灾容易被人发现，如果在报火警的同时，能够采取有效的措施（如利用车载灭火器进行灭火等），很有可能将火势控制在较小规模并保障乘客的安全。一般而言，地铁区间隧道长约 $1\sim2$ km，行车时间约 $1\sim3$ min，这种情况下应尽快向前方站台行进，停靠站台后再组织疏散。反之，如果火势较大，烟火已经威胁到乘客的安全，则应立即在隧道内部停车，及时组织人员疏散。在以上两种情况中，都应优先疏散老、弱、妇、幼等弱势群体。

（4）当列车在两站之间的隧道区间失火且火势较大时，应立即停车，打开车厢门，乘客应按照工作人员指定的方向进行疏散。如果车厢门无法打开，乘客可向列车头、尾两端疏散，从两端的安全门下车；若列车车厢间无法贯通，车厢门又卡死，乘客可利用车门附近的红色紧急开关打开车厢门进行疏散；如果是列车中间部位着火，必须分别向前、后两个站台进行疏散。疏散方向原则上要避开火源，兼顾疏散距离，尽量背着烟火蔓延扩散方向疏散逃生。疏散过程中，应避免沿轨道进行疏散，可优先考虑使用侧向疏散平台，因疏散平台的宽度不小于 0.6 m,可保证乘客快速离开车厢。如果是长距离的区间隧道,根据《地铁设计规范》,每隔 600 m 设有联络通道,应充分利用联络通道,将乘客转移至邻近的区间隧道,避开浓烟,保证人员安全。

(5) 当列车电源被切断或发生故障时,应迅速寻找手动应急开门装置(一般位于车厢车门的上方,具体操作方法:打开玻璃罩,拉下红色手柄,拉开车门),用手动方式打开车门,再行有序疏散撤离。

2. 公共汽车火灾逃生方法

公共汽车是一种短程且较为经济的大众交通工具,其载容量大,至今仍是城市交通的命脉。但其空间狭小密闭、人员密集,如使用维护不当,其油路及电路老化会导致自燃,其特点为车厢内的可燃装饰材料及油漆等会使火势蔓延迅猛,人员疏散困难。

【案例 7-25】 2010 年 7 月 4 日 23 时 15 分,无锡市雪丰钢铁有限公司一辆车号为苏B-38671 的太湖牌大客车(职工接送车)行驶至快速内环通道惠山隧道中段时发生火灾。无锡市 119 接警台接到报警后立即调派两个中队 35 名消防官兵到场扑救。火灾于 7 月5 日 1 时 26 分扑救结束,当场死亡 24 人。该隧道南北全长 1 555 m,双向各三车道,水泥路面,起火车辆头北尾南停靠于距隧道南入口 754 m 的右侧车道内。经现场勘查和验证,起火原因为该公司职工董某因不满社会现状,发泄私愤,将随身携带的一塑料瓶汽油点燃。

那么,公共汽车发生火灾时应怎样逃生呢?

(1) 当发现车辆有异常声响和气味等时,驾驶员应立即熄火,将车停靠在避风处检查火点,注意不要贸然打开机盖,以防止空气进入助燃,并及时报警。

(2) 车辆失火时,车门是乘客首选的逃生通道。乘客应以手动方式拉紧紧急制动阀打开车门;若车门无法打开或车厢内过于拥挤,则车顶的天窗及车身两侧的车窗也是重要的逃生通道,破窗逃生是最简捷的方式。现在公交车辆上都配有救生锤,乘客只要将锤尖对准车玻璃拐角或其上沿以下 20 cm 处猛击,玻璃就会从被敲击处向四周如蜘蛛网状开裂,此时,再用脚把玻璃踹开,人就可以从这个窗户逃生了。

(3) 除了救生锤,高跟鞋、腰带扣和车上的灭火器也是方便有效的砸窗工具。

(4) 由于车上使用了复合材料,这些材料燃烧后会产生大量有毒浓烟,仅吸入一口就可以导致昏迷。所以,乘客逃生时,最好用随身携带的水或饮料将身体淋湿,并用湿布捂住口鼻,以防吸入烟气。

(5) 在逃生过程中,切忌恐慌拥挤,这样不利于逃生,容易发生踩踏事故,造成人员伤亡;同时要注意向上风方向(浓烟相反的方向)逃离,不能随意乱跑,切忌返回车内取东西,因为烟雾中有大量毒气,吸入一口就可能致命。

(6) 自燃车辆一般停靠在路边,所以在逃生同时,要注意道路来往车辆,以免发生其他事故。

(7) 如果火势较小,可以采用车载灭火器扑灭火灾;如果火灾无法控制,要立即拨打119 报警,并迅速有序逃生。

(8) 火灾时,要特别冷静果断,首先应考虑救人和报警,并观察着火的具体部位,确定逃生和扑救方法。如着火部位是公共汽车的发动机,则驾驶员应停车并开启所有车门,让乘客从车门迅速下车,然后再组织扑救;如果着火部位在汽车中间,则驾驶员应停车并开启车门,乘客应迅速从两侧车门下车,再扑救;如果车上线路被烧坏,车门不能开启,则乘客可从附近的窗户下车。

(9) 如果火焰封住了车门,人多不易从车窗下去,可用衣物裹住头从车门处冲出去。

(10) 当驾驶员和乘车人员的衣服被火烧着时,千万不要奔跑,以免火势变大。此时应迅速果断地采取措施:如时间允许,可以迅速脱下,用脚将火踩灭;否则,可就地打滚或由其他人帮助用衣物覆盖火苗以灭火。

3. 火车火灾逃生方法

客用火车尤其是高速列车是目前载客量最大、长距离出行最方便最快速的公共交通工具。一列火车由于车身较长,加之车厢内装材料成分复杂,旅客行李大多为可燃物品,着火时不但易产生有毒气体,甚至会形成一条长长的火龙,严重威胁旅客生命。乘坐的火车一旦发生火灾,旅客应掌握六个逃生方法。

(1) 镇定不慌乱,乘客应在火势较小时及时扑救,同时立即向乘务员或其他工作人员报告,以便其根据火情采取应急措施。注意不要盲目奔跑乱挤或开门、窗跳车,因为从高速行驶的列车上跳下不但会造成摔死摔伤的后果,而且高速风势会助长火势的蔓延扩散。

(2) 如一时寻找不到乘务人员,则可先就近拿取灭火器材进行灭火,或迅速跑至两车厢连接处或车门后侧拉动紧急制动阀,使列车尽快停止运行。

(3) 如果火势较小,不要急于开启车厢门窗,以免空气进入加速燃烧,应利用车上的灭火器材灭火,同时有序地从人行过道向相邻车厢或车外疏散。

(4) 如果火势较大,则应待列车停稳后,打开车门、车窗或用尖铁锤等坚硬物品击碎车窗玻璃进行逃生。

(5) 倘若火势将威胁相邻车厢,应立即采取脱离车厢挂钩措施。如果起火部位在列车前部,则应先停车,摘除起火车厢与后部车厢的挂钩后再行至安全地带;如果起火部位位于列车中部,则应在摘除起火车厢与后部车厢挂钩后继续行进一段距离后停下,再摘除起火车厢,然后行驶至安全地带停车灭火。

(6) 疏散时应注意防烟,并尽量背离火势蔓延方向,因行驶列车中的火势会顺风向列车后部扩散。

4. 客船火灾逃生方法

客船是在水面上行驶的载人交通工具,其火灾有别于陆地上的火灾,因此,其火灾逃生方法也有独到之处,不能盲目从众乱跑,更不能一味等待他人救援,应主动利用客船内部设施进行自救,以免耽误逃生时间。

(1) 登船后,应首先熟悉救生设施,如救生衣、救生圈、救生艇(筏)存放的具体位置,寻找客船内部设施如内外楼梯、舷梯、逃生孔、缆绳等,熟悉通往船甲板的各个通道及出入口,以便火灾时能寻找到最近的路径快速撤离。

(2) 航行中客船前部楼层起火尚未蔓延扩大时,应积极采取紧急停靠、自行搁浅等措施,使船体保持稳定,以避免火势向后蔓延扩散。与此同时,人员应迅速向主甲板、露天甲板扩散,然后再借助救生器材逃生。

（3）如航行中船机舱起火，舱内人员应迅速从尾舵通向甲板的出入孔洞逃生；乘客应在工作人员引导下向船前部、尾部及露天甲板疏散；如火势使人员在船上无法躲避，则可利用救生梯、救生绳等撤至救生船，或穿救生衣或戴救生圈跳入水中逃生。

（4）如果船内走道遭遇烟火封闭，则尚未逃生的乘客应关严房门，使用床单、衣被等封堵门缝，延长烟气侵入时间，赢得逃生时间。相邻房间的乘客应及时关闭内走道的房门，迅速向左右船舷的舱门方向疏散；如烟火封锁了通向露天的楼道，着火层以上的乘客应尽快撤至楼顶层，然后再利用缆绳、软滑梯等救生器材向下逃生。

四、建筑火灾逃生避难器材

身处火灾现场的被困人员，虽然生命危在旦夕，但不到万般无奈的最后一刻，谁也不会采取极端行为或放弃自己宝贵的生命，必然竭尽所能设法逃生、自救和互救。火灾中，人们通常会通过熟悉的疏散走道、疏散楼梯进行逃生，但当疏散走道、疏散楼梯被大火、烟雾封堵时，人们必然会寻找或通过逃生器材与设施来进行逃生。因此，建筑火灾逃生避难器材与设施也成了火灾危难之际人员逃生的重要辅助工具。

建筑火灾逃生避难器材，如逃生缓降器、逃生梯、逃生滑道等，是指在发生建筑火灾的情况下，遇险人员逃离火场时所使用的辅助逃生器材，通常分为绳索类、滑道类、梯类、呼吸类四种。

（一）绳索类

绳索类逃生避难器材有逃生绳、逃生缓降器等。逃生绳是指供使用者手握滑降逃生的纤维绳索；而逃生缓降器是一种使用者靠自重以一定的速度自动下降并能往复使用的逃生器材。

滑道类逃生避难器材主要是逃生滑道。逃生滑道是使用者靠自重以一定的速度下滑逃生的一种柔性通道。

梯类逃生避难器材又分为固定式逃生梯和悬挂式逃生梯两种。固定式逃生梯是与建筑物固定连接，使用者靠自重以一定的速度自动下降并能循环使用的一种金属梯；悬挂式逃生梯是指展开后悬挂在建筑物外墙上供使用者自行攀爬逃生的一种软梯。

呼吸类逃生避难器材分为消防过滤式自救呼吸器和化学氧自救呼吸器。消防过滤式自救呼吸器能有效防护火灾时产生的一氧化碳（CO）、氰化氢（HCN）、有毒烟雾对人体的伤害，起到阻燃隔热作用，为人们从浓烟毒气中逃生提供了机会；化学氧消防自救呼吸器是一种使人的呼吸器官同大气环境隔绝，并利用化学生氧剂产生氧气，供人在发生火灾的缺氧情况下逃生用的呼吸器。发生火灾时，以人员逃生为目的、以碱金属超氧化物为生氧剂且一次性使用的隔绝式呼吸器，由防护头罩、面罩、药罐、充气管、贮气袋组成，连接牢固可靠，一经打开密封即能使用，没有多余的附加动作，产品有效期通常为4年。消防过滤式自救呼吸器、化学氧消防自救呼吸器应放置在室内明显且便于取用的位置。

为了保证遇险人员逃生时的安全,各类逃生避难器材对使用楼层或高度都有一定限制,如表 7-7 所示。必要的情况下也可以分段联用。

表 7-7 逃生避难器材使用楼层或高度

器材名称	固定式逃生梯	逃生滑道	逃生缓降器	悬挂式逃生梯	应急逃生器	逃生绳	过滤式自救呼吸器	化学氧自救呼吸
配备楼层或高度	≤60 m	≤60 m	≤30 m	≤15 m	≤15 m	≤6 m	地上建筑	地上及地下公共建筑

绳索类、滑道类、梯类等逃生避难器材适用于人员密集的公共建筑的二层及二层以上楼层,呼吸类逃生避难器材适用于人员密集的公共建筑的二层及二层以上楼层和地下公共建筑。

逃生缓降器、逃生梯、逃生滑道、应急逃生器、逃生绳应当安装在建筑物袋形走道尽头或室内的窗边、阳台、凹廊以及公共走道、屋顶平台等处。在室外安装时,应有防雨、防晒措施。逃生缓降器、逃生梯、应急逃生器、逃生绳供人员逃生的开口高度不能低于 1.5 m,宽度应在 0.5 m 以上,开口下沿距所在楼层地面高度应在 1 m 以上。逃生滑道入口圈、固定式逃生梯应安装在建筑物的墙体、地面及结构坚固的部分,而逃生缓降器、应急逃生器、逃生绳应当安装连接栓、支架和墙体连接的固定方式。逃生避难器材在其安装、放置的位置应有明显标志,并配有灯光或荧光指示标志。为了确保安全可靠性,逃生避难器材在下列情况下必须报废:① 金属件出现严重腐蚀或变形;② 达到器材使用年限。报废的逃生避难器材应进行破坏性解体处理,以防继续使用带来危险。

(二) 逃生软梯

逃生软梯是一种用于营救和撤离被困人员的移动式救生设备。它由钩体和梯体两大部分组成,一般长度为 15 m,宽度为 0.35 m,重量小于 15 kg,荷载可达 1 000 kg,同时可根据建筑物的不同高度,选择是否加挂副梯。

被困人员在火场逃生中使用逃生软梯时,一定要将软梯前端的安全挂钩挂在不能移动的牢固物体上,然后将梯体向外抛出垂放,使之形成一条垂直的逃生通道,是楼房火灾中人员逃生和营救的简易且有效的工具。人员在逃生时,切记保持镇静,抓紧梯身横杠,尽量使梯身垂直平稳,避免踏空。

(三) 柔性逃生滑道

柔性逃生滑道是一种能使多人按顺序从高处在其内部缓慢滑降的逃生用具。滑道采用摩擦限速原理,达到缓降的目的。

柔性逃生滑道的限速方式一般分为三类:一是采用粗的橡胶环进行分段限速;二是采用布置紧密的细橡胶绳圈全程限速;三是采用高分子弹性纤维制成且弹性良好的布套进行全程紧密包裹来限速。

柔性滑道在结构上分为三层:在内外两层布管之间有个防护减速层,该层由支撑带、粗的橡胶环和圆铁环组成,其中圆铁环按照一定的间隔设置,保证逃生者在布管内不会因为风大而撞上墙壁及周围突出物,并且保证逃生管下部不打结;橡胶环呈喇叭形,上大下小,既保证人员顺利通过,又能起到将下降速度控制在安全范围内的作用;四条支撑带能够承受 1 200 kg 的荷载,以保证多人同时安全逃生使用。内层布管经过抗静电处理,为导滑层,外层为防火层,由阻燃纤维材质或玻璃纤维制成。逃生滑道使用简单,无须培训,老、弱、病、残、孕、小孩均可使用,能够实现人员集体快速逃生的目的。但其缺点为橡胶容易老化,弹性受环境温度影响较大。

值得特别注意的是,柔性逃生滑道容易造成人员碰撞和踩踏,逃生者衣服上的装饰物、金属物,也可能划伤滑道的内衬,下滑过程中逃生者的身体尤其是四肢容易被擦伤。

（四）消防过滤式自救呼吸器

消防过滤式自救呼吸器是一种保护人体呼吸器官不受外界有毒气体伤害的专用呼吸器,由头罩和滤毒罐(采用多种优质滤毒剂)组成。它利用滤毒罐内的药剂、滤烟元件,将火场空气中的一氢化碳、氰氢酸、浓烟、毒雾等有毒气体过滤掉,使之变为较为清洁的空气,供逃生者呼吸用。呼吸器头罩由阻燃材料制成,能在短时间内经受住 800℃ 高温,具有大眼窗,在逃生时能清晰看清路线,是宾馆、办公楼、商场、银行、医院、邮电、电力、公共娱乐场所和住宅必备的个人逃生装备。

消防过滤式自救呼吸器使用方法如下:

（1）当发生火灾时,立即沿包装盒开启标志方向打开盒盖,撕开包装袋取出呼吸装置;

（2）沿着提醒带绳拔掉前后两个红色的密封塞;

（3）将呼吸器套入头部,拉紧头带,迅速逃离火场。

参 考 文 献

[1] 杜文锋.消防燃烧学[M].北京：中国人民公安大学出版社,2006.

[2] 公安消防局.消防技术实务[M].北京：机械工业出版社,2017.

[3] 韩占先.降服火魔之术[M].济南：山东科学技术出版社,2001.

[4] 娄树立.浅谈高层建筑的火灾特点及预防对策[J].四川建筑科学研究,2009,35(2)：122-126.

[5] 全国人大常委会法工委刑法室,公安部消防局.中华人民共和国消防法释义[M].北京：人民出版社,2009.

[6] 全国消防标准化技术委员会.电气火灾监控系统：GB/T 14287—2014[S].北京：中国标准出版社,2005.

[7] 全国消防标准化技术委员会.建筑材料及制品燃烧性能分级：GB/T 8624—2014[S].北京：中国标准出版社,2012.

[8] 全国消防标准化技术委员会名词术语符号分技术委员会.火灾分类：GB/T 4968—2008[S].北京：中国标准出版社,2009.

[9] 全国消防标准化技术委员会.消防基本术语第1部分：通用术语：GB/T 5907.1—2014[S].北京：中国标准出版社,2014.

[10] 全国消防标准化委员会第九分技术委员会.建筑消防设施检测技术规程：GA 503—2004[S].北京：中国标准出版社,2004.

[11] 全国消防标准化委员会第九分技术委员会.建筑消防设施维护管理：GB/T 25201—2010[S].北京：中国标准出版社,2005.

[12] 时守仁.电业火灾与防火防爆[M].北京：中国电力出版社,2000.

[13] 孙悦.大型体育馆的火灾危险性分析及预防措施[J].消防技术与产品信息,2003(2)：8-10.

[14] 王冬,王爱平,周冬林,等.从大型体育场馆的建筑特点探讨其火灾危险性及防范对策[J].消防技术与产品信息,2003(11)：7-8.

[15] 阎卫东.多层多室建筑火灾人员疏散实验研究[M].成都：西南交通大学出版社,2010.

[16] 张利杰.浅谈体育场馆的建筑火灾危险性及防范对策[J].中国科技博览,2013(28)：222.

[17] 中国电力企业联合会.电气装置安装工程接地装置施工及验收规范：GB/T 50169—2006[S].北京：中国计划出版社,2006.

[18] 中国建筑东北设计研究院.民用建筑电气设计规范：JGJ16—2008[S].北京：中国建筑工业出版社,2008.

[19] 中国消防手册编委会.中国消防手册[M].上海：上海科学技术出版社,2006.

[20] 中国消防协会.灭火救援员[M].北京：中国科学技术出版社,2013.

[21] 中华人民共和国公安部消防局.中国消防手册：第一卷：总论·消防基础理论[M].上海：上海科学技术出版社,2010.

[22] 中华人民共和国住房和城乡建设部,中国人民共和国国家质量监督检验检疫总局.建筑设计防火规范：GB/T 50016—2014[S].北京：中国计划出版社,2018.

[23] 朱耀辉.现代消防管理实用知识问答[M].上海：上海科学技术出版社,2011.

[24] 诸德志.火灾预防与火场逃生[M].南京：东南大学出版社,2013.

图书在版编目(CIP)数据

建筑防火与逃生/殷乾亮,李明,周早弘主编. —上海:复旦大学出版社,2020.8
(复旦博学.21世纪工程管理系列)
ISBN 978-7-309-14685-1

Ⅰ.①建…　Ⅱ.①殷…②李…③周…　Ⅲ.①建筑设计-防火 ②火灾-自救互救
Ⅳ.①TU892 ②X928.7

中国版本图书馆 CIP 数据核字(2020)第 097836 号

建筑防火与逃生
殷乾亮　李　明　周早弘　主编
责任编辑/方毅超

复旦大学出版社有限公司出版发行
上海市国权路 579 号　邮编:200433
网址:fupnet@ fudanpress. com　http://www. fudanpress. com
门市零售:86-21-65102580　　团体订购:86-21-65104505
外埠邮购:86-21-65642846　　出版部电话:86-21-65642845
上海华业装潢印刷厂有限公司

开本 787×1092　1/16　印张 14　字数 306 千
2020 年 8 月第 1 版第 1 次印刷

ISBN 978-7-309-14685-1/T·660
定价:48.00 元